脱原子力の
日本のエネルギー政策の転換は可能か
運動と政治

本田 宏 著

北海道大学図書刊行会

目　次

序　章　エネルギー政策の転換は可能か ……………………………………1

第1章　原子力をめぐる政治過程の分析枠組み ……………………………11

　第1節　連合形成と紛争管理　11
　　1　支配的連合と原子力政策の問題構造　15
　　2　紛争管理と促進的事件・抗議運動　19
　　3　アクターの性格と政治的機会構造　23
　　4　モデルと時代区分　33
　第2節　抗議行動の計量分析　35

第2章　支配的連合と利害調整様式の確立(1954-67) …………………47

　第1節　支配的連合の形成　47
　第2節　支配的連合の確立　57
　　1　原子力業界と電力業界　57
　　2　通産省と総合エネルギー政策　59
　　3　科学技術庁グループ　62
　ま　と　め　66

第3章　批判勢力と受益勢力の形成(1954-74) ………………………71

　第1節　社会党・総評ブロックの反原発闘争の確立　71
　　1　原水禁の反原発路線の形成　71
　　2　反原発住民運動の形成と社会党の反原発路線　78
　　3　電力労働における対立構造と野党間関係　89
　第2節　紛　争　管　理　96
　　1　手続的対応　96

2　電源三法　100
　　まとめ　105

第4章　与野党伯仲下の反原発運動の確立（1974-78） …………113

　第1節　原発反対運動の全国化　113
　　1　漁民の反対闘争と反むつ闘争　114
　　2　原発訴訟　115
　　3　柏崎原発闘争　118
　　4　都市の反原発市民運動の形成　121
　第2節　ブロック間関係の先鋭化　125
　　1　社会党の派閥抗争の激化と総評の介入　127
　　2　原子力をめぐる労働間対立の明確化　131
　　3　原水禁の反原発路線の安定　133
　第3節　原子力行政機構の改革　138
　　まとめ　144

第5章　保守回帰の下での紛争の激化と儀式化（1979-85） ………149

　第1節　公開ヒアリング闘争　151
　第2節　ブロック間関係の再編　167
　　1　反核運動「統一」論の挫折　167
　　2　労働団体再編　171
　　3　社会党の「現実路線」への動揺　175
　第3節　電源多様化政策と再処理をめぐる利害調整　184
　　まとめ　193

第6章　反原発「ニュー・ウェーブ」の時代（1986-91） ……………201

　第1節　ソ連原発事故と新しい動員基盤の形成　201
　第2節　原発反対運動の多様化　213
　　1　非暴力直接行動　213
　　2　自助運動　219
　　3　署名・請願運動　222
　　4　脱原発ミニ政党と参院選　224
　第3節　土井社会党と選挙路線　228

第4節　「原発PR大作戦」　235
　　　まとめ　237

第7章　対立軸の再編(1992-2004) ……………………243

　　第1節　政界再編と原子力行政改革　243
　　　1　政界再編の効果　243
　　　2　原子力行政改革の既視感　247
　　第2節　地方の反乱と対案形成　253
　　　1　「原子力斜陽化症候群」と地方の反乱　253
　　　2　対案形成と法制化をめぐる攻防　263
　　　まとめ　273

第8章　政治過程の力学 ……………………277

　　第1節　支配的連合の利害調整と問題構造　277
　　第2節　抗議運動と促進的事件の効果　281
　　第3節　対抗主体の性格と紛争管理　290

　　文　献　301
　　あとがき　311
　　索　引　321

図 表 一 覧

図 0-1　日本の原発立地点　3
図 0-2　日本の核燃料サイクル施設立地点　5
図 0-3　核燃料サイクル図：直接処分方式と再処理方式　6
図 1-1　日本の原発立地手続　25
図 1-2　戦後の日本における政党の変遷　28
表 1-1　55 年体制下の原子力をめぐるアクターの 3 層構造　33
図 1-3　原子力政治過程のモデル　34
表 1-2　抗議形態の分類　39
表 2-1　日本の原子力産業グループ（1997 年 12 月現在）　50
図 2-1　日本の研究開発段階にある原子炉の立地点　52
図 3-1　長期計画における原子力発電の計画目標と実績　81
図 3-2　原発の電調審承認基数及び出力の変遷　82
図 3-3　日本社会党の派閥　86
図 3-4　労働団体の変遷　91
図 4-1　日本の反原発運動の動員組織　116
表 5-1　西欧 4 カ国と日本の反原発運動（1975-89）の抗議手段　160
図 5-1　原子力関係予算の推移　187
図 6-1　日本の反原発抗議行動の発生件数（半期ごと）　204
表 6-1　事故関連抗議行動の発生件数の推移　204
図 6-2　非在来型抗議（署名，示威，対決型）の参加者数の推移　205
図 6-3　日本の原発世論調査　206
図 6-4　エムニート（Emnid）社の西ドイツ原発世論調査　209
図 6-5　反原発抗議の発生件数のドイツとの比較　210
図 6-6　原発推進の賛否と政党支持　228
図 6-7　電源特会における広報予算の伸び　237
表 8-1　日本の原子力政治過程　284
表 8-2　最大規模のデモ上位 10 位の比較　289
表 8-3　脱原子力の主体と紛争管理の関係　290
図 8-1　55 年体制下とグローバル化の下での政治的対立軸　297
表 8-4　政界再編後の原子力をめぐるアクターの配置　330

序　章　エネルギー政策の転換は可能か

　1990年代後半以降，先進工業諸国のエネルギー政策を取り巻く状況は大きく変化してきている。特に顕著なのは原子力の大幅な威信低下である。これはすでに1970年代の反原発運動や1979年の米国スリーマイル島(Three Mile Island：TMI)原発事故を通じて始まっていたが，それを決定的にしたのは1986年に旧ソ連(現ウクライナ共和国)で発生したチェルノブイリ原発事故であった。この事故は全世界に放射能を撒き散らし，特に西欧では1990年代を通して，ほとんどの国で原発の新増設計画が皆無となり，重要な例外となったフランスでも，これ以上の原発建設は困難となった。また原子力政策の究極目標であった高速増殖炉(FBR)開発も，技術的困難や安全上の懸念，及び開発費の膨張から，全ての西欧諸国が撤退した[1]。こうして将来のFBR用燃料の需要がなくなり，また冷戦構造の崩壊後，核兵器解体の進展に伴って核兵器用プルトニウムの余剰が大量に発生したことで，使用済核燃料から少量のプルトニウムを分離抽出する再処理という工程は，大きな放射能汚染のリスクをかけてまでも継続する根拠が，失われつつある。

　こうした中，ドイツは1998年10月に誕生した社会民主党(SPD)と90年同盟・緑の党(以下，緑の党と表記)の連合政権が，2000年6月，既存の20基の原子炉を1基平均32年の運転期間で段階的に廃止することや，英仏へ委託してきた使用済核燃料の再処理を2005年6月末日で終了し，以後は直接最終処分に限定することを要点とする合意を電力業界と結んだ。また英仏独に次ぐ西欧第4の原発大国スウェーデンも，1980年の国民投票で決めた全

原発の段階的廃止の方針をめぐり，議論を続けていたが，1999年末，遂に1基を廃止した。

　ただその間，1990年代前半には，地球温暖化問題の解決に原発が必要だという議論も登場したことから，原子力批判が西欧においても後退した。しかし1990年代後半以降，風力・太陽光発電などの自然エネルギーや，燃料電池など環境負荷の少ない新エネルギーの技術開発が進み，先進工業諸国の政府や産業界はそこに今後の成長産業の可能性を見るようになった。

　こうしたエネルギー情勢の下，エネルギー政策の方向性や，それと密接な関係にある地球温暖化対策は，グローバルな課題への各国の対応を特徴づけている。西欧では，フランスやフィンランドを重要な例外としながらも，新エネルギーの開発や天然ガスへの転換を通じて脱原子力を進めている。これに対し，日本やブッシュ政権下の米国は原子力の推進を地球温暖化対策の柱に位置づけ，エネルギー消費の削減に消極的である。もちろんこのような二元対置には例外もある。例えばフランスの国営電力会社(EDF)は，世界的な電力市場自由化の進展を逆手にとり，ドイツやイタリアの電力会社への資本参加を進め，脱原子力政策の基盤を内側から侵食している。他方で，脱原子力を進めるドイツが，周辺諸国で原発によって発電された電力を輸入する割合は，ドイツの電力供給の7%程度にすぎないとも言われる。世界的なエネルギー情勢の変化に対する政策的対応は，西欧諸国と日本とを分かつ大きな分岐点となるだろう。

　では西欧と異なる日本独特の状況とはいかなるものだろうか。日本でも1970年代から全国的な反原発運動が存在したが，特にチェルノブイリ原発事故後，1987年頃から，ヨーロッパ諸国からの輸入食品の汚染問題を契機に反原発運動が広範な市民層の間に急激な拡大を見せ，原子力批判が世論に定着した。こうして1988年以降，原発新増設計画は滞るようになったが，政府の原子力推進姿勢には基本的な変化がなく，反原発運動の新しい動員の波は1991年までに収束してしまった。

　2004年3月現在，日本には52基の軽水炉[2]が運転中である(図0-1)。閉鎖された炭酸ガス冷却・黒鉛炉の東海原発と重水減速型「新型転換炉」(ATR)

序　章　エネルギー政策の転換は可能か　3

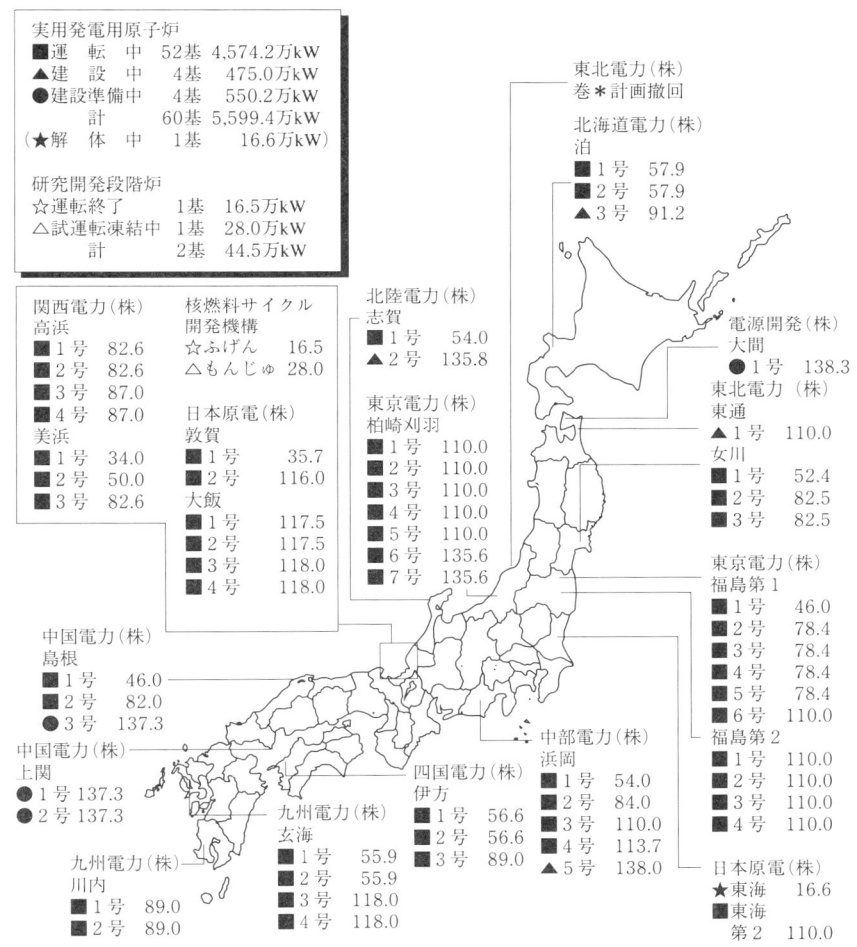

図 0-1　日本の原発立地点
出典：『原子力安全白書』(平成 12 年度版)に加筆。2004 年 3 月現在。

の「ふげん」，事故で休止中の FBR「もんじゅ」も合わせると，発電用原発は 55 基も実現してきたことになる。ただ発電電力量に占める原子力発電の割合は 36.0%と，世界 12 位にすぎず，75%のフランスや，46.8%のスウェーデンに遠く及ばない。1 次エネルギー供給[3]に占める原子力の比率も約 13%にすぎない。しかし原発の設備容量は米仏に次ぐ規模を誇り，これだけでも日本を原子力超大国に位置づけるに十分である。建設中の原発も 4 基あり，これも含めて合計 20 基の原発を 10 年間で運転開始することを，政府と電力会社は 2000 年の時点で，まだ目標に掲げていた。

　商業用原発建設の実績に比べると，技術開発や核燃料サイクルの他の段階における日本の実績は芳しくない。特に高レベル核廃棄物の最終処分場の立地点は，他の多くの国もそうだが，未だに決定していない。それでも核燃料の成型加工の産業はある程度確立してきた。その大半は日本の原子力開発が始まった茨城県東海村に集中している。また青森県六ヶ所村の巨大な核燃料サイクル基地では使用済核燃料の中間貯蔵施設や低レベル核廃棄物の最終処分場に加え，ウラン濃縮工場が運転中，民間資本による本格的な再処理工場も建設中，ウラン・プルトニウム混合酸化物(MOX)燃料の製造工場も計画中である。政府系特殊法人が運営する小規模の再処理工場は茨城県東海村で 1980 年代初めから運転されているが，商業用原発の使用済核燃料の大半は英仏に再処理が委託され，定期的に MOX 燃料や高レベル核廃棄物の形で海路により返還されている。このように日本政府は再処理・プルトニウム利用路線を依然として堅持し，その究極目標である FBR の実用化は「もんじゅ」の事故により中断しているが，放棄はしていない。その実現まで増加し続ける余剰プルトニウムを削減するため，軽水炉で燃料に使う「プルサーマル」計画が実施目前にまで来ている(図 0-2, 0-3)[4]。

　ここまでの記述のみを見れば，日本の原子力政策は一つの「成功物語」と映るだろう。実際，社会科学においても，日本の原子力政策を「成功」に導いた要因を探ろうとする試みが行われてきた。その際，政府・省庁・財界の交渉スタイル(Samuels 1987)や，地域エゴを懐柔する立地政策(Lesbirel 1998)，通産省と科学技術庁(科技庁)の縄張り争い(吉岡 1999)，反対運動に対して閉

序　章　エネルギー政策の転換は可能か　5

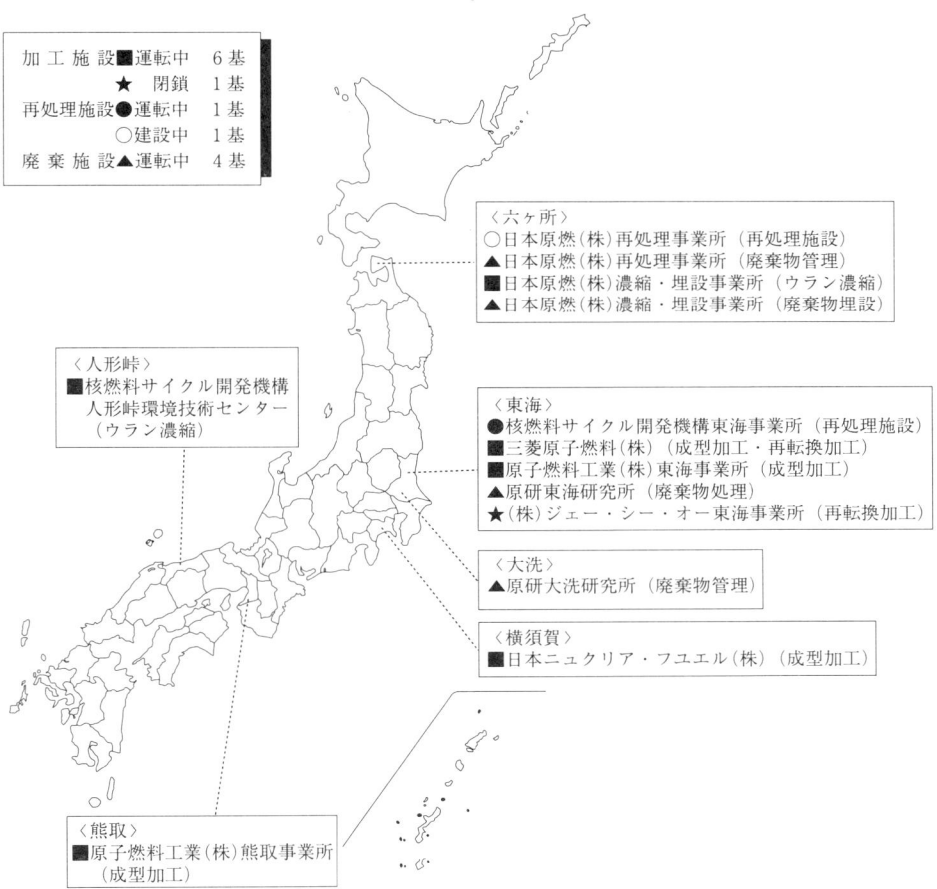

図 0-2　日本の核燃料サイクル施設立地点
(注)　製錬施設，使用済燃料の貯蔵施設は現在存在しない。
　　　日本ニュクリア・フユエルは 2002 年 3 月現在，(株)GNF-J になっている。
出典：『原子力安全白書』(平成 12 年度版)に加筆。2000 年 12 月現在。

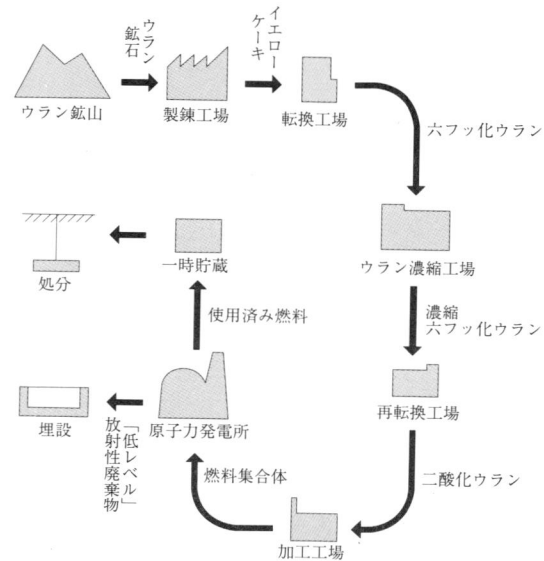

(a) 直接処分（ワンススルー）方式

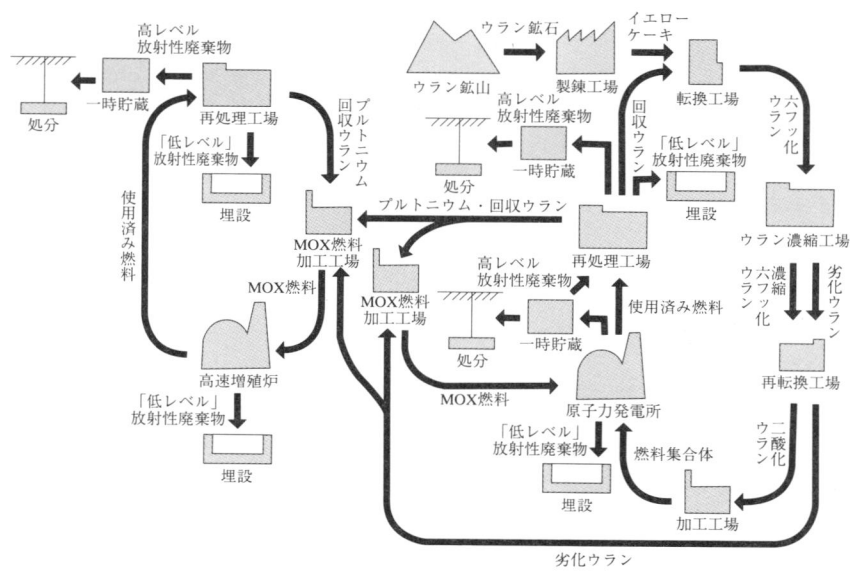

(b) 再処理方式

図 0-3　核燃料サイクル図

出典：『原子力キーワードガイド』。「低レベル」放射性廃棄物は，図示したほか，全ての施設で発生する。高レベル核廃棄物や使用済燃料は処分せず，管理を続ける考え方もある。

鎖的な立地手続や巨大設備投資に有利な電気料金制度，及び保守一党優位制 (Cohen et al. 1995) などが指摘されてきた。ただ，これら個別の制度的要素を相互につなぐ構造や論理は十分明らかにされてはいない。

 だが，より本質的な問題は，日本の原子力政策がもはや「成功物語」とは到底呼べなくなった現実が，1990年代後半から次々と表面化してきたことにある。原子力施設の深刻な事故が続発し，事故を隠蔽しようとする政府系特殊法人や電力会社の行動も相次いで明るみに出てきた。政府や電力会社への不信感から，原発立地県の知事がプルサーマル計画実施を拒否し，あるいは地元住民が住民投票条例を制定して原発建設の是非を問うようになってきた。産業用電気料金の引き下げと，電気事業への一般企業の参入を求める産業界からの圧力は，政府や電力業界も無視できなくなり，巨額の初期投資を必要とする原発の建設には逆風となっている。芦浜や巻，珠洲といった原発の新設地点での計画は次々と撤回され，2004年7月現在，政府の原発建設目標は，10年間に5基程度へと大幅に下方修正されている。コストダウンのため，電力業界は，政府が国策として進めてきた再処理工場の建設に対して，消極姿勢を強めている。そればかりか，使用済核燃料や核廃棄物の処理費用，さらには原発建設・維持の費用まで，税金投入によって補助してほしいとの意向すら，漏らし始めている。

 このように，原子力に重点を置いてきた政府のエネルギー政策が変化していく予兆は無数に表面化している。にもかかわらず，エネルギー政策の転換への道筋に関する学問的議論は深まっていない。多くの政治学者にとって最大の関心事である，政権交代可能な野党勢力の育成は，政策転換を図る上では王道だろう。しかし，日本の議会政治は一般的に，社会から出てきた新たな課題に対して鈍感である。議会政治のアジェンダ(審議日程)に新しい争点をのせる前に，新しい課題は世論のレベルで，社会的に解決すべき問題として認知されねばならず(いわゆる社会的アジェンダの段階)，そのための運動が重要となる。

 現実の政策変更は，政権交代を待たずとも理論的には行われうる。特に日本のように一党優位政党制の歴史が長い国では，政権交代による政策転換と

いう理念型の方が，むしろ現実からは程遠い。だからこそ，官僚主導型の政策形成に注目が集まるのであろう。エネルギー政策についても，日本の官僚制の特色である縦割り行政を克服して権限を一元化し，内閣による上からの指導力が発揮されやすいようにすれば，政策も自ずと欧米諸国の趨勢の方向へと収斂していくという議論もある(吉岡 1999)。しかし，この説は，制度さえ変えれば，後は合理的な政策選択(例えばコストの高い再処理・プルトニウム利用路線からの撤退)がなされるとの前提に立っているが，これは各国政治の現実とは必ずしも一致しない。

これに対し，日本では「外圧」か「人柱」でもなければ政策転換が起きないのだ，逆に言えば米国が圧力をかけ，あるいは原子力事故が起きれば，政策転換が起きるという諦観も根強い。しかしこれもまた，原子力の推進にとって「客観的に」不利な事件や状況が発生すれば，「必然的に」原子力からの撤退という政策帰結があるという単純な前提に立っている。たとえどんなに深刻な原子力事故が起ころうと，異議を申し立て，対案を提示する対抗主体がいなければ，事故の意味に関する解釈は政府・電力会社側に完全に委ねられてしまう。つまり政策の変更は，対案を推進する対抗主体の形成と活動が必要条件となる。だからこそ，政策転換の政治過程を分析するには，どのような対抗主体の形成と活動が政策転換を促すのかについての理論と分析が必要となる。

ところが，これまでのエネルギー政策をめぐる政治過程の研究では，政策決定権限を独占するアクター(行為主体)に視野が限定され，市民運動や野党，労組，自治体など，政策転換の契機を与えうる「外部勢力」(Dauvergne 1993)の存在は過小評価されてきた。多様なアクターを包括的に捉えようとする例外的な試みはあったが(Tabusa 1992)，結論的には政治制度決定論に陥っていた。また，政策過程を「ガバメント」(政府による統治)としてではなく，多様なアクターが参与する「ガバナンス」として分析する，近年流行の視角からの原子力行政分析も現れているが(大山 2002)，アクター間に厳然と存在する権力資源の格差に注意が向けられていない。単に多様なアクターが存在するというだけで望ましい「多元的民主主義」が実現されているかのような前

提に立っていると批判された,「日本型多元主義論」の限界を越えられているだろうか。

　これに対し本稿は,自由民主主義体制に基づく先進工業国とされながら,政権交代のメカニズムが依然未発達という意味で,日本が特殊な国であることを正直に認めることから出発する。同時に,万年与党が一貫して推進する中で硬直化してしまった政策が,転換する契機と制約はどこにあり,市民が「下から」介入する余地はどれほどあるのかという疑問に立脚する。そしてこの疑問を,社会運動論の視角から,解き明かそうとするものである。

　社会運動からの政策転換という視角をとるとしても,それは欧米の社会運動論がしばしば前提とするような,急進的で大規模な抗議運動を必ずしもイメージしているのではない。確かに,1970年代後半以降,日本人は抗議運動やデモに参加しなくなり,そのことが国家や市場に対する市民社会の抵抗力を低下させてきたことは否定しがたい。ドイツやフランスでは新しい課題が現れると,すぐに街頭デモが発生するような「社会運動社会」が形成されてきていることが議論されている。しかし日本でも住民運動に基盤を置いた「日本型」があるという主張に対しては(田窪 2001),それが「社会運動社会」の概念に相応しいかは疑問の余地がある。とはいえ,異なる政治文化の下で,穏健な運動ほど有効性が低いと決めてかかることはできない。

　本稿が明らかにするのは,中央政治よりも,地方や社会のレベルの方に,脱原子力を促す重要な変化のサインがあるということである。にもかかわらず,エネルギー政策が変化しにくいのは,従来の政策が中央や地方の権力構造によって支えられ,また政府や電力業界の介入によって,不断に補強されてきたからである。だとすると,市民がなおもエネルギー政策の転換を求めていくとするなら,従来の政策を支えてきた政治対立の構図を崩し,地域社会や全国レベルで多様な社会的勢力をつないでいくような運動を展開していく必要があるだろう。そこで,どのような社会的連携が,政策転換を促す上で,より大きな効果を持ちうるのかが,具体的に検討されることになる。

　分析にあたって必要なのは,支配的なアクターと対抗主体の両方を考察しながら,両者間に横たわる権力構造を見失わないような分析枠組みである。

同時にそれは，アクターの行動を規定する個別の諸制度間をつなぐ論理を明らかにするものでなければならない。さらにそれは，構造決定論に陥らずに，変化の契機の動態的な分析ができなければならない。第1章ではこのような観点から，本稿がとる分析枠組みと論点を明らかにしたい。

1） FBRでは，減速材を使わず，高速のままの中性子を用いることで，核分裂の際に余計に中性子を発生させ，それを炉心の周囲（ブランケット）に配置した非核分裂性ウラン238に吸収させ，プルトニウム239に変化させる。同時に，炉心に装荷する燃料には，プルトニウムを主体に，ウランを混ぜた混合酸化物（MOX）燃料を用いる。このため，炉心のプルトニウムを消費した以上に，周囲に配置したウランをプルトニウムに転化できる可能性があり，「増殖炉」と呼ばれてきた。しかし中性子を減速してしまう水を使えないので，炉心の冷却には液体金属ナトリウムを使うが，ナトリウムで回収した熱エネルギーを電気に変換するには水蒸気タービンを用いざるをえない。このため，配管破断事故が起きれば水とナトリウムが接触して爆発を起こす可能性が懸念されてきた。実際，もんじゅの事故では，漏れ出た大量のナトリウムが空気中の水分と反応して火災を起こした。さらに，プルトニウムはウランよりも格段に有害性が高く，事故時の危険性も非常に高い。

2） 世界的に商業用として標準的になっている軽水炉は，核分裂性のウラン235の比率を3～5%に高めた低濃縮ウランを燃料とするが，ウラン235の核分裂反応を持続させるために，発生する中性子の運動エネルギーを水で減速させる。重水を減速材とする重水炉との対比で，軽水炉と呼ばれる。

3） 1次エネルギーとは，自然界に存在するエネルギー源を指し，石油や石炭，天然ガス，原子力，水力のほか，風力なども含まれる。1次エネルギーを加工したものが2次エネルギーであり，電気，ガス，石油製品，コークスなどがある。

4） プルサーマルとは，高速炉で燃料増殖に必要とされる高速中性子ではなく，エネルギーが減速された熱（サーマル）中性子による核分裂連鎖反応に基づく軽水炉で，プルトニウムを燃やすという意味の和製英語である。

第1章　原子力をめぐる政治過程の分析枠組み

第1節　連合形成と紛争管理

　エネルギー政策の形成過程に関する伝統的な研究のアプローチは，政策決定に明白な影響力を行使できる中央省庁や業界団体，政権与党などの支配的なアクターの活動に焦点を当てるものだった。ところが，原子力のように，こうした支配的なアクターが好む政策と，市民運動や世論が望む政策が大きく乖離するようになった政策領域では，支配的なアクターのみを観察しても，政策転換の契機を見逃してしまうことになる。そこで，社会運動の存在に関心の比重を移した政策過程の分析が，必要とされている。

　1960年代前半までの社会科学は，社会運動を，ファシズムの運動や暴動のように大衆の非合理的衝動から生まれる否定的なものとして捉えるか，共産主義の革命運動や労働運動の文脈で語っていた。そこでは，社会運動は，大恐慌による相対的な地位低下を経験した中間層や，絶対的な貧困にさらされる労働者階級といった，特定階級・階層の経済的窮乏が原因で生まれるとされていた。ところが1960年代後半から，黒人公民権運動の支援運動や，ヴェトナム反戦運動，環境保護運動が米国で台頭してくると，参加者個人の「客観的な」経済状況から運動参加の動機を説明するのが難しくなってきた。第2次世界大戦後の経済成長により，こうした運動への中心的な参加者だった白人新中間層の学生は，所得の増加と高等教育の機会を保障され，「豊かな社会」の恩恵を享受しているはずであり，「客観的」には不満を持つはず

がなかったからである。これに対し，イングルハートの著書『静かな革命』は，戦後の経済成長による福祉増大や，冷戦体制下での先進工業国内の平和が，若者の価値観を，物質的な安全や安定を求める「物質主義」志向から，個人の自己実現や政治参加，環境保護などの「脱物質主義」志向へと変化させていると論じ，新しい運動の台頭に一つの説得力のある説明を与えた。

また1970年代半ばから，西欧でも原発反対運動や女性運動，軍事基地反対運動など，いわゆる**「新しい社会運動」**(new social movement)が台頭し，その中から独自の政党である緑の党も生まれた。近代化の正の側面に注目したイングルハートの議論に加えて，西欧では特に，近代化の負の側面，例えば経済成長に伴う環境破壊や，管理社会化の進行が，新しい社会運動の台頭の要因として注目された。ドイツの哲学者ハーバーマスはこうした負の近代化を，国家や市場が市民社会の「生活世界」を「植民地化」する傾向として論じた(篠原2004)。高等教育の普及は，「生活世界の植民地化」に危機感を抱く多数の人々を出現させ，特に教育や福祉の現場で働く者は，運動の担い手となる傾向が強い。

こうして，新しい運動の台頭の要因を探る研究が盛んになる中，どのような条件で運動が動員拡大や要求実現に成功するのかを分析する視角も現れてくる。特に米国では，多数の会員と潤沢な財政基盤，専従職員を抱える専門的な社会運動団体が出現してきた。そこで，運動がいかに効果的に資源を動員し，自己を組織化できるかが，運動の成功の条件だと論じる**「資源動員論」**が1970年代からの運動研究の主流となった。

その後，この「資源動員論」の中から，**「政治的機会構造」**(political opportunity structure)という概念が分化し，社会運動の政治学的な研究にとって重要になってきている。これは，運動に外部から権力資源を与える環境として政治システムを捉える見方で，閉鎖的・抑圧的なシステムは運動の発展を抑制するが，開放的・寛容なシステムは運動の発展を促すという議論から出発した。1980年代後半に入ると，西欧の政治学者が，「新しい社会運動」の国際比較研究の分析枠組みとして，この概念を応用するようになる。その先駆としてキッチェルト(Kitschelt 1986)は，米仏独スウェーデン4カ国

の反原発運動の戦略や政策への影響の相違を比較し，政治体制の構造の違いで説明しようとした。以来，この概念は欧米両大陸の社会運動研究者間で盛んに用いられ，比較政治学の標準的な分析枠組みに変容してきた[1]。

ただ，1国の主要な政治体制を一括して開放的・閉鎖的と決めるキッチェルトのモデルは単純すぎるとの批判を免れない。現在の運動研究ではむしろ，異なる**アリーナ(運動や政治の場)** が区別して論じられる傾向にある。キッチェルトはまた，制度化された政治構造に視点を限定しているため，運動をめぐる政治過程の動態が把握できないと批判されてきた。これに対しタロウ(Tarrow 1994)は，諸制度の開放性のほか，政権構成の変化や，運動に対する既成政治の有力なアクター(野党や労組など)による支援，政府・与党や省庁など統治するアクターの内部・相互間に生じる亀裂に注目し，このような政治構造の変化が運動の成長や衰退を促すと論じる。彼は，特に運動の高揚期を「抗議サイクル」と呼び，そこで運動が革新的な戦術を生み出すと，それが他の種類の運動や他の国の運動に伝えられ，新たな動員の波をつくり出す現象に注目した[2]。こうした議論は西欧4カ国の新しい社会運動に関する体系的比較を行ったクリージら(Kriesi et al. 1995)にも引き継がれている。

しかし抗議サイクル論は，支援者の登場など政治的機会構造の開放化が，運動の動員拡大や戦術の伝播，戦術の急進化を促す過程を論じるにとどまり，運動が目指す，政府の政策転換をめぐる政治過程の力学を解明する枠組みにはなってない。フラム(Flam 1994)によると，西欧8カ国で反原発運動が登場してきたときの国家による初動の政策的対応こそ，政治的機会構造の開放性・閉鎖性でかなり説明できるが，それ以後の政治過程においては，スウェーデンのような開放的な政治構造の国でも政策的譲歩がなかったため，政治的機会構造論だけでは不十分だと指摘する。

もちろん政府の政策の変更は，直接には経済的事情に促されて起きることが多いかもしれない。他方で代替的な政策構想を提起し，その政治的実現に向けた活動を担う主体の形成がなければ，政府の政策が変わるとも考えにくい。だとすると経済情勢のような流動的要因の検討と並んで，運動のどのような活動が政策転換や，その他の対応を引き出すのかが問われるべきであろ

う。そうすると抗議サイクル論の説明のベクトルとは逆に，運動による有効な挑戦がアクターの配置を流動化させ，国家の対応を引き出すと考えるモデルが立てられる。

　この点に関して，エネルギー政策の変化をめぐる包括的な政治過程の分析枠組みとなりうるのは，サバティエ(Sabatier and Jenkins-Smith 1993 ; Sabatier 1998)に始まる**アドヴォカシー連合論**(advocacy coalition framework：ACF)である。これは，特定の政策領域(policy subsystem)における政治過程を長期的な時間枠の中で包括的に再構成し，政策転換の契機を捉えようとする視角である[3]。この視角は，政策構想(アドヴォカシー)を共有するアクターが連合を形成していると捉える。異なる政策構想を推進する連合の間の力関係が変化し，あるいは各連合内部の意見が変化すると，政策転換が起きる。そうした変化は，社会構造や政治制度に規定され，また外部で発生した事件に助長されるという。

　スイスのエネルギー政策をめぐるアクターの配置を分析したクリージとイェーゲン(Kriesi and Jegen 2001)はさらに，異なる連合の間に権力の不平等が存在することを重視し，政府の現行の政策路線(ここでは原子力推進論)を独占的に規定する支配的(dominant)な連合と，対案(自然エネルギー推進論)を提唱する対抗連合とを区別し，両者の対立を基本的対立軸(the basic antagonism)と呼ぶ。対抗主体が台頭し，あるいは(同時に)支配的連合の内部で利害分化が決定的に進むと，政府の原子力推進路線も変化しやすくなる。これらの変化は，EUの電力自由化政策や州の政治状況など，外発的情勢に助長される。

　本稿ではこうした議論に倣い，原子力を推進する日本のアクター群を「支配的連合」，それに挑戦するアクター群の共闘関係を脱原子力・対抗主体の連合とする。ここで問題となる対抗連合は，単に意見を一にするエリートレベルの知的共同体ではなく，一定期間持続するアクターの協調行動，すなわち運動のキャンペーンとしての連携である。キャンペーンにおいては，従来活用されてこなかったアリーナの開拓や，新しい組織形態の導入が行われる。あるいはより多くの人に問題の重要性を認識させるため，問題の状況認識

(**フレーム**)が再定義され，支持の拡大が図られる。例えば，原子力が軍事問題との関連で語られていたときには，関心を持つ人々が特定の層の人々に限られていたのに，原子力事故による食品汚染や子供の遊び場の汚染との関連で語られるようになると，より多くの人々が原発問題に関心を持つようになるかもしれない。こうした議論は**フレーミング論**と呼ばれる(Snow et al. 1986)。こうした運動の具体的な戦略的行動をここでは戦術と呼びたい。もちろん運動は一枚岩ではなく，戦略的見解を異にする諸潮流を含む。

　対抗連合はまた，社会集団レベルの連携(**社会的連合**)と，議員間・政党間の部分的共闘(**政治的連合**)に区別できる。両者はそれぞれ空間的に，原子力施設の立地点や周辺自治体の地方レベルと，全国レベルで成立しうるので，対抗連合は4種に大別できる。加えて，政策決定からは批判勢力と同様に基本的に排除されながらも，原子力政策の実施から受ける利益に依存する「**政策受益勢力**」の存在も区別される。このようにアクター群を区別した上で，以下では，脱原子力への政策転換を促す契機がどこから生じうるのかを分析していくため，本稿の分析枠組みの詳細と論点を明らかにしたい。

1　支配的連合と原子力政策の問題構造

　分析の出発点となるのは，原子力を推進する支配的連合の内部から，脱原子力への政策転換の契機が生じうるかどうかという問いである。支配的連合は，利益共同体として一旦確立してしまうと，後に外界から様々な挑戦を受けるようになっても，国策となった原子力推進路線をできるだけ維持しようとする。すなわち，様々な危機管理策を講じつつ，情勢変化に応じて，支配的連合内部での利害調整を続けようとする。しかし，外界の変化は，原子力の推進に伴う構造的問題をしばしば先鋭化させる。そのような問題の中には，原子力の批判派が重視するものもある。そうした問題に真剣に取り組むなら，支配的連合から内発的に脱原子力の提案が打ち出される可能性も出てくると考えられる。しかしながら，反対に，支配的連合内の利害調整が，特定の問題構造のみを重視する傾向を強く持っているならば，それ以外の問題構造は引き続き軽視され，政策の基本路線は変わらないかもしれない。原子力事業

に特有の問題構造は以下の5つに整理できる。

第1の問題構造：資源論的条件　日本のエネルギー政策の前提には，国内に油田がなく，国内の炭鉱も高コストで閉鎖されていること，さらに島国ゆえの電力輸入の困難がある。これらは一見して原子力推進論に有利な事実となる。島国であることはまた，西欧のような国境を越えた抗議運動の地域的連携を困難にしてきた。しかし，島国であることは電力輸出も不可能にするため，例えばフランスとは異なり，発電電力量に占める原子力の割合を3～4割程度までに高めることしかできない。というのも，原子力発電は出力調整のできない「硬直電源」であるため，夜間の最低電力に合わせて発電所を24時間運転し続ける「ベースロード」(基底負荷)に当てるしかなく，電力需要の変動には火力発電などで対応せざるをえない。夜間電力需要の開拓にも限界があり，原発をむやみに増やせば，大量の余剰電力が生じ，経営的に問題となるからである。また高速増殖炉(FBR)によるプルトニウム増殖技術が実現されない限りは，ウラン資源も有限で輸入に依存した天然資源である。濃縮ウランの入手や使用済核燃料の再処理も，少数の外国に依存せざるをえない。さらに，化石燃料とは異なり，原子力は発電にしか用いることができない。

　このように自然資源上の要因は複雑であり，化石燃料の国内資源の欠乏が直ちに原子力の選択を導き出すわけではない。ただ，天然ガスを別とすれば，国内で化石燃料の産出が実質的に欠如しており，輸入の石油や石炭に依存していることは，日本のエネルギー政策をめぐる政治過程のいかなるアクターも前提とせざるをえない事実である。こうした資源上の条件は，石油危機などの機会に，世論に強い印象を与える。ただ，この点は，後述する「促進的事件」の概念との関連で，分析されることになる。

第2の問題構造：軍民不可分性　原子力民生利用は核兵器製造技術からの転用として発展してきた。例えば発電炉の開発は，プルトニウム生産炉や原子力潜水艦用動力の開発に端を発する。また原水爆材料の製造・抽出用に始まったウラン濃縮や使用済核燃料の再処理のための施設は，軍用と民用で技術上の相違はなく，核不拡散政策の観点から，国際原子力機関(IAEA)の査

察や，米国政府による厳しい監視にさらされる。このため原子力開発に着手しようとする国は，将来の軍事利用の可能性について，明確な選択を余儀なくされる。英米仏ロ中の核兵器大国のように軍事利用を肯定する国は，核兵器開発技術を維持し，また核兵器開発の巨額な費用を民生転換によって回収するため，原子力の民生利用への肩入れが強くなり，また独自に開発した軍用の原子炉を民生用に転用しようとする。これに対し，他の大半の国は，軍事利用を国際条約上，禁止されており，原子炉の運転からは直接にプルトニウムを取得できない米国型軽水炉を選んでいる。このため軍民不可分性は，主に再処理やウラン濃縮の施設のように，プルトニウムや濃縮ウランのような核兵器材料となる燃料を生産可能な施設の建設を計画した際に，政策決定者の前に立ちはだかる。むしろ，軍民不可分性は，それを根拠に反核平和運動が反原発運動に関与する契機となる。

第 3 の問題構造：原子力特有のリスク・社会的費用　原子炉その他の施設の運転は，不可避的に放射性廃棄物の発生を伴う。にもかかわらず，多くの国は核廃棄物の処分問題を先送りできるとの前提に立ち，通常運転時や事故時の放射能発生も将来技術的に解決されると考えた。このため，こうした問題構造は，政策決定者が原子力推進を選択する際の障害にはならなかった。また一般市民も，古典的な「公害」とは異なって目に見えない放射線の性格や，原子力技術の複雑性から，事故が起きない限り，原子力問題に対する当事者性を実感しにくい。これに対し，リスクの大きさゆえに都市部から遠隔立地する原子力施設の立地特性は，施設に由来する利益の享受とリスクの負担が不平等な分布となる問題構造を生み出す。この構造は，日本の環境社会学の世界では「受益圏と受苦圏」と呼ばれている（梶田 1988）。この問題は事故の発生で先鋭化するが，そこから住民運動や市民運動が活発化するかどうかは客観的に決まるのではなく，地元住民や都市民がリスクをどのように認識するかにかかってくる。

第 4 の問題構造：核燃料サイクル連鎖の論理　放射線の発生を除けば，何らかの形で熱を発生させて蒸気タービンを回す点で，火力発電と原子力発電は共通である。しかし発電システム全体として捉えた場合，両者の最大の相

違は，原子力が発電の前後に核燃料サイクルと呼ばれる膨大な工程を必要とする点にある(6頁図0-3)。このうちウラン鉱採掘に始まり発電に供する燃料を準備する一連の諸段階はアップストリーム(上流)，発電後に使用済核燃料を処理処分する一連の諸段階は後処理ないしバックエンド(末端)と呼ばれる。これらの段階の全てを1国で完結させようとする自給自足主義は多くの国で経済的に成立しえないものの，少なくとも枢要な段階は国内施設の建設で対応しようとする野心を，経済規模の大きな国は持っていた。

原子力政策の基本路線の選択を画する要の施設は，FBRと，使用済核燃料の再処理工場である。FBRは原子力政策の究極目標とされるが，技術的，経済的に，また安全確保の点で，きわめて困難である。しかし，この目標を放棄すると，再処理工場で使用済核燃料からプルトニウムを抽出することは，正当化しがたくなる。ただ，FBR開発を事実上断念していても，多くの国は使用済核燃料を自国または他国の再処理工場に持ち込み続ける。再処理の工程が数年の時間を要することから，核廃棄物を数十年間管理する中間貯蔵施設や，最終処分場の立地問題を解決するまで，再処理工場が使用済核燃料を保管し，時間を稼ぐ手段として利用されているためである。このように原子力政策においては，核燃料サイクルの要の1段階を維持しようとすれば，玉突き的に前後の段階の現状維持を図らねばならず，他方でまた，要の1段階が挫折すると，前後の段階の正当性が崩壊するという論理が存在する。

第5の問題構造：利潤の確保　オコナー(O'Connor 1973, 邦訳 1981)によれば，資本主義国家は蓄積と正統化という2つの機能を果たすとされ，このうち蓄積機能がここでの問題に関連している。それは「利潤を獲得しうる資本蓄積が可能となる条件を維持し，あるいは創りだす」機能である。原子力開発に伴う巨額の費用(技術開発，設備投資，事故時の損害賠償責任，廃棄物の処理処分，原子炉の廃炉，立地地域振興)を民間企業(市場)と国家がどのように分担し，最終的には電気料金や租税の形で，どの程度まで消費者・国民に転嫁し，負担の社会化を許すのか。利潤を保障するような条件整備を国家が行えなければ，民間企業は原子力開発に二の足を踏むであろう。また商業用原発事業の利潤は保障しえても，さらに巨額の費用負担も国家が保障で

きなければ，再処理工場や FBR の建設を伴う「プルトニウム経済」の確立まで，財界がつきあうのは困難となる。この問題に対して国家と市場の間で形成され，「政策遺産」として定着した利害調整の公式を，サミュエルズは「盟約」(compact)と呼んでいる。こうした利害調整様式は，国家財政の窮迫や市場原理主義の台頭といった経済変動に合わせて微調整されながらも，維持される。

以上の問題構造のうち，資源論的条件(問題構造 1)は全てのアクターにとって前提条件となるのに対し，軍民不可分性(問題構造 2)及び社会的費用構造(問題構造 3)は主に対抗連合の形成にとって，より大きな意味を持つと言えよう。問題構造 1，2，及び 3 はまた，後述の促進的事件を通じて，アクター連合の配置に影響を及ぼすと考えられる。これに対し，問題構造 4 及び 5 は主に支配的連合にとって重要となると考えられる。

そこで本稿では次の仮説を立てる。すなわち，**支配的連合内部の利害調整様式は，主に核燃料サイクル連鎖の論理と利潤確保に対処するために形成され，原子力政策を規定し続けてきたというものである(第 1 仮説)**。この説が正しければ，脱原子力への根本的な政策転換が支配的連合から内発的に提案される展望は低く，核燃料サイクル連鎖の論理と利潤確保の枠内で，原子力事業の部分的縮小が打ち出されるにすぎないと予想される。

2　紛争管理と促進的事件・抗議運動

支配的連合からの内発的な政策転換が期待できないとすれば，脱原子力への政策転換の芽は外部に求めなくてはならない。問題は，これまで外部から様々な形の異議や警鐘が発せられてきたが，原子力推進政策を覆すほどの効果はなかったことである。公式の政策転換という成果がなければ，「政策転換の芽」を証明することは困難となる。そこで政策転換にまでは至らないが，外部の不協和音に対する何らかの譲歩を示す指標はないだろうか。

紛争管理と執行抑制

注目すべきは，支配的連合が脱原子力の有効な連合形成を阻止し，原子力

推進政策の見直しを回避するために行使する，いわゆる「非決定権力」(non-decision-making power)である(Bachrach and Baratz 1962)。フラム(Flam 1994)はこれを紛争管理(conflict management)と呼び，オコナーが言う国家のもう一つの機能，すなわち「社会的調和のための諸条件を維持し，または，創りだす」正統化機能に対応している。この機能を果たす上で国家が行使する市民社会への介入が，紛争管理であると言えよう。そうした対応は，次のように大別できる。

- 紛争を警察力で抑え込もうとする**抑圧的対応**。
- 問題構造の解消を避け，補償の問題に還元する**物質的譲歩**。
- 政治課題を行政機構の再編に還元する**機構改革**。
- 合意形成の方法やアリーナの変更に関わる**手続的対応**。これには譲歩・開放と，集権化・閉鎖の2方向がある。
- **説得型の対応**。これにも一方的な広報から，専門家中心の委員会による権威づけ，住民・市民との対話集会まで，幅がある。
- 原発計画の延期や一時撤回などの**執行抑制**。

ここではまず，外部要因の効果を客観的に評価するため，執行抑制に焦点を当てる。リューディッヒ(Rüdig 1990)は世界中の反原発運動に関する包括的な研究の中で，原発立地計画の「戦術的」な一時撤回や，抵抗の多い新設地点を避けて原発立地を既設点に集中する戦略(existing site strategy)が，反対運動の気勢をそぐ紛争管理と捉えた。この視角を応用したい。

執行抑制の尺度としては，電力会社の原発計画着手に対する国の**電源開発調整審議会**(**電調審**)による承認件数[4]の推移を用いる。従来，日本の原子力政策の硬直性を表現する指標としては，原発設備容量の推移が取り上げられてきた。確かに，エネルギー情勢の変動にもかかわらず，日本では通産省の指導の下，「社会主義計画経済を彷彿させる」ように年平均2基弱のペースで原発が運転を開始してきた(吉岡 1999，136頁)。ただ，原発の運転開始の時期は，電力会社側の技術的・経済的考慮で調整ができ，また運転開始を直前の段階で政治的に止める手段はほとんどないので，世論の関心も集めない。このため原発設備容量の経年変化が「定常的拡大」の様相をとるのはある意

味で当然なのである。原発発注が1970年代後半から停滞した旧西ドイツでさえ，建設中の原発の運転開始に応じて，総設備容量は1980年代末まで定常的に拡大し続けた。これに対し，電調審による原発計画承認数の推移は大きく変動しており，エネルギー情勢や反原発世論の拡大，政治情勢の変化といった変動要因を反映していると考えられる。

　電調審段階の政治的重要性は次のように説明できる。第1に，電調審は総理大臣を長としていた。第2に，この段階までに土地買収や漁業補償の交渉締結，及び道府県知事の同意を確保できるかどうかで，原発立地の可否が決まるため，大きな政治的関心を集めてきた。第3に，原発計画が電調審で承認され，政府の電源開発基本計画に組み入れられた時点から，私企業である電力会社による原発計画は国策としての承認を受け，電源三法に基づく立地自治体への国の財政投入も部分的に開始される。第4に，やはり電調審の承認を受けた段階から，電力会社は建設コストの半分を電気料金における原価計算のレートベースに算入することを許されており，建設費用の電気料金への転嫁によって，利益が発生してしまう。このため，電力会社は当該原発計画を実現させる強い経済的誘因を与えられてしまう(長谷川 1996，180頁)。

　電調審による承認件数の推移とは別に，本稿では国の原子力開発利用長期計画(長計)における原発開発目標(特定の目標年における設備容量の「予想」値)についても，実績との比較で触れる。しかし政府は過大な予想値を出して政策を正当化する傾向があり，目標の実現率を算出してもあまり意味はないことに留意する必要がある。このほか，プルサーマル計画の延期や，個々の原子力施設の計画撤回といった具体的な執行抑制も分析に加えられる。

促進的事件

　執行抑制を支配的連合から導き出す外部要因は，促進的事件と対抗主体の活動に大別できる。まず社会運動論で**促進的事件**(precipitating events)とも呼ばれる要因について述べよう(Smelser 1962)。これは当該政策過程にとって予定外に発生しながらも，いずれかのアクターの主張に信憑性を与え，その行動を助長する事件を指す。サバティエの分類を援用すると，原子力政

策過程に影響を及ぼしうる事件は4種に大別できる。

- **原子力事故・不祥事や，核実験など軍事利用関連の事件**。これには米国における原子力安全性論争や核不拡散政策の強化も含まれる[5]。
- **エネルギー危機などの経済情勢**。「社会経済的・科学技術的条件の変化」としてサバティエは，豊かな産業社会・福祉国家における脱物質主義的価値観の台頭と，石油危機を挙げている。日本の文脈ではこのほかに，公害問題の激化，バブル経済，自然エネルギー技術の実用化，及び冷戦崩壊と市場原理主義の台頭に伴う電力自由化の圧力などを挙げておきたい。
- **原子力に関する世論の変化**。これは第1・第2類型の事件に反応して形成されるが，一度傾向が確立すると，以後は比較的安定し，それ自体が政治過程にとって別個の規定要因となる。
- **中央の政治情勢**。デンマーク，スイス，及びドイツ・シュレスヴィヒ・ホルシュタイン州のエネルギー政策をめぐるアクターの連合の変遷を分析したリーダーは，石油危機や原子力事故のような「システム外発的ショック」との対照で，政権交代を「システム内発的ショック」として分析している（Rieder 1998）。日本の55年体制では政権交代がなかったが，派閥連合体である自民党は支持率の低下に直面するたびに，指導部の刷新を強調し，「擬似政権交代」の外観をつくり出してきた。本稿では与野党伯仲や自民党政治の危機・復調，野党間関係のような中央政治情勢が分析対象となる。

以上の点を踏まえた上で，本稿は以下の仮説を立てる。すなわち，**原子力事故・不祥事やエネルギー経済情勢，世論の変化，及び全国政治情勢という4種の促進的事件で，原発計画の承認数の推移が説明できる**（第2仮説）。

抗議運動の効果

執行抑制を引き出しうる第2の外部要因として検討されるのは抗議運動の動員である。西欧の新しい社会運動をめぐる議論では，フランスを念頭に置いて，閉鎖的な政治構造を持つ国では，既成政治のアクターが運動の主張に

鈍感なため，大規模で急進的な抗議行動の方が，署名・請願のような穏健な手段よりも合理性が高いと言われてきた(Kriesi et al. 1995)。後述のように日本の政治構造が運動にとって閉鎖的なのは明らかであるが，果たして大規模で急進的な抗議行動の動員がない限り，日本でも政治的効果はないのだろうか。

　量が質に転化する点はデモと同じだと考えると，次のような仮説も立てられる。すなわち，**署名・請願のような穏健な活動でも，多数の参加者を動員できれば，原発計画の執行を抑制する効果をもちうる(第3仮説)**。これを検討するため，抗議行動の計量的データも収集し(第2節参照)，日本の反原発抗議運動の動員規模や抗議手段の特徴を明らかにする。

3　アクターの性格と政治的機会構造

連合の性格・戦術と政権の傾向

　原子力をめぐる日本の政治過程においては，執行抑制のほかにも各種の紛争管理が行使されてきた。紛争管理が運動の拡大に歯止めをかけるために行使されるものである以上，それは運動主体の性格や戦術に規定されるのではないだろうか。

　ドイツでは原発予定地の占拠や核廃棄物輸送トラックの実力阻止に大量動員をかける反対派と，大量の機動隊員を動員する州の警察当局との対決が，1970年代から繰り返されてきた。ここでは，運動の戦術に紛争管理が見合っている。しかし，ドイツの事例をより詳細に見てみると，同じ原発敷地占拠でも，暴力も辞さない極左活動家が多く参加していた場合，また保守のキリスト教民主・社会同盟(CDU・CSU)が与党である州において(バーデン・ヴュルテンベルク州の場合はCDUの州首相が強硬派であった場合)，反対派と警察の暴力的衝突が起きている(本田 2002)。従って，運動の戦術自体よりも，運動主体の性格や政権の性格との組み合わせが，紛争管理の質を規定するように思われる。

　そこでこのことを本稿では，日本の文脈でも，検証してみたい。

　ただその際，運動がどのような戦術を駆使できるかは，運動の活動が展開

されるアリーナの特質によって限られてくる。また、どのような性格の対抗連合が形成できるのかは、政治全体を規定する社会的な対立構造によって制約されるだろう。そこで、以下ではまず、日本の原子力をめぐる政治システムの特徴（つまり政治的機会構造）を、アリーナと対立構造の点から概説しておきたい。

アリーナの制度的特質

　ドイツの政治システムは、連邦制や、穏健な多党制、司法部の高い独立性といった開放的な制度を持っており、様々な政治の場で、有力な対抗主体の連合を形成する機会が与えられる。これに対し、日本の政治システムは全般的に、運動に対して閉鎖的である。個別に見ると、日本の原子力政策領域では、以下の4種のアリーナがどのような制度的特質を持ち、反原発運動にどのような政治的機会を与えてきたのかが問題となる。

(a)　中央集権制（地方政治アリーナ）

　日本では政策や計画の立案段階に加え、立地過程でも原子力施設の許認可権限が中央政府に集中し、都道府県や市町村が公式の決定権を奪われている。しかも立地過程の初期の段階、特に電力会社が電調審へ原発計画着手を正式に申請するまでの非公式の段階で、原発立地の可否が実質的に決まる（吉岡1995b、160-161頁）。その際に最も重要なのは、漁業権放棄をめぐる漁協との補償交渉と土地買収をめぐる地権者との交渉である。これは漁業権と所有権が保守政権の下で手厚く保護されてきたからである。新潟県巻町のように、原発予定地に含まれる未買収の町有地の売却をめぐり、町長や町議会が紛糾している場合や、漁協が漁業に明るい展望を持ち、頑強に抵抗する場合、膠着状況が生じうるが、それはまれであった。また1980年から原子炉の新増設に際して2回の公開ヒアリングが、電調審の前後に通産省と原子力安全委員会によって開かれているが、これは中央官僚が立地を前提として、地元住民から意見を「聞きおく」セレモニーにすぎない（図1-1）。

　ただ、1990年代の地方分権改革を通じて知事の拒否権は強まっている。すでに1970年代からは、電力会社が電調審に原発計画を申請する前提条件

第1章 原子力をめぐる政治過程の分析枠組み　25

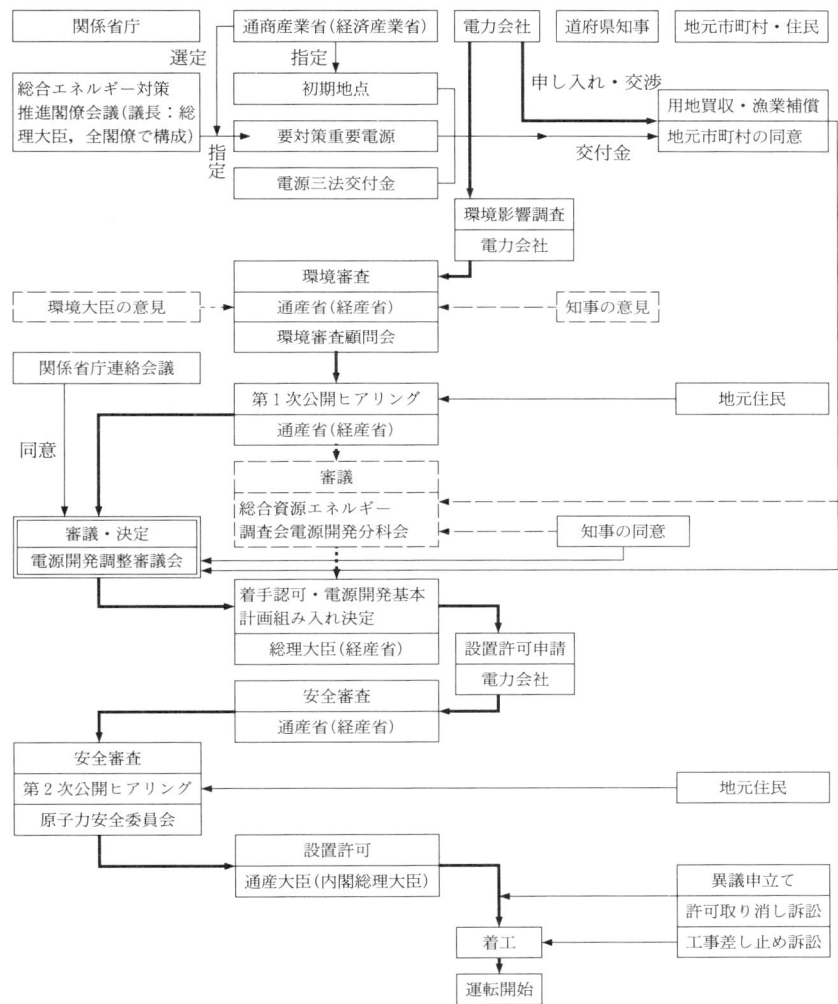

図 1-1　日本の原発立地手続

注：（　）及び点線部分は 2001 年以降導入。電調審は 2001 年以降廃止。太線の矢印は主要な流れを表す。
出典：『原子力市民年鑑』2000 年版及び 2001 年版に基づき再構成。

として，立地する市町村に協力を申し入れ，また都道府県知事の同意を得ることが通産省の省議決定によって慣行化された。立地点自治体の首長及び議会多数派の同意獲得は比較的たやすいのに対し，道府県知事の意見形成段階は，1980年代後半に社会党の横路孝弘・北海道知事が幌延町への高レベル核廃棄物貯蔵工学センターの立地を拒否して以来，反対運動の重要な焦点となった。もちろん知事意見形成の段階が乗り越えられてしまうと，個別原発計画は電調審承認によって国の電力需給計画に組み込まれ，電力会社は正式に原子炉設置許可を申請する。こうなると許可手続は道府県や市町村の政治とは一切無関係に進み，これを阻止する実効的な手段はほとんどない。しかし他のアリーナと比べると，地方政治アリーナには，後述の亀裂構造との関連で，潜在的に大きな政治的機会が含まれている。

(b) 推進と安全規制の担当省庁の不分離（行政アリーナ）

日本の中央省庁のセクショナリズムは悪名高い。原子力政策領域では，通産省と科学技術庁がそれぞれの縄張りの中で「自律的に政策を決定し，それを内閣がまるごとオーソライズ」する。その際，「省庁間の利害が対立した場合でも，上位機関のリーダーシップの行使による決裁がおこなわれることはなく，関係省庁間でそれぞれの力関係を背景とした協議によって妥協がはかられてきた」（吉岡 1999, 25頁）。こうした体制では，首相や内閣による政策理念に基づいた政策転換がなされることは少なく，省益が既得権化して政策は時代状況の変化に抗した硬直性を示すようになると言われる（長谷川 1999, 298頁）。

しかし，この「二元体制」論は原子力推進を前提とした分業関係を指摘しているにすぎない。運動にとっての政治的機会構造という点から見れば，原子力の推進と安全規制という相互の緊張関係を必要とする所管事務が，通産省にせよ科技庁にせよ，同一の省庁内に置かれていることの方が重要である。なぜなら，この構造は行政の一部が原発批判に回るのを阻んでいるからである。米国では1970年代に，推進と原発設置許可を担当する官庁が分離された。しかし日本の原子力行政はあくまでも同一省庁内の部局の形式的分離を固守してきた。この構造は2001年の省庁再編で科技庁が文部科学省に，通

産省が経済産業省に再編された後も維持されている。旧科技庁の権限の多くが経産省に移管され,「二元体制」が実質的に解消されたにもかかわらず,日本の原子力政策の基本的方向性は変わらない。また環境庁は,1998年の環境アセスメント法施行や2001年の省への昇格に伴い,原発立地が環境に及ぼす影響について意見を表明する権利を得たが,原子力行政に積極的に介入する意思は示していない。

(c) 保守一党優位・野党多党制と選挙制度（選挙政治アリーナ）

日本の選挙制度に関しては,1選挙区で3から5人が当選する「中選挙区」で構成される選挙制度が,地元への便宜供与を競う与党・自民党議員同士の争いを助長し,政治腐敗の温床となった点が主たる議論の的となってきた。しかし抗議運動にとっての政治的機会構造という点からは,日本の選挙制度が野党の多党化を維持する方向に働いた側面が重要である。従来の西欧の研究では,多党制が二大政党制や左右二大ブロック制に比べ,原子力に批判的な政党が登場しやすいとされてきた。確かに日本の保守一党優位体制下でも,野党の多党化が進み,その中で社会党が反原発の立場をとるようになった。野党の多党化は,社会党自身の自己改革能力の欠如が原因ともされるが,議席獲得要件が比較的低い衆参両院の中選挙区制や参議院の比例区(1982年導入)によって助長されたとも言われる(Kohno 1997)。しかし,日本の野党は常に政権から排除されてきたため,原子力批判を政府の政策に反映させる展望はなかった。加えて,政権からの排除という状態に対する野党の戦略は分かれ,例えば民社党は自民党と政策的に接近し,原子力も強硬に推進した。また程度の差はあれ,原子力政策を批判する社会党と共産党が存在する政党制では,市民運動から発展した新党が参入できる政治的空間は狭く,この点でも政党政治のアリーナは抗議運動に有効な政治的機会を提供しなかった。戦後の日本政治における政党の変遷は図1-2を参照されたい。

1994年に導入が決まり,1996年総選挙から実施された新しい衆議院の選挙制度は,小選挙区制を主体に,全国11ブロックに細分化された比例区を並立させたもので,小政党に著しく厳しい制度である。

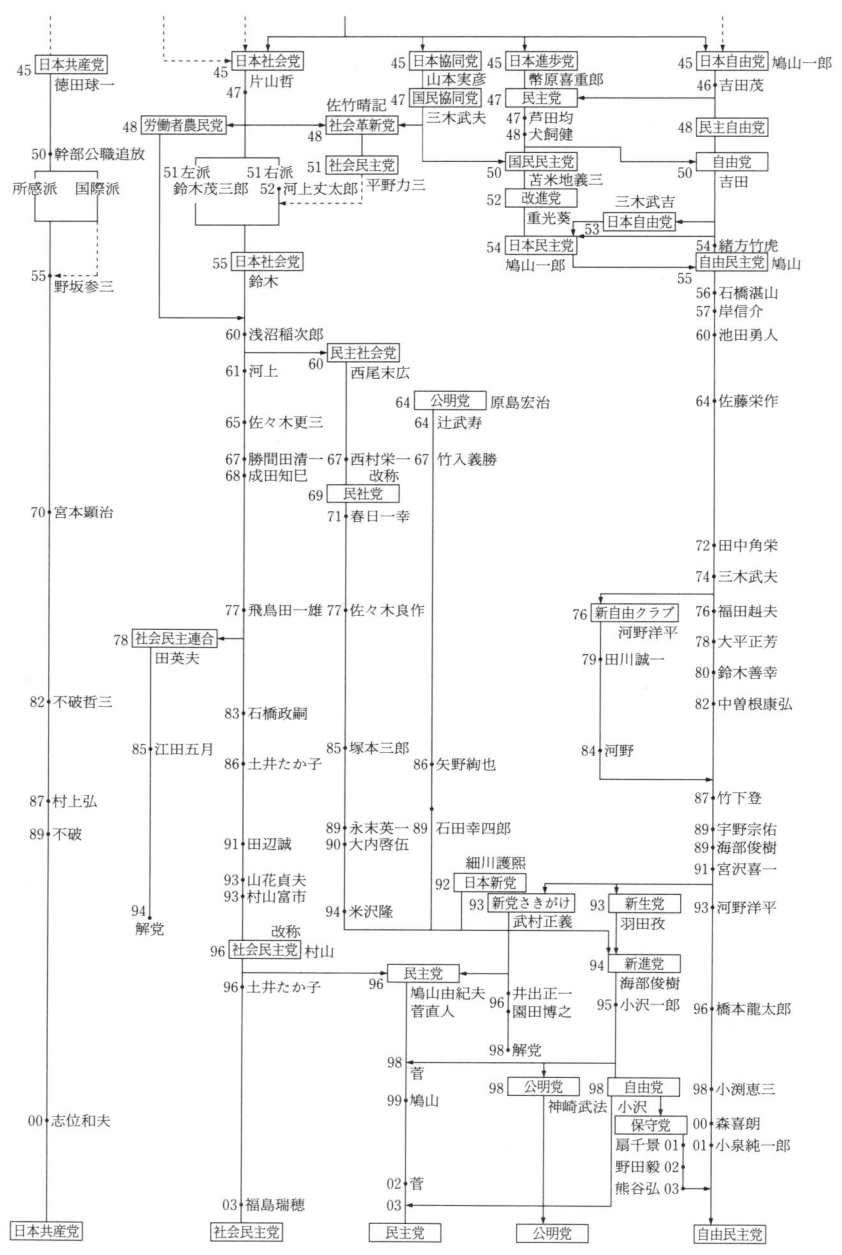

図 1-2　戦後の日本における政党の変遷
出典：日本史広辞典編集委員会 2000, 201 頁に加筆。2004 年 3 月現在。

(d) 司法消極主義（司法アリーナ）

1960年代末から1970年代前半にかけ，4大公害裁判での原告住民側勝訴に代表されるように，裁判所は特に下級審レベルで一定の開放性を示したが，特に1970年代後半から日本の裁判所は，政治的争点に関する判断を避け，いわゆる司法消極主義の傾向を強めたため，行政訴訟の有効性は著しく低下した。これに対し革新系の弁護士は，単なる法曹三者の一つにとどまらず，野党的な批判勢力の機能を担ってきた。弁護士の支援を受けた社会運動は，勝訴よりも世論喚起の機会として裁判制度を活用してきたと言える。

55年体制の社会的対立構造

連合の形成は，社会的な対立構造にも規定される。ここでは，「55年体制」における政党や主要な利益集団の対立や協調の関係を成り立たせていた社会的な分断線に注目したいが，このような分断線は，政治学では**亀裂（クリーヴィッジ）構造**と呼ばれる。社会の中には様々な構造的な亀裂がありうるが，政治的な亀裂にまで発展するものは限られている。西欧では歴史的に，階級間や，世俗と宗教，宗派間の対立，中央と周辺，都市と農村の対立などが，政党間の左右の対立や連携，利益集団の発生を生み出してきた。特に第1次世界大戦後に確立した政治的亀裂は，1960年代頃までの西欧の「旧い政治」を強く規定してきた。ただ，1960年代末の学生反乱や，1970年代の新しい社会運動，1980年代における緑の党の定着を経て，西欧には「物質主義的」な旧い政治に対抗する新たな政治的対立軸が形成された。

これに対し，日本では，都市・中央と農村・周辺の対立が潜在的には深い亀裂として存在してきたものの，社会構造上の亀裂が政党間対立の構造に明確には発展していないことが指摘されてきた。このため対立軸はしばしば，政党の政策次元で，「保守」と「革新」の対立として再構成されてきた。その際，55年体制の政治空間は従来，村松(1981)に従い，二環構造を成すとされてきた。それは第1に保守与党や官僚，農業団体，経済団体など，現体制の保持では一致するアクターを参加者とし，「既存の価値の権威的配分を行う『政策過程』」を核に持つ。第2に，その外側に社会党や共産党，労組な

ど，「既存の政治・行政体系に対してそれとは異なった価値体系をもって対決しその変革を迫る勢力」と，その敵手たる現体制保持勢力との対抗過程である「イデオロギー過程」が位置する。

これに対し真渕(1981)は，第1，第2の政治過程のアクターがともに参加しうる，特定利益集団への再配分を目的とする第3の政治過程を区別する。しかし，より実態に近い真渕の3層モデルにおいても，金融や産業振興政策は分配型の政治過程Ⅰ，防衛や憲法改正のような争点はイデオロギー型の政治過程Ⅱ，農業や中小企業振興，福祉政策は再分配型の政治過程Ⅲというように，政策領域が各類型の政治過程に振り分けられている(森 2001, 208-209頁)。

これに対し本稿は，原子力という一つの政策領域をめぐっても，この3重構造が存在すること，またこの3重構造は，3つの政治的亀裂構造によって，相互に区画されていたと考える。これらは，山口(1997, 58頁)を援用して，以下のように特徴づけられる。

(a) 冷戦構造の下での政財提携と労組の分裂

戦後しばらく保守政界は3潮流に分かれていたが，最終的には1955年に自由民主党として合流する。これは，1950年代前半に左右両派に分裂していた社会党が，再統一に向かったため，財界や米国政府が将来の社会主義政権成立を危惧し，保守の巨大政党誕生を推進したことによる。結果的に社会党は，冷戦対立が決定的に激化する直前の一時期(1947年6月から1948年2月までの片山内閣)を除き，1993年の細川内閣誕生まで一度も政権につけなかった。従って冷戦構造は55年体制の最も基本的な政治亀裂であったと言える。この分断線の内側では，資本主義体制の維持という体制選択の観点から，自民党と財界が連携した。また外側には共産党がおり，冷戦の激化した1940年代末から1950年代にかけては一時期，公職追放や，武闘路線への弾圧で壊滅状態となり，労働運動への影響力も失った。また資本主義体制や企業システムに対する評価の相違から，労働運動も分裂した。官公労(日本官公庁労働組合協議会)を主力部隊とする総評(日本労働組合総評議会，1950年結成)は体制批判的な労働団体で，社会党を支援した。これに対し，1954

年発足の全労会議(全日本労働組合会議)から1964年に移行した同盟(全日本労働総同盟)は，大企業労組に基盤を置く企業主義労働団体で，民社党(1960年に社会党右派から分裂)を支援した。電力会社の労組の加盟する電力労連(全国電力労働組合連合会)のように，同盟傘下の組合は，元々は労使協調路線をとる第2組合として設立され，労働者の代表という意識より，所属する大企業の従業員組合という意識を強く持っていた。従って，原子力開発のような国策が当該企業の利益にもなる場合，こうした労働組合は受益集団と化し，国策を批判する総評加盟労組や社会党，市民運動とは厳しく敵対するようになった。

(b) 開発国家(官財提携)と労働・環境利益の排除

政治亀裂の第2次元は，官(省庁)と財界の密接な関係として捉えられる。日本は明治維新後，近代国家としての確立を目指し，主に官主導で育成した産業を民業化する形で，急激な経済発展を追求した(開発国家)。太平洋戦争の前後の1940年代には，総力戦や戦後復興のため，資源の効率的配分や産業合理化を官が指導する介入様式(いわば「1940年体制」)が確立した。ただ高度経済成長が軌道に乗り，貿易も自由化されると，政府の役割は各種の制度的条件整備を通じて，財界の利益の増進を図ることが中心となる。産業界への国家介入も，自由競争や産業合理化を抑制し，企業集団ごとに系列化された業界の秩序を維持しようとする「競争制限型介入」(内山 1998)，いわゆる護送船団方式が支配的となった。この方式の下では，労組に加え，環境保護運動も，業界秩序を乱す存在と見なされてきた。また日常的な政策形成は，非公式に行われる省庁と業界との利害調整を踏まえて，官僚主導で行われてきた。政府の計画も多くの場合，閣議決定のみで確定し，国会の議決にかけられないので，野党は政策決定にほとんど関与できないできた。

全体として，開発国家に表現される政治的亀裂は，経済成長を推進する官と財の連合(成長連合)と，外部の批判勢力とを分かつ分断線となっている。

(c) 中央・地方の潜在的対立

資本主義体制維持の観点から財界が保守合同を支援したにもかかわらず，自民党は元来，農漁村部や中小自営業者に支持基盤の重点を置く政党であっ

た。高度経済成長の追求に伴う産業構造の変化と都市部への人口集中は，農漁業の衰退や地方農村の過疎化を加速させたため，自民党は政権維持の観点から，伝統的支持層をつなぎとめ，かつ，都市部でも支持基盤を拡大していく必要があった。例えば地方では社会党が労農提携の動きを見せ，1960年代末から復調してきた共産党は，都市部での中小自営業者の取り込みを図り，都市低所得層へは創価学会・公明党(1960年代に衆議院に進出)が浸透してきた。こうした動きに歯止めをかけるため，特に1970年代前半の田中内閣の時代から，政権党の国家資源を利用した利益誘導政策が活発になった(Calder 1988)。なかでも公共事業を通じた低開発地域への利益誘導により，農漁業や建設業に従事する地方保守層は国策からの受益意識を高め，国策の批判者に対する閉鎖性を強めることとなった。同時に，特定省庁と特定業界ないし地方自治体との間を媒介する族議員が影響力を持つようになった。

　こうして利益誘導は中央・地方間の潜在的対立を抑え込んできたが，公共事業の乱発も一因となって悪化してきた財政状況に直面して，中央・地方の対立は近年，表面化してきている。このことは，原子力をめぐる政治過程にも反映してこざるをえないだろう。

　これらの亀裂で原子力をめぐる政治過程を3層構造に再構成してみると，表1-1のようになる。ここでは，政治過程に参加するアクターを動機づける問題構造や，原子力の是非に対する立場も考慮されている。この3層構造は，成長連合，革新勢力，受益勢力の3種の主体群で構成される。反原発運動は，旧来の革新陣営内に共闘者を探さざるをえない場合が多いが，原発現地の農村部で革新勢力が弱い日本では一般的に(地方的特殊事情を別とすれば)，左翼・市民派が政治や社会のレベルで多数派を形成できる条件は弱かった。このため，むしろ保守政権を支える柱の一つである受益勢力の中に連合が拡大すれば，より大きな政治的効果が期待される。

　そこで以下の2つの仮説を立てたい。まず，**旧来の革新陣営内にとどまる対抗連合よりも，受益勢力にもまたがって形成された対抗連合の方が，たとえ同じ種類の戦術に訴えたとしても，より寛容な紛争管理を受ける**というものである(第4仮説)。例えば，革新陣営にとどまる対抗連合が急進的戦術に

表1-1 55年体制下の原子力をめぐるアクターの3層構造

一般的性格 (一致点)	主なアクター	重視する 問題構造	原子力の是非
成長連合 (反共・ 開発国家)	自民党，通産省，電事連 科技庁・動燃，重電機・原子力産業 金融機関，大学・研究機関	利潤性確保 核燃料サイクル の論理	推進
革新勢力 (資本主義批判)	社会党・総評・原水禁 共産党・原水協・日本科学者会議 弁護士，市民・住民運動	軍民不可分性 社会的費用 (被曝・安全性)	反対・慎重
受益勢力 (労使協調・特殊 利益・地方利益)	民社党・同盟・電力労連 建設業界，自民党族議員 漁協，農協，自治体，公明党	社会的費用 (地域振興)	推進

訴えた場合，弾圧を招きやすいが，受益勢力にまたがる連合が同様の戦術に訴えても，弾圧よりはむしろ物質的譲歩を得るのではないか。

　もう一つは，**政権の性格が穏健派か強硬派かによって，紛争管理が異なってくるというものである**(第5仮説)。例えば右派の政権下では，手続的集権化，場合によっては抑圧的対応さえ招きやすいのに対し，逆に穏健派の政権下では物質的譲歩や機構改革，説得型の対応が試みられる傾向が強いのではないか。

　もちろん，横断的な対抗連合の形成は，地方的条件や歴史的条件に規定される。とりわけ後者については，冷戦構造の解体と成長経済の衰退を背景に，55年体制の政治対立の構図自体が流動化してきたことが，そうした横断的な対抗主体の連合を容易にしている面があるだろう。本稿の末尾では，そのことを踏まえながら，対抗主体を取り巻く政治的対立軸の変動の中に，原子力政治過程を位置づけ，将来を展望してみたい。

4　モデルと時代区分

　以上述べてきた原子力政治過程の構成要素，すなわち問題構造，促進的事件，脱原子力のキャンペーンを通じて形成された戦術と連合の性格，それを規定する政治体制の基本構造(アリーナと亀裂構造)，及び支配的連合による

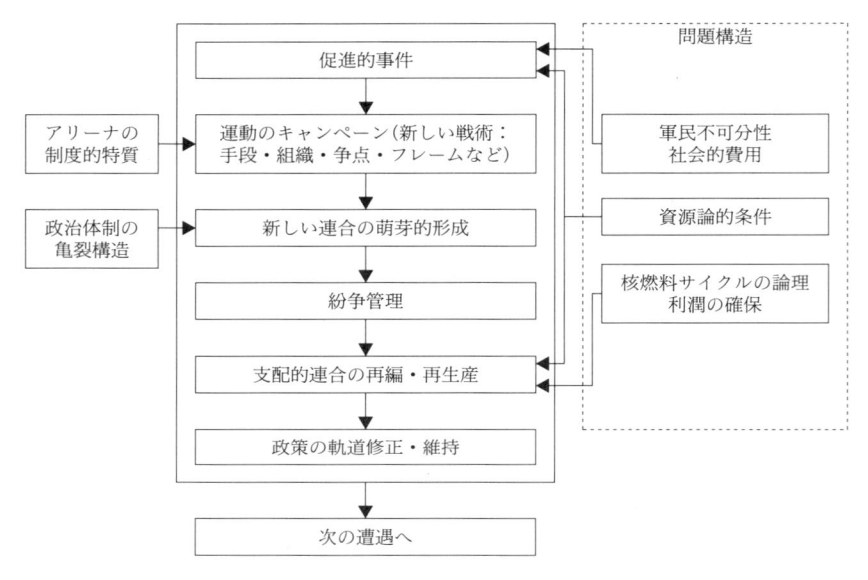

```
                ┌─────────────┐
                │   促進的事件  │←──────┐         ┌─────────────────┐
                └──────┬──────┘        │         │     問題構造      │
                       ▼               │         │                  │
┌──────────┐    ┌─────────────────┐    │         │  ┌────────────┐  │
│ アリーナの │    │ 運動のキャンペーン │    │         │  │ 軍民不可分性 │  │
│ 制度的特質 │    │ (新しい戦術：     │    │         │  │ 社会的費用  │  │
└──────────┘    │ 手段・組織・争点・ │    │         │  └────────────┘  │
                │ フレームなど)     │    │         │                  │
┌──────────┐    └────────┬────────┘    │         │  ┌────────────┐  │
│ 政治体制の │             ▼             │         │  │ 資源論的条件 │  │
│ 亀裂構造  │    ┌─────────────────┐    │         │  └────────────┘  │
└──────────┘    │ 新しい連合の萌芽的 │    │         │                  │
                │ 形成             │    │         │  ┌────────────┐  │
                └────────┬────────┘    │         │  │核燃料サイクル│  │
                         ▼             │         │  │の論理利潤の │  │
                ┌─────────────┐        │         │  │確保         │  │
                │   紛争管理   │        │         │  └────────────┘  │
                └──────┬──────┘        │         └─────────────────┘
                       ▼               │
                ┌─────────────────┐←───┘
                │ 支配的連合の    │
                │ 再編・再生産    │
                └────────┬────────┘
                         ▼
                ┌─────────────────┐
                │ 政策の軌道修正・ │
                │ 維持            │
                └────────┬────────┘
                         ▼
                ┌─────────────┐
                │  次の遭遇へ  │
                └─────────────┘
```

図 1-3　原子力政治過程のモデル

利害調整と紛争管理を，一つのモデルの形に統合，整理してみよう (図 1-3)。まず問題構造のうち，自然条件や軍民不可分性，及び社会的費用構造は，主に促進的事件の形で表面化し，反原発運動の形成や成長を促す。運動はアリーナの制度的特質の制約を受けながらも，新しい戦術を駆使して挑戦する。こうしたキャンペーンの過程で新たな社会的・政治的連合が地方や中央のレベルで形成され始め，これに対して支配的連合は執行抑制も含めた紛争管理を講じる。その際，旧来の 55 年体制の亀裂構造を横断する連合が形成されれば，従来の紛争管理は効果を失い，様々な紛争管理を試行錯誤せざるをえなくなり，政策の軌道修正にまで至るかもしれない。逆に連合形成が旧来の亀裂構造における革新陣営の枠内にとどまるなら，支配的連合は閉鎖的な紛争管理に終始しながら，従来通り，核燃料サイクル連鎖の論理と原子力事業の利潤確保の問題構造のみに応答して，既定の政策路線を維持できるであろう。この場合，運動側の戦術は限界に突き当たるが，そこから運動が教訓を得て，戦術的革新を編み出していくかもしれない。

このように運動が挑戦し，支配的連合側が新たな対応策を打ち出して終わる一連のサイクルを，フラム(Flam 1994)は「**エンカウンター**」(**遭遇**)と呼んでいる。こうした「遭遇」は一つの時代に並行して幾つも進行しうるものであり，それぞれの構成要素も一様ではあるまい。にもかかわらず，ある時代において最も決定的な影響を及ぼした事件や，最も代表的なキャンペーン(及びそこでの戦術や争点)，最も典型的な紛争管理というものを特定することは可能である。そこで第2〜7章では，このような観点で時代を区分して日本の原子力政治過程を記述する。時代は差し当たり，原子力体制の形成・確立期(1954-67年，第2章)，批判勢力と受益勢力の分化形成期(1954-74年前半，第3章)，運動の全国的確立期(1974年後半-78年，第4章)，紛争が激化した対決期(1979-85年，第5章)，反原発「ニュー・ウェーブ」の時代(1986-91年，第6章)，自民党が衆参両院で過半数を大きく割り込み，保守・革新にまたがる様々な連立政権が成立した政界再編期(1992-98年前半，第7章)，及び保守連立政権の下で地方の反乱が顕在化してきた社会的対立軸の再編期(1998年後半-2004年，第7章)に区分される。各章の記述のまとめを踏まえ，最後の第8章ではより体系的な分析を行い，上述の5つの仮説を検証したい。

第2節　抗議行動の計量分析

最後に，反原発運動の抗議行動に関する計量分析について述べておこう。抗議とは，何らかの批判や異議，要求を外部(敵手や聴衆)に向けて表明する行為であり，社会運動の活動の最も重要な部分でもある。そこで，社会運動の全般的な特徴を捉えるために，ある期間中に生起し完了する劇的な「事件」として個々の抗議行動を再構成し，その主な特徴を集計して分析するのが，抗議事件(protest event)分析である。情報源としては，対象となる期間を通じて定期的に一貫した立場で発行されている文書，特に報道記事や，デモの届け出数に関する警察統計が利用される。社会運動の分析がこの手法に終始するなら，運動を表に顕れた行動のみに還元しているとの批判は免れ

がたい。しかし，ある全国的な運動の数十年にわたる大雑把な時系列的発展傾向を捉えたいとき，直接の情報源のみでは十分な情報が得られない。このような場合，この分析手法は国際比較も可能にするような客観的な基礎材料を提供するだろう。

本稿での抗議事件分析の手法は基本的にクリージら(Kriesi et al. 1995)に依拠し，日本の文脈に合わせて修正した。データ源としては原子力政策に対する穏健な批判姿勢を持つ全国紙の朝日と毎日のうち，部数の多い朝日新聞縮刷版(東京全国版)を選んだ[6]。新聞記事からは個々の抗議事件について，以下の7変数に関する情報を1件ずつ，重要な背景的記述とともに記録した。①事件発生の日付，②場所，③どのようなキャンペーンの一環として行われているか，④行為形態，⑤参加者数，⑥組織，⑦弾圧と暴力の有無である。

データ収集に際して問題となるのは第1に，「反原発」の抗議として記録すべき現象の範囲である。これは日本国内で行われた，原子力の民生利用に伴う諸問題に異議を申し立てる行為に限定された。個々の参加者ないし参加組織がそうした諸問題のいずれかに対して，批判的であるのが最低条件だが，原子力民生利用に対しては全否定の立場であることを要しない。また原子力の軍事利用に反対する運動は，民生利用に伴う問題に抗議している限りで分析対象となる。例えば原水爆禁止世界大会は，原子力や原子力船むつの問題をテーマに取り上げた会議や分科会が行われた限りで分析の対象とした。

第2に，どこまでを「運動」の抗議として記録すべきかが問題となる。これは行為形式と参加組織の両方に関わる問題である。クリージらは運動を政治学的に定義するにあたり，「非在来型」(unconventional)の手段を主に用いるという条件を重視している。これは政党や利益団体など，政治システムへのアクセスを基本的には保障されている行為主体と，そうでない社会運動とを概念的に区別するための重要な条件である[7]。

クリージらは，抗議行動の形態を「在来型」「直接民主主義的」「非在来型」に大別し，「在来型」はさらに「司法的」「政治的」「世論向け」，「非在来型」は「示威的」「対決型」「暴力」に分け，それぞれ具体例を載せたリストを作成している。なお，「直接民主的」行為形態は国民・州民投票が法制

度化されている国のみに該当するものとして扱われている。このように行為形式を分類した上で，クリージらは，「非在来型」の行為については主催組織の種類の如何に関わらず「抗議事件」に含めている。それに対し「在来型」の行為は，「新しい社会運動」の組織または活動家による抗議行動のみを分析対象とし，政党（緑の党も含む）や労組，政府機関などが行った「在来型」の行為はたとえその目的が運動の目的に好意的なものであっても，データから除外している(Kriesi et al. 1995, p. 264, p. xxii)。

しかし「在来型」の行為についての限定をそのまま日本の反原発抗議事件の分析に適用するのには問題がある。日本では漁民運動や労働運動のような「古い社会運動」に由来する漁協や労組が，反原発運動の主な担い手であったからである。また自治体ぐるみの反対住民闘争も少なくなかった。つまり，クリージらが反原発運動を一括して西欧流の「新しい社会運動」の具体例と捉えているのに対し，本稿では新旧の潮流を包含したものとして反原発運動を扱わねばならない。従って，単に「在来型」行為というだけでデータから除外すると，日本の反原発運動の実像から遠ざかることになるだろう。

それとは逆に，漁協や労組・革新政党，自治体などを無条件に反原発運動の内縁に入れてしまうのも問題である。特に，原発反対闘争と関連があっても漁協や政党の日常業務の枠内で行われるような行為は，計量分析の対象からは除外する必要があるだろう。既存の枠組みに無理に日本の事例を押し込める愚に陥らない限りで，基本的には共通の分析枠組みを可能な限り維持し，外国のデータとの比較ができるようにしておく必要がある。以上のことを考慮した上で本稿では，データ収集対象の具体的な限定を追加した[8]。

第3に，「事件」として再構成するためには，時間的及び空間的な輪郭をある程度特定しなければならない。ここでは発生した月と都道府県の特定を必要条件とした[9]。また行為形態の特定も「事件」再構成に最低限必要な条件となる。しかしここで厄介な問題は，抗議行動がしばしば時間や空間，行為形態の点で流動的になる点である。計量分析にはそれを完結した個々の「事件」として分節化する必要があり，この分析手法を一括して放棄するのでなければ，実利的な観点から，そのための規則を定めておかねばならない。

第1に，別々の行為形態への移行が時間的・空間的に峻別できない場合，クリージらは，行為の具体的な目的か主催組織，もしくは参加者数に重要な変化が生じる限りで，別々の事件として扱っている(Kriesi et al. 1995, p.265, p.289)[10]。例えば政府機関の建物までデモを行い，建物の前で集会を開き，その後政府の責任者に署名を手渡したというような事例で，デモと集会の参加者数は1万人と等しい(もしくはデモの参加者が漸増し集会場に達したとき最大になった)が，署名は5万人分あったという場合，デモと集会は合わせて1件，署名請願は別に1件と数えている。その際，デモと集会のうち，より急進的な行為形態，すなわちデモの方を，この事件を代表する行為形態と見なしている。また，平和的なデモが後に暴力的なデモに転じ，さらに当局に対し逮捕者の釈放を要求するデモが続いたような事例では，暴力的なデモが最初のデモの参加者の一部によって煽動された限りで，最初のデモとは別の事件とし，またこのときの逮捕者の釈放を要求するデモは，目的が最初の2つのデモとは異なるので，さらに別の事件として数えている。本稿も基本的にクリージらの上記の原則に従ったが，複数の行為形式の存在も記録しておいた。

　第2に，同じ日に異なる場所で行われた全国一斉行動の扱いが問題となる。新聞記事が4つの都市で同日に行われたデモの参加者を全体で1万人と報じ，それ以外に事件の詳細を特定する情報(場所ごとに異なる参加者数や異なる主催組織など)を報じていないような場合である。これについてクリージらは，記事に含まれる情報に基づいて事件を4件と数えると，それらの事件がデータ全体の中で過剰に代表されることになるので，発生件数としては1件と見なすことにしている(Kriesi et al. 1995, pp.264-265, 289)。本稿もそれに従った。

　以上が境界事例に対する一般原則であるが，行為形態に関して，より個別的な規則として本稿では幾つか独自の規則を設定した[11]。

　さらに個別変数に適用される規則を述べておこう。まず行為形態はクリージらの分類を参考に分類した(表1-2)。参加者数に関するデータを収集する際の一般原則もクリージらに従っている[12]。主な参加組織名とその党派性

表 1-2　抗議形態の分類

分類 [1]	件数
I　在来型(Conventional)	224
1　司法的(juridical)	57
(1)　行政訴訟(administrative lawsuit)(提訴，控訴，上告，裁判所へ申立書提出)	19
(2)　民事訴訟(civil lawsuit)	15
(3)　刑事告発(criminal lawsuit)(検察審査会への異議申し立て1件含む)	7
(4)　行政不服審査異議申し立て，裁判官忌避(other)	14
(5)　予定地土地登記(other)	2
2　政治的(Political)	98
(1)　組織結成(foundation/dissolution of an SMO)	29
(2)　投票指示(voting advice)	1
(3)　陳情(大臣などへ)，議員へ働きかけ(lobbying)	5
(4)　申し入れ(手交，文書)	51
(5)　抗議電報・葉書(letters to politicians)	2
(6)　国会へ参考人出席(participation in advisory bodies/consultations)	1
(7)　交渉(官僚・首長と)(negotiations)	5
(8)　株主総会に議案提出(other)	2
(9)　原発推進派主催のシンポジウムなどに参加・共催(hearings)	2
3　世論向け(media-directed)	69
(1)　記者会見(information through media, e.g., press conferences)	7
(2)　公開質問状(手交も)，声明(声明文送付も)，情報公開請求	22
(3)　街宣，ビラ配布，ステッカー貼り，街頭アンケート(direct information to the public, e.g., leaflets)	14
(4)　シンポジウム，セミナー，学習会，講演会，討論会(tribunals, hearings, if movement-initiated)	22
(5)　出版，CD・テープ制作販売(other; advertisements)	4
II　直接民主主義的(Direct-democratic) [2]	0
1　国民・州民発案(people's initiative: launching; presentation of signatures)	0
2　国民・州民投票(referendum: launching; presentation of signatures)	0
III　非在来型(Unconventional)	362
III-1　示威的(Demonstrative)	298
1　集会・活動者会議(public assemby/rally)	127
2　デモ(legal and nonviolent demonstration/protest march)	85
(1)　集結(沿道などに)	18
(2)　デモ	58
(3)　海上デモ	9
3　署名・請願，直接請求(petitions)	47
4　象徴的・遊戯的行為(nonconfrontational symbolic or playful actions)	29
(1)　キャラバン(protest camp)(駅伝，移動図書館，核燃料輸送車追跡バスツアー，反原発の船など)	8
(2)　家庭電気消灯，街頭で原発予定地産農産物配布など	4
(3)　ダイン，人間の鎖(nonconfrontational symbolic actions)	5

表 1-2 抗議形態の分類(続き)

	(4) 映画, スライド, 紙芝居, 劇, コンサート(festival or celebration with political content)	12
5	対抗自助行動	7
	(1) 自主住民投票(other)	3
	(2) 自主環境・放射能調査, 自主避難訓練, 電話訓練	4
6	運動資金集め(collection of money or goods for party in political conflict)	3
7	recruitment of volunteers for party in political conflict [3]	0
III-2	対決型(Confrontational)	63
1	合法(legal)	9
	(1) 合法ボイコット(legal boycott):ポスター掲示拒否,聴聞会不参加,電気料金不払い	6
	(2) スト(クリージらは除外)	1
	(3) 象徴的・遊戯的(confrontational but legal symbolic or playful actions, e.g., burning effigies):古タイヤ燃やすなど	2
	(4) hunger strike, politically motivated suicide	0
	(5) disruption of institutional procedures, if legal	0
	(6) other	0
2	違法(illegal)	54
	(1) ピケ・座り込み(blockade)	21
	(2) ジグザグデモ, 無届デモ, 無届集会(nonviolent illegal demonstration)	2
	(3) 封鎖(blockade; occupation, including squatting):車両・建物・敷地の占拠, 公務執行妨害, 団結小屋, 送電用鉄塔に登攀	13
	(4) 海上封鎖:船・土嚢・人で船を妨害	12
	(5) 議事妨害(disruption of meetings and assemblies):ヤジ含む	6
	(6) tax boycott and other forms of illegal boycott	0
	(7) illegal noncooperation, e.g., census boycott	0
	(8) publication of secret information	0
	(9) bomb threat, if no actual bomb was placed	0
	(10) symbolic violence, e.g., paint "bombs"	0
III-3	暴力(Violence)	1
1	軽い暴力(light violence)	1
	(1) limited property damage, e.g., breaking windows	0
	(2) theft, burglary ; threats to persons	0
	(3) violent demonstration, if movement-intiated	0
	(4) 投石(other)	1
2	激しい暴力(heavy violence)	0
	(1) bomb or fire attacks and other severe property damage ; sabotage	0
	(2) physical violence against persons (e.g. murders and kidnappings)	0
	I〜IIIの合計	586

1) 日本のデータで1件以上あった抗議形態は( )内に対応するクリージらの分類の英語表記を示した。
2) クリージらの分類では, 「直接民主主義的」はスイスのように法制化されている国のみ該当する。日本はこれに該当せず, 自主的な住民投票は「示威的」に分類した。
3) クリージらの分類のうち, 日本で1件もなかった抗議形態は, 日本語訳を割愛した。

第1章　原子力をめぐる政治過程の分析枠組み　41

に関しては，情報が当該新聞記事からは不明の場合，同じキャンペーンの一環として行われた以前または以後の事件に関する記事を参照するか，新聞以外の情報を活用して，文脈上特定した[13]。弾圧と暴力の有無については，事件の類型や逮捕者，負傷者，出動警官数も参考情報として記録した[14]。

　最後に，キャンペーンについて述べよう。個々の抗議行動の間にはしばしば，何らかの脈絡がある。例えば同じ目的のために後日行われた抗議行動には，先日の行動に参加したのと同じ組織が参加しているだろう。本稿では行動キャンペーンの概念を参考にして，抗議事件の個別的な目的(例えばR-DAN運動(放射線監視ネット)，脱原発法請願運動，柏崎原発闘争)を記録した。また，より一般的な目的に関して，争点キャンペーンの概念を参考にしながら，抗議事件を①立地闘争，②安全性に関わるキャンペーン，③その他に分類した[15]。

　立地闘争はさらに，次の3つに分類した。(a)原発立地(研究炉・商業炉・FBR)。(b)核燃立地(再処理工場やウラン濃縮工場，核廃棄物施設など，原発以外の核燃料サイクルの段階での施設。ただし核廃棄物海洋投棄は含まない)。(c)むつ(原子力船)。また安全性キャンペーンも3つに分類した。(a)事故。これは運転中の国内外の核施設が起こした事故に直接反応して発生した抗議を指す。伊方原発2号機の出力調整試験に対する抗議行動もこれに含めた。放射線監視網を構成し，自主避難訓練なども行うR-DANもここに分類される。(b)連帯。これは被曝労働者との連帯や，日本政府によって核廃棄物海洋投棄が計画された太平洋諸国民との連帯を目的とする行動を指す。(c)核輸送。これは核燃料や核廃棄物の輸送に反対する運動を指すが，個々の原発への核燃料搬入に反対する行動は原発立地闘争に分類する。抗議行動が複数の争点キャンペーンに分類可能な目的を持っている場合，例えばある立地点の原発1号機の事故に抗議する行動が，2号機の増設の中止も求めているような場合，主要なキャンペーン(「事故」と「原発立地」)を2つまで記録した。また都市在住者など立地点の外部に居住する者による立地闘争への連帯や支援の行動は立地闘争に含めた。

1) 近年の欧米における社会運動論の概観，特に比較政治過程論的視角の射程についてはマッカーダムら(McAdam et al. 1996)を参照されたい。
2) 「アリーナは，紛争の両当事者が一つの争点をめぐって遭遇する，制度化された舞台や組織化された文脈を指す。アリーナは，審議や決定の行われる臨時もしくは標準的な場であるが，可決された決定の執行の場も含む」(Flam 1994, p. 19)。タロウは，Power in Movement の第2版(1998年)で，抗議(protest)という語に付随するイメージが限定的だとして，紛争サイクル(cycle of contention)という言い方に変えている。
3) この枠組みを日本のNPO法立法過程の分析に適用したものに，初谷(2001)がある。なお，初谷はアドヴォカシー連合を唱道連携と訳している。
4) 電調審は2001年に廃止され，総合資源エネルギー調査会の電源開発分科会がその機能を引き継いだ。
5) 米国の核不拡散政策は，日本の原子力政策が軍事利用に向かうのを抑制してきたが，プルトニウム経済確立を目指す日本の政策の基本路線を変えたわけではない。
6) 新聞が社会運動の重要な活動を漏らさず，また好意的に取り上げるかどうかは，それ自体が社会運動側からの日常的な批判の対象である。特に記者クラブ制度が確立し，マス・メディアが官庁から流される情報に日常的に依存しがちな傾向を持つ日本では，新聞報道が体制維持的なバイアスを強く持っている。しかし，他の選択肢に比べると，抗議事件分析のデータ源として，全国新聞の相対的優位性は動かしがたい。一般的には以下の利点が指摘される。すなわち全国新聞は，各種のニュースの中から重要なものを選別して掲載するので，原子力関係の記事がこの競争に勝ち残ったとすれば，それは全国的な重要性が認知されたことになる(Koopmans 1998, pp. 92-93；Rucht and Neidhardt 1998, pp. 72-73)。また新聞は互いに競争にさらされ，かつ訓練された書き手が記事を書くので，重要性の高いと思われる事件はある程度正確に報道することを要求される。特に，参加者の動機や価値観といった主観的解釈が入り込む余地のある側面(ソフト・ニュース)と比べ，事件発生の日時や場所，参加者数，逮捕者数，行為形態といった事実関係(ハード・ニュース)については，新聞記事の内容は比較的信頼性が高いとも考えられる(Kriesi et al. 1995, pp. 253-254)。

なお，4カ国の多種類の新しい社会運動を調査したクリージらは，膨大となるデータ量をサンプリングで圧縮している。西欧では重要な抗議行動の大半が土日に行われる傾向があり，調査した新聞に日曜版がないゆえ土日の出来事が月曜日に報道されることが多いという理由で，月曜日の新聞記事のみを調べたのである。これに対し，私の研究では1国の，1種類の運動だけが対象であり，また新聞縮刷版の見出し索引もあったので，サンプリングは必要なかった。
7) クリージらのグループのコープマンスは次のように定義する(Koopmans 1992, p. 14)。「社会運動は脈絡のある一連の事件の集まりである。それは主として非在来型の手段を用いる行為主体のネットワークに根ざし，敵手との相互連関行為の中で生じ，政治的な目的の実現を目指す」。政治的目的の追求という条件は，外部への働き

かけを通じて価値の実現を目指すような種類の社会運動に焦点を定める政治過程論に特徴的である。また，「脈絡のある一連の事件」とは，個々の行動の間に組織や戦略，目的などの点でつながりがあることを表している。
8） 第1に，社会党や総評中央による記者会見・声明発表や陳情・申し入れ，調査団の派遣，あるいは原発立地問題を抱える地域選出の国会議員や地方議会議員，自治体首長による国務大臣への陳情，といった行為は，政治システムを構成する正規の行為主体による「在来型」の行為であり，「運動」の抗議事件とは見なさなかった。また，社会党原発対策協議会の会合は政党（の機関）の活動として対象から除外した。
　　第2に，労組や漁協，農協による「在来型」行為のうち，申し入れや陳情はデータに含めたが，漁協総会や漁協の連絡会議のように，反原発を本来の目的としない既存の定例会合は除外した。全漁連による行為は，反原発抗議行動とは見なさなかった。
　　第3に，「在来型」行為のうち，組織結成については，労組や漁協による反原発闘争を目的とする特別組織の結成は反原発運動の構成要素と見なしたが，政党が原子力立地問題に対する特別本部を党内に設置したというような場合はデータから除外した。
　　第4に，日弁連や日本科学者会議など，政府の原子力政策に批判的な団体によるシンポジウムや研究集会などの開催は，抗議事件のデータに入れたが，基本的に原子力を推進している日本学術会議による行動は除外した。
9） 年月が特定されていれば記事の日付より遡る事件も記録している。
10） ルフトら（Rucht and Neidhardt 1998, p. 68）によると，この扱いには次の3つの選択肢がある。①片方のみを事件とし，他方を無視。②2つの別々の事件に分ける。③1つの事件を構成する2つの形態の抗議として扱う。ルフトらのプロジェクトは，③の選択肢に近い方針をとり，時間，場所，抗議の相手，参加者に断絶がない限り，先行した行為を主形態，それに続く行為を副次形態として記録している。
11） 第1に，署名や請願はプロセス全体を1件とし，参加者数は署名人数とした。その際，事件の発生地として，議会に対する請願は議会の所在地とした。第2に，訴訟の場合，提訴や控訴，上告は長期にわたる過程における公式の区切りなので，別々の事件として扱い，発生地は提訴した裁判所の所在地，参加者数は原告人数とした。裁判所への意見書の提出は一つの抗議事件として扱ったが，訴訟における1回の口頭弁論が報道された場合は独立の事件とは見なさなかった。第3に，行政訴訟を起こす前に，行政処分に対して提起される行政不服審査に基づく異議申し立ては，内閣総理大臣や通産省など行政庁に対して提起されるので，場所は官庁の所在地（東京）とした。第4に，複数日にわたる会議は，参加者数や主催組織，個別目的，行為形態のいずれかの点で異なる事件を含まない限り，1件と見なした。第5に，抗議文の送付のような文書による申し入れは送り先が複数でも1件とした。それに対し，申入書の手交を実際に行う場合，陳情と同様に扱い，相手先の数に応じて別々の事件とした。第6に，町長選挙やリコール解職投票自体は，町長個人に対する反目など，原発以外の政治的要因が絡むので，反原発運動の抗議行動から除外した。しかし解職請求は署名運動に準ずると見なし，示威的行為に分類した。そのための組織結成は，署名活動と日にち

や参加者数が異なる場合，別々の行為と見なした。原発の是非を問う住民投票の実施は抗議行動に含める。第7に，組織結成集会は集会に分類したが，記事中に結成集会への言及がなければ組織結成に分類。第8に，デモの一環として行われた参加者の代表による申し入れは，独立の事件とはしない。

12) 第1に，参加者数が警察発表と主催者発表の両方が記事の中で言及されている場合，最大の推定数（通常は主催者発表の値）を常に採用することで，バイアスの体系化を図る。第2に，数字ではなく概数しか言及されていない場合，「数名」(some)は5名に，「数十名」(several dozens)は50名，「数百名」は500名に読み替える。第3に，文脈上，参加者数がある程度推定できる場合はそうする(Kriesi et al. 1995, p. 268)。

　本稿独自の個別規則としては第1に，複数日にわたる市民集会や活動者会議は，主催組織に変化がない限り，事件としては1件としたが，参加者数は初日の数のみが言及されている場合，のべ人数とした。ただ「反核道民の船」のように航海中，参加者の構成と人数が同一である場合は1日の参加人数をとった。第2に，日本では船による海上デモや海上封鎖が反原発運動の抗議行動の重要な形式であるが，漁船1隻は便宜上，一律3人に換算した。第3に，反核太平洋署名のように国際的な共同行動の場合，署名数は日本国内分が明らかである限り，それを採用した。世界中の署名数しか判明しない場合はデータから除外した。第4に，訴訟の参加者数からは弁護団の数を除外した。

13) 主催組織の党派性は，以下のように分類した。①漁協，②総評系：社会党・総評・県評・地区労・原水禁国民会議，③共産党系：共産党・日本科学者会議・原水協，④新左翼セクト，⑤農協，⑥以上の組織が参加しない市民・住民運動組織。このような分類に基づき，各組織が参加した抗議事件をそれぞれ単純に集計し（重複すなわち共闘含む），どのタイプの組織による動員が日本の反原発運動のどの時期に増減したのかを分析した。共闘には，総評系と共産党系（ときに公明党も参加）の共闘と，左翼政党と漁協の共闘があった。県評・県労や地区労は，共産党の組織的関与が明らかでない限り，総評系に分類した。

14) ①活動家の逮捕。②警察との衝突で負傷者（警察側や報道陣含む）発生。③警察や警備員による排除（ごぼう抜きなど），機動隊などとのもみ合い。逮捕・負傷なし。④右翼などによる暴力・妨害。⑤運動側による暴力で負傷者発生。このように分類してみたが，弾圧に関する情報はさほど正確ではなく，件数も少なかった。本文中では『警察白書』の記述を利用した。

15) 「脈絡のある事件」を束ねる単位をクリージらは以下のように分類している(Duyvendak 1992, pp. 32-33；Kriesi et al. 1995, p. 269)。①争点キャンペーン。これは特定の原発の閉鎖を求める立地闘争のように，長期的な目的をめぐり，戦略的な見解が一致しない異なる組織に属する人々が活動している場合である。②行動キャンペーン。これは特定の原発への燃料搬入に対する実力阻止行動のように，かなり限られた時間内に，より限定された目的のために，戦略的見解を共有する諸組織によって展開される一連の事件を指し，しばしば争点キャンペーンの枠内で行われる。③制

度化された行事。年に一度といった間隔で定期的に行われる行動を指し，ときには争点キャンペーンの枠内で行われる。④個々の事件(single events)。これはキャンペーンに属するものと，単発のものとがある。

第2章 支配的連合と利害調整様式の確立 (1954-67)

第1節 支配的連合の形成

　日本と原子力の出会いは，悲惨であった。1945年8月6，9日の両日，実戦での使用としては世界史上唯一の原爆投下が広島と長崎に対して行われ，9月までに急性放射線障害などで合計20万人以上の死者をもたらした。1950年までの5年間で見ると，合計34万人の死者が発生したと推定される（岩垂 1982，7頁）。生き残った人々も様々な障害や疾病，社会的差別による苦しみを受けた。占領当局は占領開始直後から，原子力研究の禁止令に加え，反米感情の芽を摘むという観点で，原爆や原爆被害に関する報道も禁止した。冷戦の激化に伴い，原子力に関する報道管制は，原爆開発情報がソ連側に漏洩するのを防ぐという観点からも強化された。しかし1949年8月，ソ連の原爆実験成功によって米国の核兵器独占が崩れると，報道検閲は緩和され，米国の核政策も転換していく。米国はソ連や英国の核兵器保有という現実に直面して，核兵器保有国がその管理下で，それぞれの同盟国に対し，原子力技術の供与と核物質の供給を行う体制の構築に動き出した。

　米国の動きを受け，日本では原子力開発の国策的な推進を政治家と財界が開始する。中曽根康弘を中心とする改進党の議員は，自由党及び日本自由党の賛同を得て，1954年度予算案に対する3党共同修正案に日本初の原子力予算を盛り込み，1954年3月2日，衆院予算委員会に提案した[1]。この予算修正案は，具体的な使途も明確にされないまま，その日のうちに予算委員

会を通過し，3月4日には衆院本会議で可決され，4月3日に成立した。基礎研究開発が大半を占めた旧西ドイツの原子力開発初期の連邦予算とは対照的に，日本初の原子力予算では全体の94％が，目途も立っていない原子炉築造費にいきなり当てられ，その額はウラン235にゴロを合わせた2億3500万円とされた。予算の残りはウラン資源の調査費1500万円が占めた。

　学界は原子力予算の突然の出現に狼狽し，政府の原子力政策の独走に歯止めをかけるため，「原子力の研究と利用に関し公開，民主，自主の原則を要求する声明」を1954年4月23日，学術政策に関する学界の代表機関である日本学術会議の総会で可決した。この「原子力3原則」はやがて原子力基本法第2条に「原子力の研究，開発及び利用は，平和の目的に限り，民主的な運営の下に，自主的にこれを行うものとし，その成果を公開し，進んで国際協力に資するものとする」という文言で取り入れられた (吉岡 1999，68-72頁)[2]。

　その間，政治は全党派を挙げて原子力開発の推進体制の急速な構築に突き進んでいた。1955年10月には，原子力法体系整備のため両院合同の原子力合同委員会が発足し，委員長には中曽根が就任した。委員会のポストは，間もなく自民党と社会党の保革2大政党に合同する4政党，すなわち民主党，自由党，左派社会党，及び右派社会党に平等に配分された。合同委員会の作業の結果，1955年12月16日，原子力基本法，原子力委員会設置法，及び総理府設置法改正案(総理府内に原子力局を設置)のいわゆる原子力3法案が参院本会議で可決成立し，いずれも1956年1月1日から施行された。これに続き1956年3月から4月にかけ，科学技術庁(総理府原子力局から改組，5月に発足，以下，科技庁と略記)設置法や日本原子力研究所法，原子燃料公社法など，所管官庁や政府系研究開発特殊法人の設置法案が相次いで可決された。日本原子力研究所(原研)の主業務は原子力研究全般と原子炉の設計・建設・運転，原子燃料公社(原燃公社)の主業務は核燃料事業全般と定められた(吉岡 1999，77-79頁；野村 1999，947頁)。

　サミュエルズによると，こうした制度設計には，巨額の原子力開発費用をまかなうため，公的資金の投入を最大限に確保しつつも，公的統制は最小限に抑えたいという，財界の意向が政治家を通じて強く反映されていた。通産

省の介入を防ぐため，科技庁や原子力委員会は総理府に下属する形とされた。また初代原子力委員には学者3名（藤岡由夫，湯川秀樹，及び有沢広巳）も含まれていたが，政治家の正力松太郎委員長と経済団体連合会（経団連）の石川一郎という2名の財界出身者の意向が強く反映された[3]。例えば，財団法人として1955年11月に発足した原研は，国会で根強かった完全公社化を求める声や，大蔵省の反対論に抗して，正力と石川の意向に沿って1956年6月に科技庁傘下の特殊法人に改組された[4]。これに対し，原燃公社が公社形態にされた理由は，当時は海外ウラン供給の安定性に対する懸念が強く，また需要の絶対量も少ないことから，ウラン探鉱・採掘・精錬事業の採算性の展望は暗く，その権限は国家に委ねるのが最善だと考えられたからである（Samuels 1987, pp. 236-237）[5]。

　財界主導が目立った背景には，GHQの命令で一度解散させられていた財閥が，米軍の占領統治終了後，企業集団として再結集していく契機を，原子力開発が提供したことにあった（高木2000，73頁）。ドイツと異なり，日本では財閥解体の際に銀行の集中排除が行われなかったため，占領統治終了後，1950年代前半から銀行主導で旧財閥の企業集団としての再編成が始まる。また同時期，産業界では，朝鮮戦争（1950～53年）特需依存から民間設備投資主導の重化学工業化へ，いかに転換するかが課題となっており，新産業を興す形で旧財閥系企業の再結集を図る動きが，共同投資会社の設立という手法で表面化してくる。その核となったのが，石油化学工業と原子力産業であった（奥村1994；奥村1987）[6]。

　ドイツでも原子力開発の初期には，実験用原子炉の建設に際して共同投資会社が設立されたが，連邦や州の研究機関も参加した複雑な形態で，個別原発ごとに組まれていた。これに対し日本では，原子力産業の長期的確立を見込んで，多数の関係企業の間に安定した関係の構築が最初から目指され，しかもそれが企業集団の再建再編の一環として行われたのである。

　従って原子力産業は企業集団ごとに形成された（表2-1参照）。まず1955年10月，「三菱原子動力委員会」が発足し，1958年4月には共同投資会社として三菱原子力工業を設立した。1956年4月には「住友原子力委員会」が発

表 2-1 日本の原子力産業グループ(1997 年 12 月現在)

グループ	加盟企業数	幹事会社	主要企業	燃料加工企業	商社	技術提携先
三菱	28	三菱重工業	三菱電機	三菱原子燃料(MNF)	三菱商事	WH(米)
東京原子力	20	日立製作所	バブコック日立	日本ニュクリア・フュエル(JNF)	丸紅	GE(米)
日本原子力	34	東芝	石川島播磨重工業		三井物産	GE(米)
第一原子力	18	富士電機	川崎重工業 古河電気工業	原子燃料工業	日商岩井 伊藤忠商事	ジーメンス(独) GA(米)
住友	37	住友原子力工業	住友金属工業 住友金属鉱山 住友重機械工業 住友電気工業	JCO	住友商事	

出典:『原子力市民年鑑 2001』, 275 頁。WH はウェスティング・ハウス, GE はジェネラル・エレクトリック, GA はジェネラル・アトミック。

足し, 1959 年 12 月に住友原子力工業を設立した。このほか 1956 年には, 3 月に日立製作所と昭和電工を中心とする旧日産系・芙蓉グループ(富士銀行系)が「東京原子力産業懇談会」, 6 月に東芝など旧三井財閥系企業が「日本原子力事業会」, 8 月に富士電機・川崎重工・古河電気工業など第一銀行系の 15 社が「第一原子力産業グループ」を発足させ, 5 大原子力産業グループが勢揃いした(原子力開発三十年史編集委員会 1986;吉岡 1999, 79 頁)。また 1956 年 3 月, 財界の意向を原子力政策に反映させるための利益団体として, 日本原子力産業会議(原産)が発足した。これは電力中央研究所(1952 年 7 月に電力 9 社の寄付金に基づく財団法人として発足), 原子力に関心を持つ有力企業, 及び経団連の主導による(Samuels 1987, pp. 235-236)。

しかしこうして形成が始まった原子力産業も, 発電所を発注する電力会社も乗り気にならなければ, 早期の成長は見込めない。例えば西ドイツでは基礎研究の重視と, 多種炉型の同時並行的開発を志向した政府の初期の原子力政策に対し, 電力会社は懐疑的であった。1960 年代半ば, 米国の軽水炉実用化が進展し, 政府の原子力政策が重点開発方式へ転換してから, 西ドイツの電力会社はようやく商業用原発の本格的発注に乗り出した。これに対し,

日本では米国での軽水炉実用化がまだ不確かな頃から、電力会社も原子力に乗り気であった。その一つの理由は、原子力産業の中核である重電機業界が、戦前から火力発電所の建設で外国の重電機メーカーと技術提携関係にあり、この経験が原子力発電所の建設にも適用できると見込まれたことにある。例えば東芝はジェネラル・エレクトリック(GE)社と、三菱はウェスティング・ハウス(WH)社と長年の提携関係にあり、またかつて国産技術中心主義をとっていた日立製作所も原発の建設でGE社との間に提携関係を結ぶようになった(吉岡 1999, 79頁)[7]。

日本政府の原子力政策自体も、早くから、基礎研究を迂回して外国原子炉技術の導入習得路線を選択した。1954年にはまだ、初の原子力予算が国産の研究炉(天然ウラン燃料・重水減速炉)の建設に向けられることが想定されていた[8]。ところが1955年1月、米国政府は、濃縮ウランと研究炉の提供を含む日米原子力研究協定の締結を日本政府に打診し、1955年11月には締結された協定に基づく濃縮ウランの受け入れ機関として原研が差し当たり財団法人として発足した。原研が建設することに決まった3基の研究炉のうち、第1(JRR 1)及び第2炉(JRR2)は米国から導入することになり、天然ウラン重水型の国産研究炉(JRR3, 1962年9月臨界)は後回しにされた(吉岡 1999, 95-97頁)。また研究炉の次の段階とされた動力試験炉についても、原研はGE社の沸騰水型軽水炉(BWR)を購入することになった。これは発電設備を備えた日本初の原子炉(JPDR、電気出力12.5 MW)となり、1963年10月26日、後に「原子力の日」に指定される日に、初の原子力発電に成功した(図2-1)。

さらに英国が黒鉛減速炭酸ガス冷却型「コールダーホール型」炉の売り込みを強化していた1956年1月、正力初代原子力委員長は、海外からの導入技術に基づき、商業炉を5年以内に建設する構想を示した。原子力委員会も1957年3月、英国炉を念頭に置いた発電炉の早期導入方針を決定した[9]。そこで持ち上がったのが英国炉の受け入れ主体をめぐる争いである。通産省傘下の国策会社、電源開発株式会社(電発)が名乗りを上げたのに加え、電気事業連合会(電事連)は電力9社の社長会議において、発電した電力を電力9

原子炉施設

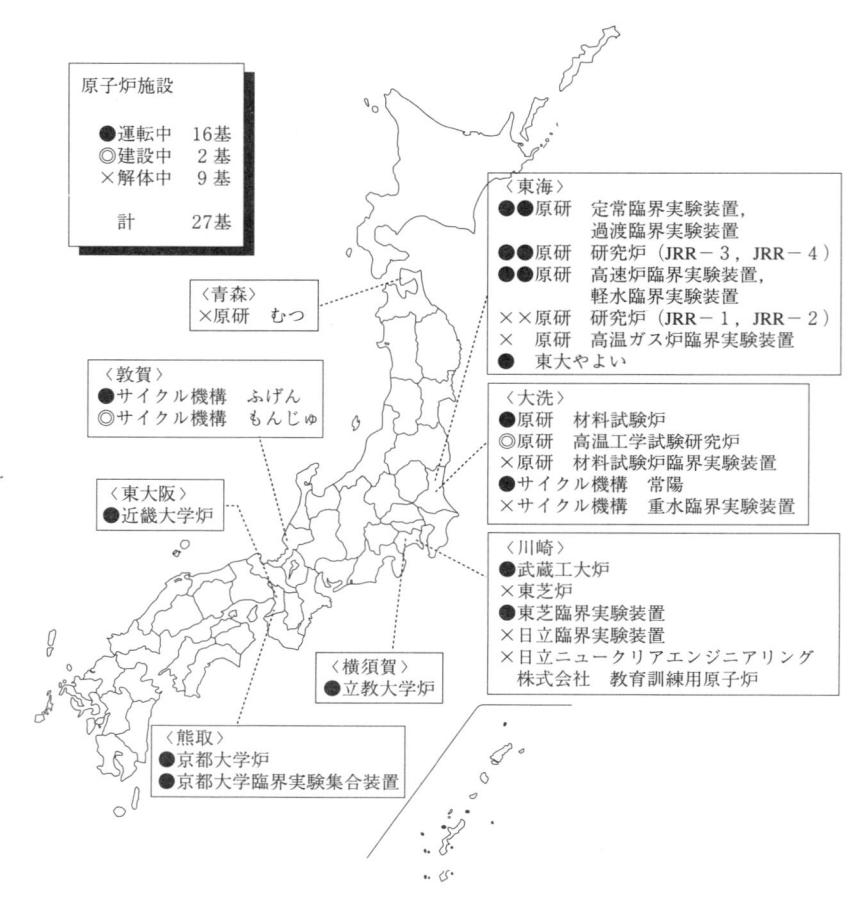

● 運転中　16基
◎ 建設中　2基
× 解体中　9基

計　　27基

〈青森〉
× 原研　むつ

〈敦賀〉
● サイクル機構　ふげん
◎ サイクル機構　もんじゅ

〈東大阪〉
● 近畿大学炉

〈横須賀〉
● 立教大学炉

〈熊取〉
● 京都大学炉
● 京都大学臨界実験集合装置

〈東海〉
●● 原研　定常臨界実験装置，過渡臨界実験装置
●● 原研　研究炉（JRR－3，JRR－4）
●● 原研　高速炉臨界実験装置，軽水臨界実験装置
×× 原研　研究炉（JRR－1，JRR－2）
× 原研　高温ガス炉臨界実験装置
● 東大やよい

〈大洗〉
● 原研　材料試験炉
◎ 原研　高温工学試験研究炉
× 原研　材料試験炉臨界実験装置
● サイクル機構　常陽
× サイクル機構　重水臨界実験装置

〈川崎〉
● 武蔵工大炉
× 東芝炉
● 東芝臨界実験装置
× 日立臨界実験装置
× 日立ニュークリアエンジニアリング株式会社　教育訓練用原子炉

図 2-1　日本の研究開発段階にある原子炉の立地点
出典：『原子力安全白書』(平成12年度版)に加筆。2002年3月現在。

社に卸売りする民間会社を電気事業者や関連業界の出資で設立する構想を決定した(吉岡 1999, 80-82, 101頁)。英国炉の受け入れ主体をめぐる論争は1957年夏，原子力発電事業の国家管理論の立場から電発を推す河野一郎・経企庁長官と，民営論を説く正力原子力委員長・科技庁長官との争いとなった。

ここで電発について補足しておこう。通産省(資源庁電気施設部)は，日本発送電株式会社(日発，後述)解体と民間9電力発足という1951年の電気事業再編成で電力行政を公益事業委員会に奪われ，奪還の機会を狙っていたが，1951年秋の異常渇水を機に水力電源開発の遅れが問題化した機会を捉え，電源開発や電力融通を目的とした国策会社設立を推進した。通産省は，特殊会社設立案に加え，電力会社の個別発電所建設計画を審議するための総理府の諮問機関，電源開発調整審議会(電調審)の設置等も規定した「電源開発促進法案」を作成した。これは1952年3月，自由党議員の提案として国会に上程され，1952年7月に成立した。日発の復活という批判を避けるため，設立される特殊会社は卸電気事業者と規定された。また法案成立と同時に行われた国会決議に基づき，公益事業委員会と資源庁の廃止と，代わって電力行政を担当する通産省公益事業部の新設が決定した。こうして1952年8月，同省公益事業部と電調審が発足した。また特殊会社の電発は9月，政府99%と9電力1%の出資で，本店事務所を旧日発本社に置いて設立された(岡本 1995)。

こうして通産省は電力行政の奪還には成功したが，9電力会社による電源開発が本格化するにつれ，電発の存在意義は折に触れ不要論にさらされるようになる。このため電発は電気事業における「スキマ産業」を常に物色し，原発事業にも参入の機会をうかがっていた。また正力と河野はともに鳩山自由党を経て自民党に合流したが，企業家として財界との結びつきが強かった正力に対し，河野は建設業界との結びつきが強く，原発事業の国家統制の方が建設業界の利益増進に有利と判断したと見られる。この「正力・河野論争」では，正力・経団連・9電力 VS 河野・建設業界・通産省という構図となった。重電機業界は，電発設立の際は通産省の支持に回ったが，商業炉導入主体をめぐる論争では電力業界についた(Samuels 1987, p.239)。

論争の結果，官民合同の株式会社を設立するという閣議了解が1957年9月に成立し，同年11月，政府(電発)2割，民間8割(電力9社4割，原子力産業5グループ2割，その他2割)の出資比率で日本原子力発電株式会社(日本原電)が設立された。出資比率で民間の優越となった(吉岡 1999, 83頁)。日

本原電が事業主体となって茨城県東海村に計画した日本初の商業用原子炉は，1960年に着工し，1966年に営業運転を開始した。

このように商業炉第1号導入の受け入れ主体をめぐる論争は，財界の意向が実質的に優越する形で決着した。この事例について吉岡は，1955年から形成された「科技庁グループ」に加え，「電力・通産連合」が政策形成の新たな主体として台頭し，原子力体制が「二元体制化」する決定的契機となったと述べている。しかし，通産省傘下の電発が国家管理論の後押しを受ける一方，「科技庁グループ」に属する原子力委員長が民営論を提唱したことを見れば，この論争を二元体制論の枠にはめるのは難があると言えよう。

むしろこの事例の意義は，比較的短期間に利潤が期待される事業分野では，民間が国の事業参入を阻止しつつ，利潤を保障するための制度整備や国の財政補助の獲得を図るという，官民の第1の利害調整様式が表面化した点にある(Samuels 1987, pp. 254-255)。利潤確保が最初から前面に出ているので，技術開発政策は外国での基礎研究開発の積み上げに「ただ乗り」する形で完成済みの技術を導入することになる。

こうして制度整備が一通り完了すると，電力業界と通産省の関係は1960年代から次第に密接となる。両者間の懸案が解消されていったためである(岡本 1995)。第1に，9電力体制に内在する電気料金の地域格差という問題の露呈に対し，1958年，9電力会社間の電力融通や系列化による広域運営と，通産省の若干の権限強化で対処する妥協が成立した。第2に，戦時中に9配電会社(現在の9電力会社の前身)に設備や供給権を譲渡させられた自治体が推進してきた公営配電復活論は，9電力各社と各自治体との個別的な補償交渉によって収拾された(室田 1991)。第3に，1960年の「電気料金の算定基準に関する省令」や，1964年の新電気事業法制定，及び通産省の内規(供給規定料金算定要領)によって，電力会社が大型投資を行えば行うほど，電気料金算定に際して認められる事業報酬が大きくなる仕組みが制度化された。

この最後の点は日本の電力会社が大型投資，特に原子力事業を好む制度的誘因となっているので，補足しておこう(室田 1991)。1911年に制定された電気事業法の下では，電気料金の設定は供給区域における競争を前提とした事

業者による届け出制をとっていた。しかし満州事変が引き起こされた1931年になると，政府統制を強化する方向で電気事業法の大改正がなされ，電気料金は政府許可制とされた。そこで料金許可の基準として，米国で確立された総括原価方式が導入された。この方式は，公共の利益に反しない程度で事業者に「適正な」水準の利潤を保証しようとするものであり，適正原価と適正報酬の和とされた総括原価がちょうど回収できるように料金水準が決定される。ただ，事業報酬の算定は，支払利息・配当金，及び利益準備金の合計額を適正報酬とする，いわゆる積み上げ方式に基づいていた。

　しかし戦後になると，戦後復興と高度経済成長の開始及び進行を背景に，発電所の建設や大型化が進み，また要請されるようになるにつれ，従来の積み上げ方式では電力会社による電源開発への活発な投資意欲を減退させるとの指摘がなされるようになった。電気事業再編をめぐる論争が関係者間で解消された後，上記の電気料金制度の改正が行われた。すなわち1960年，通産省は適正報酬の算定に際し，固定資産，運転資本，及び建設中資産の合計額を基本とする「レートベース方式」を新たに導入した。この方式によると，報酬額はレートベース＝原価の定率部分(1988年まで8％，1998年からは4.4％)とされ，報酬額と原価の合計額が総括原価とされる。このような方式自体は例えば米国で採用されているが，問題となるのは原価の中に何を含めることが許されるかである。この部分が不当に拡大されると，報酬額も増大するが，消費者の負担も過大となる(田中優 2000，133-135頁)。

　批判の対象となるのは第1に，建設仮勘定とも呼ばれる建設中資産の扱いである。例えば米国では不算入とする州が多いが，日本では建設中資産の50％もの算入が認められた。発電所計画への着手が電調審で認められただけで，それが将来役に立つとは限らなくても，電力会社は報酬を手にすることができるため，過大な投資が促される。

　第2に，核燃料も固定資産として扱われている。火力発電所の場合，燃料は「変動費」扱いとなるが，原発では核燃料が約3年間装荷されるという理由で「固定費」として扱われ，原価への算入が許されている。加工中の核燃料も同様に扱われ，まだ製造されてもいない燃料の購入を理由に，電力会社

は報酬を受け取ることができる。また使用済核燃料も将来，再処理してから一部が燃料に再利用される建前になっているので，やはり原価への算入が認められている。使用済核燃料のうち，再利用可能なプルトニウムや燃え残りウランは2％程度にすぎないのだが。このため電力会社は経済性を欠くと理解していても，使用済核燃料の全量再処理の原則に固執するようになる。このように核燃料は存在する前から，また実質的に廃棄物となった後も，固定費として電力会社に報酬をもたらし続けるのである。

　第3に，1980年から算入が認められるようになった要素として，「特定投資」が挙げられる。日本原電や，動燃（動力炉・核燃料開発事業団），及び日本原燃（青森県六ヶ所村の再処理工場等の事業会社）などの会社や特殊法人に電力会社は出資しているが，これらの法人は収益を見込めない。ところが，「エネルギーの安定確保を図るための」研究開発や資源開発に必要だという大義名分で，これらの法人への出資や投資は「特定投資」として原価に算入が許されることになったのである。従って，「採算が取れない無駄な企業であることが，逆に『原価』として報酬額に反映する」（田中優 2000，134頁）。

　以上見てきたレートベース方式による事業報酬算定の制度化は，通産省と電力業界の関係が緊密化し，「護送船団方式」の性格を強めていく画期となった。同時に，これは原発事業への投資リスクを電気料金や税の形で国民一般に負担させ，企業に利潤を保障する**官民間の第2の利害調整様式**の形成も意味する[10]。やがて電力業界と通産省の関係は，1960年代後半から1970年代にかけ，公害問題の浮上や商業用原発の大量建設に伴う反対運動の活発化，石油危機による経営環境の悪化を契機に，一層緊密化していく（岡本 1995）。

　以上，支配的連合の形成を見てきたが，次節では主要なアクターの確立過程を概観する。

第2節　支配的連合の確立

1　原子力業界と電力業界

　支配的連合の第1の構成要素は自民党である。政府の原子力推進体制が整備されていく過程では，やがて自民党に合流する改進党・民主党の中曽根が主導した。また英国からの商用炉導入に際しては，正力や河野など自民党の政治家が政策理念(民営論，国管論)を戦わせた。しかし推進体制の制度化が完了すると，自民党が主導権を発揮する場面は，立地促進政策を通じた利益誘導に限られることになる。

　第2の構成要素は原子力業界である。この業界の国家に対する要求は，外部からの様々な試練や競争から業界を保護し，内部の競争も制限して業界秩序を維持しながら，安定した事業発注によって業界全体のパイの拡大を保障すること，いわば「護送船団方式」の保障である。ドイツやフランスでは企業集中と技術系統の単一化を通じて原子力産業における規模の経済が追求されたのに対し，日本では戦前からの海外提携を下地に，通産省の行政指導の下，WH社から技術導入した加圧水型軽水炉(PWR)を三菱が関西・北海道・四国・九州の各電力会社から，またGE社から技術導入した沸騰水型軽水炉(BWR)を東芝と日立が東京・東北・北陸・中部・中国の各電力会社から受注するという業界秩序が維持されてきた[11]。これに対し，富士系(第一原子力)と住友系は，原子力産業の5ないし4グループが共同で受注した新型転換炉(ATR)「ふげん」や高速増殖炉(FBR)原型炉「もんじゅ」の建設に参加しているにすぎない。しかし核燃料加工の分野には，5大グループ全てが関与してきた。ただし諸外国のように核兵器用核物質の化学的分離ではなく，原子炉の購入から始まった日本の原子力事業では，重電機業界が原子力産業の中核となった[12]。

　日本の原子力産業の国産技術開発はあまり成功せず，国産技術に基づく一連の施設(ふげん，もんじゅ，ウラン濃縮工場など)は，きわめて低い稼働率

にとどまっている。ただ，動燃がフランスからの技術導入で建設した東海再処理工場も失敗しており，輸入技術に基づきながらも，事故の多発を克服して稼働率の向上に成功したのは商業用軽水炉のみである。しかしこれもドイツやフランスとは異なり，米国への政治的配慮から，米国企業を表に立てない限り，本格的な輸出はできず，日本の原子力産業は本質的に国内市場の開拓に依存せざるをえなかった。

支配的連合の第3の構成要素は電力業界である。そこでの最も基本的な構造である9電力体制の成立は，GHQによる財閥解体・集中排除政策に由来する。GHQは日本の軍国主義の経済的基盤が財閥にあったと考え，1945年11月，日本政府に財閥解体を指令した。また1946年8月に発足した持株会社整理委員会による指定を通じて，財閥本社や支配的企業の解散を進めた。これと並行して個別産業分野の大企業の市場競争力を弱めるため，1947年12月，「過度経済力集中排除法」（集排法）が制定され，これに基づいて持株会社整理委員会は1948年2月，日発と9配電会社を企業分割などの処分対象に指定した。

戦前には全国各地に多数存在していた電力会社は，国家総動員体制強化の過程で，発電と送電の設備の現物出資をさせられ，1939年に設立された国策会社の日発に整理統合された。1941年には発電設備の日発への統合が徹底され，日本の電力事業は発送電が国家統制の下に一元化されるとともに，全国9ブロックに配電を地域独占する配電会社が設立された。この日発と9配電会社が戦後，集排法の対象とされたのである。しかしその後，集排法による企業分割ではなく，特別の立法措置による電力事業再編成が志向されるようになった。その過程で，日本側では日発分割に対する反対論が強かったが，GHQは分割を強く要求し，1950年4月，日発及び9配電を解体再編成して9ブロックごとに発送配電一貫経営の地域独占企業を設立するという，現行のような体制の実現を目指す電気事業再編成法案が国会に提出された。しかしこれは野党や自治体の反対を受け，成立が見送られた。このためマッカーサー元帥の意向を受け，1950年11月，政府は「電気事業再編成令」と「公益事業令」を公布し，1951年5月，9電力会社が発足した（正村 1990,

120-125頁)。これらの「ポツダム政令」が講和条約発効に伴って失効した後，1964年の電気事業法制定により，9電力体制は法的に制度化された。以後，一般消費者への小売りを行う「一般電気事業者」は，1972年5月に設立され原発を持たない沖縄電力も合わせ，発送配電の地域独占を享受する電力10社に限られてきた[13]。1952年11月には，9電力会社の利益団体として電事連が発足した。

先に触れた日本原電や電発は，9電力に電力を卸売りする「卸電気事業者」である。このうち電発は日本原電の株主として，また青森県大間町への原発建設計画の事業主体としてのみ，原発事業に関わっている。また日本原電は英国型黒鉛ガス炉(東海原発)の受け入れ主体として官民の共同出資で設立されたが，商業炉第2号には敦賀原発(1号機)に米国型軽水炉を採用し，日本の原発が軽水炉へ転換する先鞭をつけた。しかし9電力会社が個別に原発建設に乗り出すと，その存在意義は曖昧化した。

2　通産省と総合エネルギー政策

支配的連合の第4の構成要素は，通産省と傘下の政府機関である。このグループに属する電発にはすでに触れた。ここでは通産省が原子力政策との接点を持つ2つの分野の政策，すなわち電源立地政策とエネルギー政策の形成に関与する制度的枠組みについて触れておきたい。

電調審は電源開発促進法に基づいて1952年8月に発足した。審議会は形式的には総理府に置かれ，議長のほか，16人の委員で構成された[14]。審議会の任務は，関係各省庁(特に通産省)との協議の上で経企庁によって原案が作成された電源開発基本計画を審議し，答申を出すことにある。この答申に基づいて総理大臣が電源開発基本計画を決定すると，その中の当該年度の電源開発計画を通じて，個別発電所建設計画の着手が国策としての承認を受けることになる[15]。しかも議長は内閣総理大臣が務め，その決定の法的地位は高かった(吉岡 1999)。原発立地手続全体から見ると，この電調審の段階は最も重要な正式の意思決定の段階に当たり，この山場に向けて通産省は環境審査や第1次公開ヒアリングに決定的な影響力を行使する。対照的に，ドイ

ツには，個別原発計画を連邦政府が国策として承認する閣僚機関はなく，州でも所管大臣が立地手続を担当するだけである。

　通産省の原子力政策に対する影響力は総合エネルギー政策体制を通じても保障されている。「総合エネルギー政策」の必要性が叫ばれるようになったのは1961年頃からであるが，その背景には，エネルギー生産における構造転換の進行があった。1954年頃までの戦後復興期において，エネルギー供給の主力を担ったのは水力発電であり，1950年度の発電電力量では水力が82％を占めていた。また1951年から1955年度の発電所開発の61％は水力であり，電開によって大規模なダム建設が進められた（正村 1990, 458-459頁）。

　しかし，多数の河川に水力発電所が建設された結果，ダム建設の適地は少なくなっていく。また高度経済成長が始まる1950年代後半に入ると，技術革新が進み，大容量の火力発電所が比較的短期間の工期で建設できるようになり，発電所建設では火力が水力を上回るようになる。さらに火力発電所の燃料も，世界的な石油価格の安値安定を背景に，石炭から石油への転換が始まる。これは貿易が正常化し，日本経済の国際分業への統合が進んだこととも関係していた。今や国内炭は，競争力の強い輸入炭からも脅かされるようになった。政府は1955年施行の石炭鉱業合理化臨時措置法により，中小の非能率炭鉱の買収整理や優良炭鉱への日本開発銀行を通じた融資を試みたが，石炭産業の斜陽化を止めることはできなかった[16]。

　1960年代になると，1962年の石油業法制定に伴う原油輸入の自由化や，電力産業の燃料転換，急速なモータリゼーションの進行から，石油需要は急増し，家庭用の暖房なども圧倒的に石油で占められるようになった。その結果，1次エネルギー供給に占める国産石炭の比率は1953年の46.8％から1963年の24.0％，1973年の3.8％に激減する一方，輸入石油は17.0％から51.2％，さらに77.4％へと急増した。また輸入炭の比率も1960年代末から国内炭を大きく上回るようになった（正村 1990, 466頁）。

　燃料転換が進む中，1961年10月の第39国会衆院本会議において，「石炭鉱業の安定のため政府は速やかに総合エネルギー対策を確立して，エネルギー全体の中に占める石炭の地位を明確にすべきである」との決議がなされた。

第 2 章　支配的連合と利害調整様式の確立(1954-67)　61

この当時の「総合エネルギー対策」は，燃料を石油主体へと転換しながら，石炭産業の「総合的な」構造調整を図ることに焦点があった(富岡 1975)[17]。

　しかしその後，石油や天然ガス等の役割増大に対応して，石炭対策を越えた「総合エネルギー政策」が求められるようになる。こうして 1965 年 6 月，総合エネルギー調査会設置法が公布・施行された。差し当たり下部機構には総合，需給，石油，原子力の 4 部会が設置され，石炭鉱業審議会や電気事業審議会などとも連携して審議を行うようになった。

　総合エネルギー調査会の業務内容は，「通産大臣の諮問に応じて，エネルギーの安定的かつ合理的な供給の確保に関する総合的かつ長期的な施策に関する重要事項を調査審議すること」とされている(日弁連 1999，56 頁)。その主要メンバーはエネルギー業界や産業界の幹部と通産官僚 OB が占める。答申や報告の原案は関連業界の意見を聞きながら通産官僚が作成し，原案がほぼそのまま成案となると言われる。環境団体や消費者団体からの意見聴取はされない。通産大臣への調査会の答申や各種報告はほぼそのまま閣議(1977 年からは総合エネルギー政策推進閣僚会議)で了解され，国策としての重みを持つことになる。それに伴い原子力委員会など個別エネルギー源の計画主体は，開発目標を自主的に設定するのではなく，同調査会の打ち出した目標と整合性を持たせなければならないのである。

　総合エネルギー調査会の最も重要な答申である需給部会「長期エネルギー需給見通し」は，1967 年に初めて策定され，数年おきに改定されてきた。通産省資源エネルギー庁が立てるエネルギーの中長期的な需要と供給の「予想」とされているが，客観的な分析というより政策目標の色合いが強い。石油，石炭，天然ガス，原子力，水力，新エネルギー等などに区分したエネルギー源別の将来構成も示される。「見通し」で「予測」された需給目標は，「電源開発基本計画」や，「石油供給計画」，原子力委員会の「原子力開発利用長期計画」など，各個別計画に反映される。従って，「見通し」の策定により，中長期的なエネルギー供給手段の優先順位が決定づけられ，発電所の開発や立地のテンポも固まり，国民にとってどの程度の負担が伴うかについても，一応の方向性が打ち出される(吉岡 1982，5-6 頁)。このように「見通

し」は国の実質的なエネルギー計画として，国民生活に重大な影響を及ぼすにもかかわらず，通産大臣の諮問機関の答申という非公式の性格を持ち，国会でも審議されない[18]。

総合エネルギー調査会を通じた影響力に加え，通産省は原子力政策に対する，より直接の権限も拡大してきた。第1に，石油危機勃発前の1973年7月，資源エネルギー庁が設置され，通産省の原子力行政の大部分は以後，同庁の管轄下で行われるようになった。第2に，1978年の原子力基本法改正で商業用原発の許認可権限が科技庁から通産省に移管された。第3に，1974年の電源三法制定により，立地促進対策の点でも原子力行政に対する通産省の権限は強化された(吉岡 1995a)。ただ，これらの権限拡大は，電力業界など民間との利害には抵触せず，また電源三法の場合には立地対策の費用を社会化するという意味で，民間の利益を増進する性格を持っていた。これに対し，吉岡が1970年代における通産省の原子力行政分野への勢力拡大として，上記の3つに加えて挙げる研究開発事業と原発事業への進出は，民間の利害とのズレがあり，通産省の意図は挫折している[19]。

2001年に実施された省庁機構再編では，科技庁が文部省と合併して文部科学省となる一方，通産省は経済産業省に改組された。それに伴い，科技庁が握っていた核燃料サイクル施設の許認可権限は経済産業省に移管され，同省の権限はさらに強化された。また総合エネルギー調査会は総合資源エネルギー調査会に改称される一方，電調審は廃止されて同調査会に設置された電源開発分科会がその機能を引き継いだ。これに対応して電源開発基本計画の承認は総理大臣ではなく経済産業大臣が行うことになった。これで旧通産省は，電源立地政策と原子力政策，エネルギー政策を公式にも一手に掌握したことになる。

3　科学技術庁グループ

支配的連合の第5の構成要素は，科技庁と傘下の政府機関から成る「科技庁グループ」である。そのうち，1956年1月に設置された原子力委員会は，法律上は日本の原子力政策の最高意思決定機関である。国務大臣(科技庁長

官)を委員長とするため，その決定は内閣総理大臣を拘束し，また必要なら，内閣総理大臣を通じて関係行政機関の長に勧告する権限を持つ。その任務は，原子力開発利用に関する関係機関や産業の間の利害調整であり，自らが政策形成に主導性を発揮することはほとんどない。委員は学者や財界，特に電力業界から選ばれてきたが，名誉職的な性格が強い。職員の数も少なく，事務局は科技庁に置かれた。委員長も科技庁長官だが，力関係から言って，電力業界や通産省の意向を尊重せずに政策決定を行うことはできない(吉岡 1999)。原子力委員会は，利害調整を通じて形成される政策を，「原子力開発利用長期計画」(長計)を頂点とする各種の計画の形にまとめる。1956年に初めて策定された長計は，5〜7年おきに改定されてきた。改定の際には原子力委員会に専門部会やその分科会が設けられ，1〜2年の審議を経て報告を出す。内容的には，FBRなど基幹的国策事業の実用化の目標年次を含む，原子力開発の長期的な目標が提示される。原子力発電の需給目標は，「長期エネルギー需給見通し」の数字が長計に取り入れられる。

　長計で決定された原子力開発を担うべく設置されたのが，原燃公社と原研であった。しかしどちらもほどなくして存在意義を低下させる。原燃公社によってウラン資源の探鉱が実施された鳥取・岡山両県境の人形峠や岐阜県東濃では，ウラン鉱が品質と規模の点で経済性を欠くことが判明し，また世界各地でのウラン鉱開発の進展に対応して1960年代以降，ウランは全量が輸入されることになった[20]。こうしてウランの国内自給論が崩壊すると，政府系機関や民間企業が海外ウラン鉱開発に参加し，日本向けウランを確保する「開発輸入」方式が追求されるようになった(吉岡 1999, 105-106頁)[21]。

　また原研は，第一義的には米国からの濃縮ウラン及び実験用原子炉の受け入れ主体として設立され，研究開発機関としての位置づけは二義的だった。英国炉の導入主体として日本原電が設立される頃には，商業炉の国産開発は放棄される。原研に残された増殖型動力炉の国産開発も，成果は上がらなかった(吉岡 1999, 97-100頁)。同時に，共産党系の原研職員の労働組合による頻繁なストも，原研に対する政府の態度を硬化させた。1959年6月から1964年3月までの間に66回，1963年だけで44回のストが発生した。1963

年10月,米国GEより導入した動力試験炉(JPDR)の運転開始直前にもストが行われ,GEはJPDRの運転中止を命じた。原研労組は低賃金などを理由としたストの実施に加え,米国の原子力潜水艦の寄港や自民党政府の原子力政策も批判した(Samuels 1987, p. 241)。こうして原研に対する不信感が支配的連合内で高まり,衆院科学技術振興対策特別委員会は1964年1月,「原研問題」の調査のため,中曽根康弘を委員長とする原子力政策小委員会を設置した。特別委員会は1964年3月に原研改革の基本方針を提示し,これに基づいて原研は,政府系の原子力開発の中枢機関としての地位を剥奪され,研究所内の労務管理も大幅に強化された(吉岡 1999, 100-101頁)。

原研の凋落に対応して,原子力委員会は1966年5月,「動力炉開発の基本方針について」を発表した。そこではFBRとATRの並行開発が打ち出され,前者は実験炉を1972年に,原型炉を1976年に完成させることになった。また商業用軽水炉からFBRまでの「つなぎ」を意味するATRは,炉型として重水減速沸騰軽水冷却炉が指定され,在来型炉との差異が小さいという理由で,実験炉を省略していきなり原型炉を1974年に完成させることになった(吉岡 1999, 118-119頁)。

2炉型の並行開発となったのは,国産新型炉開発について支配的連合内の合意が未確立だったためである。1964年9月に原産が主催した,在来型原子炉の国産化と新型炉開発に関する会議では,電力業界はFBRへの一本化を主張したのに対し,重電機業界は,国や電力業界からの財政支援がない限り,在来型軽水炉開発の継続が望ましいとの立場をとった(Samuels 1987, p. 241)。つまり科技庁が推進していたATRは,最初から民間の支持がなかったのだが,それが1966年の原子力委員会の「基本方針」に盛り込まれたのは,国が開発費用を負担し,また開発段階を短縮して費用の削減を図り,それでもなお実用化可能だと国(科技庁)が責任を持つ限りにおいて,民間は当面の間,ATRの開発を黙認したのだと思われる。

新型炉開発の基本方針の確立を受け,どこが開発主体となるのかが再び問題となった。しかし日本原電設立時とは異なり,今度は電力業界の方が国の100%出資による新しい政府機関の設立を唱えた。原産と原子力委員会は交

渉の末，半官半民の出資による特殊法人の設立に合意した。その際，新特殊法人の人事は民間が責任を持つことや[22]，研究開発予算を国が負担する一方，原子炉建設の費用は民間企業と国が等分で負担することなどが盛り込まれた(Samuels 1987, p. 242)。ただ1967年度予算編成に際し，特殊法人の新設は認めないという大蔵省の意向を反映した閣議決定が行われていたため，原子力委員会は原燃公社を廃止し，これを吸収合併する形で新法人「動力炉・核燃料開発事業団」(動燃)を設立する方針へ転換した。動燃事業団法は1967年7月に衆参両院で共産党を除く全政党の賛成で可決され，動燃は10月に発足した(吉岡 1999, 119-120頁)。動燃の役目は，国の機関として，産業界が躊躇するリスクの高い研究開発事業の高額な費用を引き受け，実用化した事業は民間に引き渡すことにあった。動燃はまた，契約を原子力産業グループに業界のシェアに応じて配分することによって，産業界の技術力の向上に寄与することも期待されていた(Samuels 1987, p. 243)。

　ここに**官民間の第3の利害調整様式**が確立した。すなわちFBRや核燃料・核廃棄物関係の研究開発のように，実用化が遠くてリスクが高い，あるいは社会的費用の絡んだ事業分野では，国家が事業責任と財政負担の大部分を担うよう要請され，その限りでATRのような国産技術の開発は民間によって黙認されるというパターンである。

　ATRとFBRの並行開発は1967年12月に原子力委員会が改訂した「67長計」に盛り込まれ，動燃はこれに基づきFBR実験炉「常陽」(熱出力50MW)とATR原型炉「ふげん」の設計及び建設に着手した。「常陽」は1970年に着工，1977年6月に初臨界に達した。また「ふげん」も1970年に着工，1979年3月から本格運転に入った(吉岡 1999, 121頁)。動燃はこれら新型動力炉開発のほか，原燃公社のウラン資源関係の業務を引き継ぐとともに，原研の地位低下に伴い，ウラン濃縮や使用済核燃料の再処理，核廃棄物処分などの分野での先端的研究開発に対する広範な権限も与えられた。

ま　と　め

　日本では米国による同盟国への原子力技術及び核物質の供給体制の構築に全面的に依存する形で，1954年から原子力開発が国策として推進されるようになった。そこでの主導権を握ったのは，間もなく自民党に合流する保守諸政党の政治家と，巨大保守政党結成を後押しした財界であった。財界は，巨額の原子力開発費用をまかなうための公的資金を最大限に確保しながら，特に通産省による公的統制は最小限に抑えることに腐心し，その意向は科技庁や原研の設置など，原子力開発の推進体制の制度設計に反映された。

　巨額の投資を必要とする原子力開発に財界が当初から強い関心を寄せた背景には，占領軍当局の命令で一度解散させられていた財閥が銀行主導で，原子力産業の起業を通じ，企業集団として再結集を図ろうとしていたことがあった。このためドイツのように企業集中や技術系統の一元化による合理化は目指されず，「護送船団方式」によって業界秩序の現状維持が図られるようになった。また原子力産業の中核企業となる重電機製造企業は，戦前から火力発電所の建設において，米国などの企業と技術提携関係にあり，この経験が原子力発電所の建設にも適用できると見込まれた。このため日本の電力業界も早くから原子力開発に強い関心を向けた。政府の原子力政策も早くから，基礎研究を迂回して外国技術の導入習得路線を選択した。

　この技術導入路線は1957年，財界出身の政治家，正力委員長の意向を受けた原子力委員会が，研究炉の建設も完了しないうちに，日本初の商業用原子炉を唐突に英国から導入することを決定したことにも表れている。この事例ではまた，事業主体をめぐって通産省と電力業界が対立したが，結果的に日本原電設立においては，電力業界を中心とした民間企業が将来の花形産業となるはずの原子力発電事業に対する優先権を得た形となり，官民間の第1の利害調整様式が表面化した。すなわち，比較的短期間に利潤が期待される事業分野では，民間が国の事業参入を阻止し，利潤を保障するための諸制度の整備や財政的補助は国から確保するというパターンである。

　しかし電力業界と通産省の関係は，電気事業再編をめぐる懸案解消に伴い，

1960年代から密接となり,「護送船団方式」の性格を強めていく。特に「レートベース方式」に基づく電気料金制度の確立を通じて,膨大な設備投資を伴う原発事業が優遇されるようになった。これに伴い,原発事業の投資リスクを国民一般に負担させ,利潤を保障するという,官民間の第2の利害調整様式も形成された。電力業界と通産省の関係は,公害や原発に反対する運動の活発化や,石油危機による経営環境の悪化を契機に,一層緊密化していった。

電力業界と通産省の関係の緊密化は,原子力事業の中心が商業用発電事業に移ったことも反映していた。それに応じて,科技庁の管轄下の研究開発事業や,それを統括する特殊法人は再編整理された。ウラン鉱開発を主任務として1955年に設立された原燃公社は,電力会社が自ら海外ウランの開発や輸入に乗り出す中,廃止され,また原研は共産党系の労働組合の活発な活動が嫌われ,新型原子炉の研究開発権限を縮小された。その代わりに1967年,FBRとATRの並行開発や,核燃料や核廃棄物に関係する研究開発を担当する半官半民の出資による特殊法人として,動燃が設立された。これに伴い,官民間の第3の利害調整様式が確立した。すなわちFBR開発のように実用化が遠くて投資のリスクが高い事業分野では,国家が財政負担の大部分を担うよう要請され,その限りでATRのような国産技術開発が民間によって黙認されるというパターンである。

こうして確立した支配的連合から見て,「部外者」となる批判勢力や政策受益勢力の形成・分化については,次章で見ていきたい。

1) 改進党は国民民主党(1950年結成)の後継政党として1952年2月結成。自由党は1950年3月結成。これとは別に,日本自由党は1953年12月に結成されたが,1954年11月に自由党の鳩山派及び改進党と合併して日本民主党と改名。1955年11月に自由党と日本民主党は自民党に合流した。
2) ここで言う「民主」原則は,研究能力以外の理由,特に思想・信条で研究者を差別しないこと,実質的には左翼の原子力技術者を排除しないことを指していた(吉岡1999, 71頁)。この原則が民主主義の問題として読み替えられていくのは反原発市民運動の登場以後である。
3) 有沢の原子力委員就任は社会党右派の有力政治家,浅沼稲次郎の推薦に基づく。

4) 財界が特殊法人格を提唱した理由は，国家資金の助成を得ながら経営上の柔軟性があり，また公務員の雇用に伴う制約を免れるので，民間レベルの給与で優秀な研究者を集められ，さらに大蔵省の指導を比較的受けずに済むというものだった。
5) 最終的には公共企業体に関する労働法制と国会の予算規制に服さない公社という形となった。その初代理事長と副理事長は財界出身であった。
6) 共同投資会社とは，株式会社の基本的機能である社会からの資本調達を目的とせず，一般の投資家の参加を排除した資本形態であり，企業集団内の提携を目的に設立される。
7) 富士電機も戦前の古河財閥系の時代，ドイツのジーメンスと提携していた。
8) 1954年時点では，濃縮ウランの取得は不可能だと考えられ，天然ウランを燃料にできる炉が望ましく，減速材は超高純度の黒鉛より重水の方が，国内生産が容易だと考えられていた。
9) これは読売新聞社主でもあった正力が1951年9月に発表した日本テレビ放送網設立構想（海外から全面的に機器・資本を導入し，全国テレビ放送網を民間主導で短期間に形成）と同種の発想に基づいていた。
10) 原発のリスクを社会化する制度としてはほかに，原子力委員会が米国の「プライス・アンダーソン法」に依拠して1961年6月に成立させた「原子力損害賠償法」がある。この法は，原発事故に際して事業者が負うべき賠償責任の範囲を限定し，最高50億円（1979年以降は100億円）を超える損害が発生したときは，国が事業者を援助する旨を規定した（大友・常盤野 1990，131頁）。このほかに電源三法（1974年）や特定放射性廃棄物最終処分法（2000年）も，立地対策や原子力開発，核廃棄物処分の費用を国民負担化する仕組みとなっている。
11) 卸電力会社である日本原電は東海村と，敦賀市で各2基の原発を運転しているが，この会社には9電力会社と電発，5大原子力産業グループが応分の出資をしている。東海原発は英国から導入した黒鉛ガス炉だが，東海第2原発は英国の会社であるGEC(General Electric Co. Ltd.)と米国のGEから導入したBWR，敦賀原発は1号機がGEと日立が受注したBWR，2号機が三菱重工のPWRとなっており，ここでも棲み分けの原則が徹底している。BWRを導入する企業が東芝と日立の2社あるため，日本では西欧諸国の趨勢とは異なり，BWRの受注実績の方がPWRより，28対23で，やや多くなっている（高木 2000，98頁）。
12) 濃縮のため気体状の六フッ化ウランにしたものを，粉末状の二酸化ウランに戻す再転換加工は，三菱原子燃料（MNF）と，住友系の日本核燃料コンバージョン（JCO）が東海村で行ってきた。再転換後の成型加工（圧縮，焼結，ペレット製造）は，MNFが東海村で，また東芝系と日立系の合弁会社，日本ニュクリア・フュエル（JNF）が神奈川県横須賀市の工場で，行っている。富士電機系の原子燃料工業（NFI）は大阪府熊取町と東海村に工場を持つ。
13) 1995年4月には電気事業法の31年ぶりの改正により，卸電力市場に入札制が導入され，卸電力事業への企業の参入に通産大臣の許可が不要となり，一般企業が入札

に自由に参加できるようになった。また2000年3月からは大口需要家(企業)向けの小売り自由化が実施され，企業は電力の購入先を選択できるようになった。しかし個人消費者が原発で発電しない電力を自由に選択することは依然としてできない。
14) 委員の半数の8名は総理大臣が任命する学識経験者とされ，残りの8名は大蔵・農林・通産・建設・自治・経企庁の大臣または長官，1970年代前半からは環境庁・国土庁の長官も加えて構成された。これには科技庁長官は含まれていないが，電源開発基本計画の原案作成時の協議には科技庁も含む関係12省庁が加わる。
15) 当該年度の電源開発計画は電力会社から提出された施設計画(2年間)に基づき，通産省が原案を作成し，経企庁に提出する。漁業者や地権者との交渉妥結により財産権処分問題が解決され，地元道府県知事の同意も確保されていれば，原発計画地点の基本計画への組み入れが審議会へ諮られる。その過程で経企庁は形式的に知事に意見を照会し，異議のない旨の返答を得て，正式の基本計画案を作成する(伊藤 1975)。
16) 石炭生産量は1950年の3846万tから1955年の4242万t，1960年の5107万tへと微増したが，以後は1965年に3833万t，1970年に2029万t，1975年には1860万tという具合に，一貫して減少の道を辿る。また労働者数は1953年の33万人から1955年の28万3000人，1960年の約23万人へと減り，以後は急ペースで，1965年に10万7000人，1970年に4万8000人，1975年には2万2000人へと，5年ごとに半減した(正村 1990，461-462頁；笹生 2000)。
17) 「総合的な」構造調整には，石炭産業の閉山や生産縮小の円滑化，他業種への転換，鉱山跡地の鉱害対策や衰退する産炭地域の振興，炭鉱離職者の支援が含まれる(笹生 2000，150頁)。そこでの主眼は，石炭産業の急速な縮小に伴う社会的混乱を政治的に安全な程度に抑えることにある。この点では，石炭労組が社民党の参加する州や連邦の政権を通じて大きな政治力を行使できた西ドイツに比べ，保守一党優位と中央集権制を特徴とする日本では，比較的容易に石炭産業を解体できたとも言える。
18) 原子力部会も需給問題のほか，核燃料サイクルを含む原子力開発の基本政策を通産大臣に提言することで，原子力委員会の政策決定を実質的に規定している。
19) ここでも二元体制論の限界は明らかであろう。
20) 吉岡によると，原子力開発の初期にウラン資源開発が重視された背景には，第1に，政策決定者の間に資源自給論の発想が根強かったことが挙げられる。1930〜40年代に日本への経済制裁として重要戦略物資の禁輸措置が課された記憶はまだ新しかった。第2に，ウランは貿易統制の厳しい戦略物資であり，輸入に頼るのでは安定的な確保が困難であると見られていた。第3に，日本は明治以降，1960年代まで貿易赤字国であり，ウラン自給率の向上は外貨節約に寄与すると考えられた。
21) さらに，米国で1964年8月に核燃料民有化法案が成立すると，日本でも1961年9月に天然ウランと劣化ウランの民有化が閣議了解により決定され，1968年7月には特殊核物質(プルトニウム，濃縮ウラン，使用済核燃料)の民間所有を原子力委員会が決定した。こうした経過を評して吉岡は，科技庁グループの干渉を受けずに電力・通産連合が，必要な核物質を自由に調達する権限を獲得し，二元体制が完成したとして

いる(吉岡 1999，106-107頁)。しかし資源自給論の発想は伝統的に通産省内で根強かった。これを退けて，利潤の期待される事業分野の管轄を財界が確保したと解釈する方が説得力があると思われる。
22) 動燃の初代理事長には，中部電力社長の井上五郎が，また副理事長には日立製作所副社長の清成 迪が就任し，人事は民間が握ったのである。

第3章　批判勢力と受益勢力の形成(1954-74)

第1節　社会党・総評ブロックの反原発闘争の確立

1　原水禁の反原発路線の形成

　原爆に関する報道統制は1949年から緩和された。1952年4月28日に講和条約が発効し，GHQのプレス・コードが失効すると，広島・長崎の経験も徐々に国民の間に広がっていった[1]。その間，1950年3月にスウェーデンで開かれた平和擁護世界大会常任委員会の会合で，大量殺戮兵器である核兵器の禁止が呼びかけられると，この「ストックホルム・アピール」を支持する署名運動が全世界で行われ，日本でも米軍占領下の困難な状況下で645万の署名が集まった。さらに，奇しくも初の原子力予算が衆院本会議で可決される数日前，米ソの水爆開発競争を背景に「第五福龍丸」事件が発生した。1949年8月のソ連初の原爆実験を受け，米国大統領トルーマンは1950年1月に水爆製造を命じ，1952年11月に米国は世界初の水爆実験を南太平洋エニウェトク環礁で行う。しかしこれは液体水素を用いた重量65tの巨大な爆破実験装置にすぎず，実用段階に達していなかった。ところが1953年8月，ソ連は初の水爆実験を，しかもより小型の「乾式」で行った。焦りを募らせた米国は航空機でも運搬可能な乾式水爆の開発を急ぎ，その最初の爆発実験を1954年3月1日，南太平洋ビキニ環礁で行った(長崎 1998；原水禁 2002，47頁)[2]。

　この水爆実験の際，米軍の設定していた立入禁止海域の外で操業していた

マグロ漁船「第五福龍丸」が水爆実験で発生した放射性降下物(Fallout)，いわゆる「死の灰」を浴び，3月14日に静岡県の焼津港に帰港した。乗組員23人は病院で原爆症と診断され，なかでも同漁船の無線長・久保山愛吉は半年後に死亡した[3]。第五福龍丸の積荷のマグロなどの放射能汚染も判明，さらに同船と同時期に近海で操業していた漁船の積荷でも同様の汚染が確認された。「水爆マグロ」は焼津港や三崎港，東京や大阪の魚市場で457tにのぼる量が廃棄処分された。マグロの買い控えも起き，漁業関係者や寿司業者に大きな損失を及ぼした。さらに放射性降下物が偏西風に乗り，核実験場から遠く離れた日本国内にも雨とともに降り注いでいることが科学者によって明らかにされた。イチゴや野菜，茶，ミルク，米から放射能が検出され，マスコミは連日そのカウント数を報じた(長崎 1998, 58-59頁；池山 1978, 8頁)。食料の汚染によって日本社会はパニック状態に陥り，核兵器の破壊的性格を全国民に強烈に印象づけた。食品の放射能汚染に国民大衆が反応するという行動様式はこのとき形成され，チェルノブイリ原発事故の際に再度意味を持つことになる[4]。

　ビキニ事件の直接の余波は，原水爆禁止運動の形成となって現れた。東京都杉並区立図書館長だった安井郁を囲んだ主婦グループが水爆反対の署名運動を始め，全国に広がった署名は1955年4月に3184万人弱に達した。その間，1954年8月には署名運動を一本化するための中央組織として「原水爆禁止署名運動全国協議会」が東京で発足し，原水爆禁止世界大会の開催を決めた。1955年5月に発足した同大会日本準備会には婦人，青年，学生，平和，国際友好，宗教，消費者，労働，農民，文化など各界の組織96団体が名を連ねた(岩垂 1982, 13-14頁)。原水爆禁止世界大会は同年8月に開かれ，反核運動を恒常的に推進していくことを決議し，これを受けて9月，「原水爆禁止日本協議会」(原水協)が結成される。1955年末までに全都道府県に地方原水協が，また同年12月結成の広島市原水協(広島市長が会長)を皮切りに市町村単位の組織も形成された(『平和辞典』, 68頁)。

　初期の原水禁運動の主な担い手は地婦連(全国地域婦人団体連絡協議会)や日青協(日本青年団協議会)に代表される婦人会や青年団，及び町内会など伝

統的な団体であり，地方自治体の支援を受けていた[5]。また運動の課題も核実験と死の灰への反対から出発して原爆被爆者との連帯へと拡大した。しかし1957年頃から原水禁運動の中で全学連(全日本学生自治会総連合)や総評の影響力が強まり，また砂川基地など軍事基地をめぐる反対運動が高揚するにつれ，これを原水禁運動へ統合しようという主張も台頭してくる。冷戦対立の論理が運動内に浸透し，亀裂が生まれた(『総評四十年史Ⅱ』，390頁；池山 1978，16-17頁)。

こうした中，日米安保条約反対闘争への原水協の参加をめぐり，運動内部の対立が最初の頂点に達する。原水協は，日米安保条約の改定が日本の核武装と自衛隊の海外派兵に道を開くという論理から，1958年12月の全国総会で運動の重点を「安保条約改定阻止」に置くことを決定，1959年3月末の「安保条約改定阻止国民会議」結成に参加した。しかし同会議は社会党・総評と共産党が加盟する共闘組織であり，それへの参加は原水協内の保守的な組織の離脱を招くことになった。原水協の左旋回は全学連や総評の意向も反映していたが，とりわけ安保闘争の過程で党勢を挽回しつつあった共産党の影響を強く受けていた。特に1960年の原水禁世界大会は，共産党代表の意向を反映して，事実上アメリカ帝国主義を指す「平和の敵を明確にして闘う」ことを呼びかける東京アピールを採択し，反米闘争への深入りを批判する地婦連や日青協と対立した(岩垂 1982，27頁；池山 1978，24頁)。

その間，自民党は1959年，原水爆禁止運動を「偽装平和運動」だと非難し，「アカの大会に地方自治体は補助金を出すべきでない」との方針を打ち出し，これを受け広島県議会が世界大会補助金の支出を否決するなど，地方自治体は相次いで各地方原水協への援助を打ち切った。また安保条約容認の立場をとる全労会議(全日本労働組合会議)と，それを支持母体にする民社党(1960年に社会党から分裂した西尾末広派が結成)は，原水協がソ連と共産主義中国を平和勢力とし，欧米を帝国主義・戦争勢力と見なす容共反米運動に堕していると批判し，1961年11月，核兵器禁止平和建設国民会議(核禁会議)を結成した。核禁会議結成の中心団体のほとんどは元々原水協に加盟していなかったため，原水禁運動への直接の打撃とはならなかったが，自民

党系も入ってきたため，官製運動の様相を帯びた(岩垂 1982, 26頁)。

その後，原水協内部では社会党系と共産党系の対立が激化する。安保闘争への原水協の参加は支持した総評・社会党も1961年になると，原水協が「一方的な情勢判断にもとづいて，平和の敵と味方を区分し，高度の政治課題の追求に終始してきた」ことを批判した。同時に，指導部や組織の民主化や，イデオロギーを超越して全労会議・民社党，自民党系を含めた幅広い政治勢力に加盟を呼びかけることを求める日青協と地婦連の声明(1961年6月)に同調するようになる。その背景には，総評が安保闘争の収束後，経済闘争に重点を移したことや，社会党執行部が穏健右派主導になったことがある。特に江田三郎を中心とする構造改革派は，核兵器の出現で戦争の性格は一変したと考え，平和運動と反体制運動の区別を主張し，戦争勢力と平和勢力の対置ではなく，核兵器と人間を対置すべきだと主張した(『平和辞典』，68頁)。

総評と社会党は1961年7月，それぞれ原水爆禁止運動に関する同様の方針を決め，運動の目標は「原水爆禁止」のみに，またこれに関連する課題は核実験停止・核武装阻止・軍備撤廃・被爆者救援の4項目に限定し，従来の「軍事同盟と外国軍事基地の廃止」の項を削除した。しかし1961年8月の原水禁世界大会では紛糾の末，共産党の意向に沿った大会決議が採択された。これを不服とする総評・社会党・地婦連・日青協の4者は「原水禁執行部不信任」の共同声明を発表し，特に総評・社会党は原水協の役員改選を通じて総評・社会党系の大量進出を図った。その結果，1962年3月の原水協全国理事会は，共産党系理事の反対を押し切り，総評・社会党の路線が反映された「原水爆禁止運動の基本原則」を採択した。そこには，原水爆禁止の実現のため，思想信条や党派の相違を乗り越えて広範な階層の人々を結集すべきこと，またいかなる国やブロックを問わず原水爆や核戦争準備に関わる行為に対し全否定の立場をとることが記されていた(岩垂 1982, 28-33頁；『総評四十年史II』，395-396頁)。ところが1962年の原水禁世界大会では共産党系が巻き返し，「基本原則」は貫徹されなかった。しかもこの大会ではソ連の核実験に対する評価という，もう一つの争点が社共の対立を激化させた。

1958年10月末，米英ソ3国は核実験を自発的に停止し，ジュネーヴで核実験停止会議を開始した。しかし会議が核実験の探知問題で難航する中，1961年8月に東独政府が「ベルリンの壁」を構築したことに米英仏が強く反発し，在西独軍の増強を決定すると，ソ連は西側の脅威に対抗するためとして核実験の再開に踏み切った。これを受け米国も9月，核実験の再開を発表し，核実験の自発的停止は崩壊した(長崎 1998, 104, 115頁)。ソ連の核実験再開に対し，政府・自民党や，「いかなる国の核実験にも反対」の立場だった社会党は抗議したが，日本共産党は「アメリカ帝国主義を先頭とする西ヨーロッパの帝国主義がドイツ・ベルリン問題を口実にしてつくりだした核戦争の緊迫した危険に対抗するため」として擁護し，野坂参三議長も9月9日の『アカハタ』紙上で「たとえ『死の灰』の危険があっても，核実験の再開という非常手段に訴えることはやむをえない」とソ連を擁護した。

　ソ連は1962年の原水禁世界大会開催中の8月5日にも核実験を行った。社会党と総評はソ連への抗議と核実験中止を求める緊急動議を出したが，共産党系の反対で成立しなかった。これを不満とした社会党や総評，中立労連(中立労働組合連絡会議，1956年結成)，新産別(全国産業別労働組合連合，1949年結成)，地婦連，日青協，日本山妙法寺，社青同(日本社会主義青年同盟)など11団体が退場，1962年12月にはこれらの団体を中心に「原水禁運動連絡会議」が結成され，運動は分裂した(岩垂 1982；『総評四十年史Ⅱ』，396頁)。

　こうした対立は，1963年の部分的核実験停止条約(部分核停条約)に対する評価というもう一つの対立点の浮上で，修復不可能となった。ジュネーヴ核実験停止会議での懸案事項であった地下核実験探知所のソ連国内設置を求める米国にソ連が歩み寄ったため，地下を除く大気圏内・宇宙空間・水中における核実験を停止する部分的核実験停止条約が実現することになり，米英ソは同年8月5日に正式調印した。しかし独自の核兵器保有を目指すフランス(1960年6月に初の原爆実験)と中国(1964年10月に初の原爆実験)は1963年10月，同条約への不参加ないし反対を表明した。とりわけ中国の反対の背景には1950年代末以来深刻化してきていた中ソ対立があった。これ

は日本では，社共各党内の親ソ派と親中派の対立に加え，特に社共両党間の対立として顕在化した。

　日本政府は8月14日に同条約に調印し，1964年5月の国会審議では自民党，社会党，民社党の賛成を得て承認されるが，共産党は地下核実験を禁止しない同条約が米国に有利であるとの理由や，当時友好関係を深め，核実験を準備中だった中国への配慮から，反対した（原 2000，223頁）。その間，1963年8月5，6日の原水禁世界大会に向け，総評と社会党は，条約をめぐる対立打開のため共産党と会合を重ねたが不調に終わり，世界大会をボイコットして独自大会の開催を決めた。共産党系のみで開催された世界大会では，ソ連代表が条約支持を，中国代表が条約反対を述べて対立したが，大会自体は「いかなる国」問題にも部分核停条約にも触れぬまま，反米帝路線のアピールを採択して閉幕した。また8月6日，大会終了後に，社会党・総評系が開いた独自大会「原水禁運動を守る国民大会」にはソ連代表も出席して条約支持を表明し，反核運動は決定的に分裂する（『平和辞典』，68頁；長崎 1998，130-131頁）。

　社会主義国の核兵器をめぐり，社共両党はさらに，1964年10月15日の中国初の核実験に対する評価でも分かれた。実はこの頃から社会党内部において，左派の一部（佐々木派）が親中派の性格を強めており，また中国初の核実験当時，社会党は中国に代表団を派遣している最中であった。にもかかわらず，親ソ派の社会主義協会の影響力増大を一つの背景に，社会党は「いかなる国の核兵器にも反対」の立場を堅持し，核実験について中国に抗議している（原 2000，224-226頁）。これに対し共産党は，中国初の核実験を擁護する声明を出し，その後1970年代半ばまで，中ソを始めとする社会主義国の核保有・核実験を防衛的なものとして擁護する立場をとり続けた（『国民政治年鑑』74年版，236頁）[6]。

　こうした動きの結果，1965年2月1日に「原水爆禁止日本国民会議」（原水禁）が総評や中立労連，新産別，憲法擁護国民連合（護憲連合，1954年設立の総評系国民運動組織），社青同，日本婦人会議などの参加で結成された。結成大会では「いかなる国の核兵器の製造，貯蔵，実験，使用，拡散にも反

対，その完全禁止と全廃をめざす」方針などを含む「原水爆禁止運動の基本原則」が決定された。また1965年8月には独自大会「被爆20周年原水禁世界大会」が開催され，以後，原水禁の世界大会は「被爆〇〇周年原水禁世界大会」と称して毎年恒例となる。原水禁は1960年代後半，日韓条約批准阻止闘争やヴェトナム反戦運動，沖縄問題，70年安保問題などの反戦平和運動に活動を集中していく。ただ，こうした大衆運動でも，社会党の左傾化に伴う社共共闘の進展を背景に，共同行動への機運が生じ，原水禁運動統一論も再三浮上したが，いずれも進展せず，1970年までには統一の機運も冷めていく(『総評四十年史II』，397-399頁)。こうして日本の反核運動では民社党・同盟系の核禁会議と社会党・総評系の原水禁，及び共産党系の原水協の3系列が確立した。この構造の中で，原水禁のみが「いかなる国」の核兵器にも反対する立場から，民事利用も含めた「いかなる原子力利用」にも反対する立場へと先鋭化し，反原発運動の受け皿となっていくのである。

　その伏線となったのは，米軍の原子力軍艦の「寄港」問題である。米国は1963年1月，横須賀と佐世保を原潜の基地として使用させるよう要請する(日本外務省はこれを「寄港」と称する)。ケネディ及びジョンソン政権下で米国は，米国本土核攻撃に対する第2撃力を重視する「柔軟反応戦略」を採用し，ポラリス型核ミサイル搭載の原潜と，核魚雷搭載の対潜水艦攻撃用原潜を核戦略の要として多数配備する。原潜基地化は核兵器の日本国内持ち込みを伴うことが予想され，また当時は潜水艦用原子炉(加圧水型軽水炉PWR)技術が未確立だったため，科学者の間では事故による放射能汚染への懸念も高かった[7]。しかし日本政府は1964年8月，「寄港」承認を米国に回答した(長崎1998，120-121頁)。1963年から1964年にかけ，社共両党や総評を中心に抗議行動も行われたが，米原潜の「寄港」は1964年11月12日のシードラゴン号の佐世保入港から開始され，日常化されていく。

　続いて1967年9月，米国は原子力航空母艦(空母)エンタープライズの寄港を日本外務省に申し入れ，原子力委員会は11月にこれを承認した。同空母は北ヴェトナムへの爆撃に艦載機を参加させていたため，「エンプラ寄港阻止闘争」は社会党・総評や共産党を始めとして，新左翼学生運動の諸党派

や市民団体など，ヴェトナム反戦運動に関わる多様な集団を巻き込んで展開された。長崎・佐世保入港予定日の1968年1月17日（実際の入港は19日，出港は23日）の前後にはデモ隊と機動隊が激しく衝突し，闘争は頂点に達した[8]。こうした原子力軍艦の寄港反対闘争は，原子力船「むつ」反対闘争にも受け継がれた。総評ブロックは当初，「むつ」が将来，日本の原子力潜水艦建設につながるという軍事転用可能性の観点から反対していたのである。

原子力軍艦の寄港に伴い，放射能汚染の問題も表面化してきた[9]。また1970年から日本の商業用軽水炉が続々と運転を開始したのに伴い，敦賀や東海の発電所周辺での放射能汚染の発生が発覚する（『国民政治年鑑』72年版，260頁）。続いて1971年から1973年にかけ，軽水炉の緊急炉心冷却装置（ECCS）欠陥問題が米国で大きな論争となった[10]。こうした事件を機に，原水禁や総評は軍事転用と公害発生源の両方の危険性を持つ存在として原子力を捉え直し，軍民不可分性を改めて強調するようになった。原水爆禁止運動が政党系列化のために停滞する中，社会党・総評ブロックは，反公害と原水爆禁止という既存の運動課題の延長線上に位置づけることが可能な原子力問題に，大衆運動の新たな可能性を見出したのである[11]。

では大衆運動としての反原発住民運動は，どのように形成されたのだろうか。

2　反原発住民運動の形成と社会党の反原発路線

第五福龍丸事件をきっかけに原水爆禁止運動が高揚して以来，原水爆実験の禁止を求める意見は国民アイデンティティの性格を帯び，世論の圧倒的多数を占めるようになった（柴田・友清 1999，12頁）。このように原子力の軍事利用の拒絶が早くから定着したのとは対照的に，原子力の民生利用への反対意見は1968年頃まで世論の中にほとんど表面化しなかった。国民一般の原子力に対する認識は乏しく，その態度は肯定的であった。新聞の論調は，各論は別として原子力の「平和利用」の歓迎で一致していた。また全国の海岸部の低開発地域では工業立地への要望が強く，初期の原発の建設計画に対しては，道府県知事が市町村を先導する形で原発誘致による地域開発を推進し，

町村当局ぐるみの陳情活動が盛んに行われた。現在原発が運転または計画中の地点のほとんどは，1960年代末までに原発計画が浮上した地点である。

茨城県東海村に建設された日本初の商業炉は，その安全性をめぐり専門家の間では論争があったが，住民の反対運動には遭わぬまま，1966年に運転を開始した。その間，1963年頃から米国の原子炉メーカーが軽水炉の売り込みを本格化させると，電力各社は自力で軽水炉建設に乗り出す。特に福島県と福井県には東電と関電が次々と原発を建設していくが，住民の反対運動はほとんど起こらなかった[12]。

反対運動が発生したのはごく一部の地点だった。研究用原子炉の立地に反対する最初の住民運動は1957年に「関西研究原子炉」計画をめぐって発生していた。1964年には商業用原発の立地に反対する漁協や町ぐるみの住民運動が，三重県南島町と紀勢町にまたがる芦浜地区への中電の原発建設計画をめぐって発生した。1966年には芦浜原発計画の後押しを意図して自民党の中曽根康弘議員を団長とする衆院科学技術振興特別委員会の視察団が現地に向かったが，漁民による実力阻止に遭い，数十名の逮捕者を出した。この「長島事件」の結果，中電は芦浜原発計画を当面棚上げし，静岡県浜岡町の原発立地に比重を移した。また政府は住民運動への直接の介入が高い代償を伴う危険性のあることを学び，原発立地を受け入れた地域への地域振興策を通じた間接的介入に，紛争管理策の重点を置くことになる[13]。

同じ頃の1964年9月，原燃公社(1967年に動燃に改組)は茨城県及び東海村に対し，日本初の再処理工場を東海村に建設することを申し入れたが，同年12月，まず茨城県議会が，続いて東海村に隣接する勝田市(1965年1月及び1967年6月)と日立市(1968年9月)でも市議会が反対を決議した。さらに茨城県漁業協同組合連合会(茨城県漁連)も1966年8月と1968年2月の2回にわたり反対を表明した。反対の最大の理由は米軍水戸対地射爆撃場の隣接地への再処理工場建設に対する安全上の懸念だった。地元合意の問題は政府が1969年9月，射爆撃場の移転を3〜4年以内に実現する旨の閣議決定を行ったことで打開され(実際の移転は1973年3月に実現)，1970年4〜5月にかけて行われた茨城県知事と科技庁との交渉で合意が成立した。こうし

て東海再処理工場は1971年6月に着工したが，県漁連は1974年11月に動燃と漁業補償契約を締結するまで反対運動を続けた(吉岡1999, 123頁)。

こうした反対運動はまだ孤立した例外にすぎなかったが，1968年から反対住民の組織化は徐々に全国各地へと広がっていった。直接のきっかけは，芦浜原発計画の場合も含め，多くの計画地点で誘致の決定が秘密裏に行われ，電力会社や県に対する住民の不信感が強まったことにあった。しかし全般的な背景としては公害問題の激化と反対運動の高揚があった。原子力問題もしばしば「原子力公害」や「放射能公害」と呼ばれ，「公害問題」という既存のフレームで捉えられた。このため運動への動員も容易になり，また反公害闘争への支援を新しい有望な大衆運動の課題として強化しようとしていた総評・社会党にとっても，原発問題は乗りやすい争点であったと言えよう。

しかし政府が原子力を「無公害エネルギー」として宣伝したように，原子力には「公害問題」として捉えにくい面もあった。「公害」という言葉には可視的な環境汚染や開発による生活環境の破壊というイメージがあったが，放射能汚染は不可視的であり，発電所建設による生活基盤の破壊も含め，被害を具体性のある問題として感じることのできる層は非常に限られていた。1970年代までは，火力発電所も大気汚染源として大きな問題になっており，石油危機を契機に化石燃料の消費拡大も問題視されるようになった。従って原発立地紛争とは縁のない一般市民の間では，少なくとも米国スリーマイル島(TMI)原発事故(1979年3月)まで，「原子力＝公害」という図式より「原子力対公害」という図式の方がもっともらしく見えたであろう。

公害という認識枠組みに加え，反対住民運動の全国的発生を促したのは，原発建設計画の急激な増加である。原子力委員会の長期計画における原発の開発目標の規模は，「67長計」以後，常に過大な目標が掲げられるようになったが，これは「レートベース方式」での事業報酬算定基準と並んで，電力会社の設備投資意欲を促進する効果を持っていた(田中優2000)。特に石油危機前の「72長計」は，1980年と1985年，及び1990年の原発設備容量をそれぞれ3200万kW(3万2000 MW)，6000万kW，及び1億kWと「予想」した(実績は1568万kW，2469万kW，及び3165万kW)(図3-1)。その結

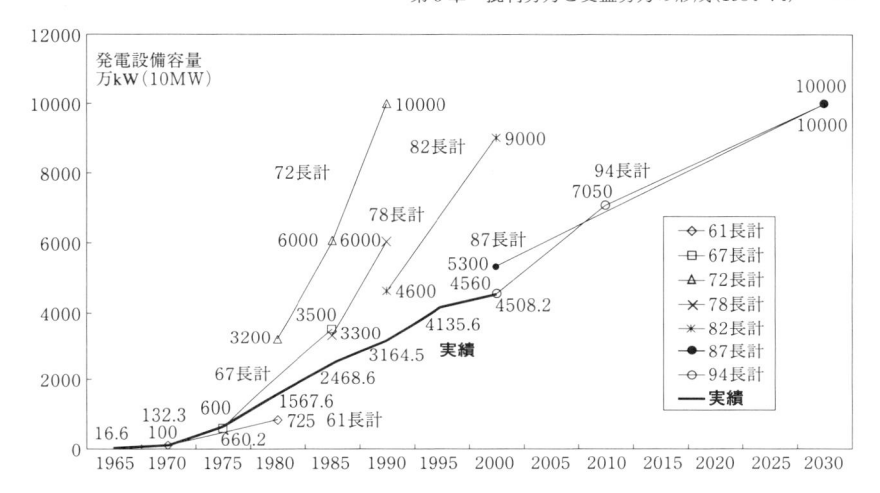

第3章　批判勢力と受益勢力の形成(1954-74)　81

図 3-1　長期計画における原子力発電の計画目標と実績

61長計では80年の目標が600〜850万kW，67長計では85年の目標が3000〜4000万kWだったが，それぞれ中間値をとった。

出典：『反原発新聞』256号，1999年7月をベースに，過去8回の「原子力開発利用長期計画」本文を確認した。2000年長計は遂に原発開発目標の具体的数値を特定せず，「状況の変化に応じつつ，電源構成に占める原子力発電の割合を適切なレベルに維持していく」(2000年長計の第1部第3章1-4「我が国のエネルギー供給における原子力発電の位置付け」)と述べたにとどまった。

果，電調審で新規着手が認められた原発の数は，1968年のゼロから，1969年から1972年にかけての年約4基に急増した(図3-2)。原発建設ラッシュの到来に対応して，大半の新設地点のほか，茨城県東海村や福井県敦賀市周辺など，当初は反対運動が形成されなかった増設地点でも，住民運動が形成され始めた。

住民運動が各地で表面化すると，一部の原発計画地点で日本科学者会議や原水協・平和委員会の県支部など共産党系の組織と，原水禁や県評・地区労，地元の社会党支部や地方議員など社会党・総評系の組織が住民運動への支援を開始した。例えば新潟県柏崎市では早くも1968年9月に柏崎地区労定期大会で原発誘致反対が決議され，地区労と地元の社会・共産両党を中核にした「原発反対市民会議」が組織された。また，やはり1968年9月には茨城県労連が勝田市に約800名の組合員や市民を集め，東海村への再処理工場建

82

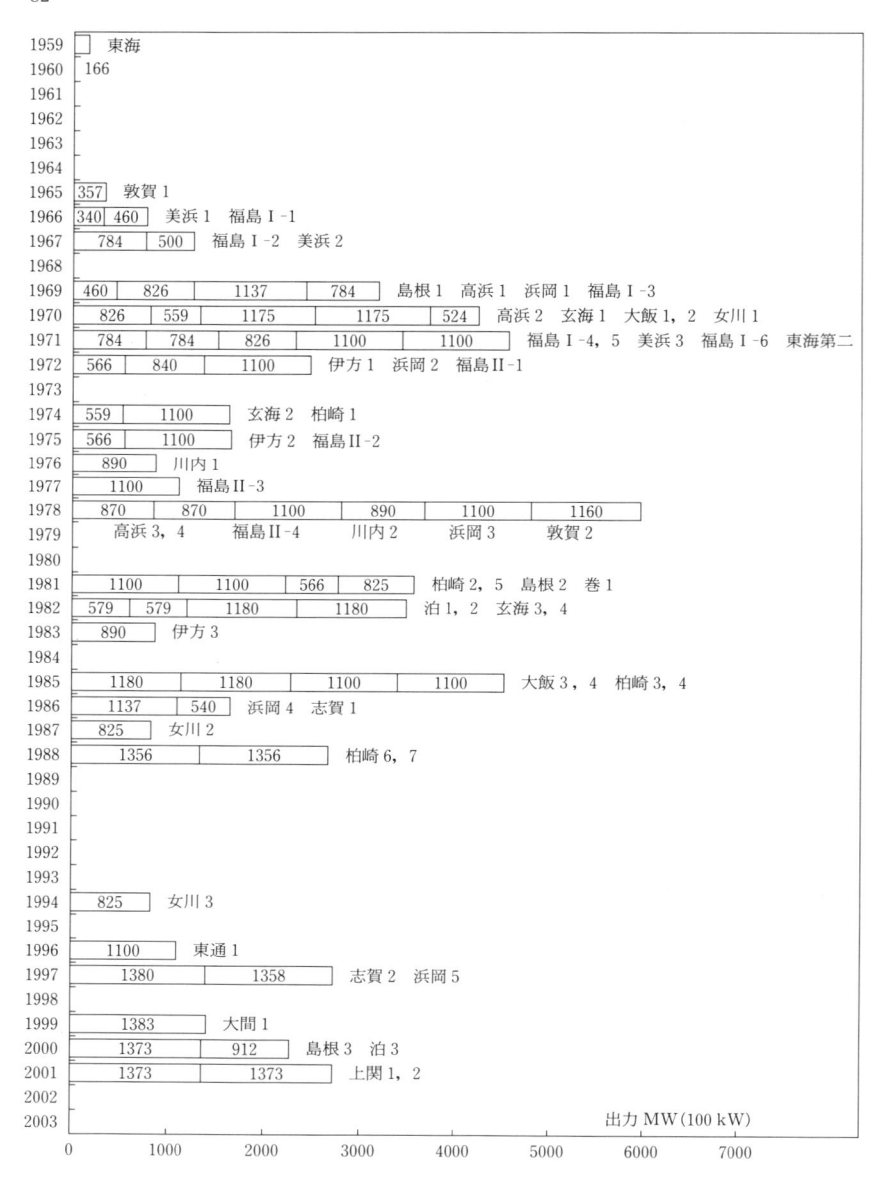

```
1959        □ 東海
1960         166
1961
1962
1963
1964
1965       357    敦賀1
1966      340  460   美浜1  福島Ⅰ-1
1967       784   500   福島Ⅰ-2  美浜2
1968
1969      460    826     1137      784     島根1  高浜1  浜岡1  福島Ⅰ-3
1970       826    559    1175     1175     524   高浜2  玄海1  大飯1,2  女川1
1971       784    784    826     1100     1100   福島Ⅰ-4,5  美浜3  福島Ⅰ-6  東海第二
1972       566    840    1100    伊方1  浜岡2  福島Ⅱ-1
1973
1974       559    1100    玄海2  柏崎1
1975       566    1100    伊方2  福島Ⅱ-2
1976       890    川内1
1977       1100    福島Ⅱ-3
1978       870    870    1100    890    1100    1160
1979       高浜3,4   福島Ⅱ-4   川内2   浜岡3   敦賀2
1980
1981       1100    1100    566    825    柏崎2,5  島根2  巻1
1982       579  579   1180    1180    泊1,2  玄海3,4
1983       890   伊方3
1984
1985       1180    1180    1100    1100    大飯3,4  柏崎3,4
1986       1137    540   浜岡4  志賀1
1987       825    女川2
1988        1356    1356    柏崎6,7
1989
1990
1991
1992
1993
1994       825    女川3
1995
1996       1100   東通1
1997       1380    1358    志賀2  浜岡5
1998
1999       1383   大間1
2000       1373    912    島根3  泊3
2001       1373    1373    上関1,2
2002
2003                                    出力 MW(100 kW)
       0    1000   2000   3000   4000   5000   6000   7000
```

図3-2 原発の電調審承認基数及び出力の変遷

2001年以降は，電源開発分科会による承認の基数。

設に反対する県民大会を開いている(『国民政治年鑑』69 年版，203-204 頁)。再処理工場の建設反対運動には共産党の影響力の強い原研の職員も参加し，職員と家族三百余名の反対署名が同じ時期，東海村議会に提出されている。しかし，柏崎市の「原発反対市民会議」は，目立った活動を行わず，反対運動はむしろ社共両党とは別に結成された「柏崎原発反対同盟」や，荒浜・刈羽など原発予定地の幾つかの地区に結成された農家の「地元守る会」という住民運動組織によって行われた。「守る会」結成には，「全国原子力科学技術者連合」(全原連)に属する東京の学生の説得が重要な役割を果たした(『国民政治年鑑』72 年版，435 頁)。また東海再処理工場反対闘争も勝田市の市長が中心となって町ぐるみの反対闘争として行われ，労組の参加は傍流にすぎなかった。しかし 1970 年頃から，革新政党と労組，及び系列の平和運動団体は，より多くの地点で反原発住民運動支援に積極的なテコ入れを始めた。そうした地点としては特に北海道岩内町(共和・泊原発計画)や，福井県(敦賀・美浜・大飯・高浜)が挙げられる。

　原水禁の中央も 1969 年 8 月の「被爆 24 周年原水禁世界大会」で初めて「核燃料再処理工場設置反対の決議」を採択し，同年 11 月末には柏崎市で最初の反原発全国活動者会議を開いた。続いて 1970 年には 8 月の「被爆 25 周年」大会で初めて基調報告に原発問題を入れ，特別企画として「原子力平和利用に関する分科会」を設けた。また 1970 年 11 月には「原発・再処理工場反対全国連絡会議」を茨城県那珂湊市(現・ひたちなか市)で開いた。さらに 1971 年 8 月の「被爆 26 周年」大会では初めて「反原発」を中心課題に掲げ，1972 年 8 月の「被爆 27 周年」大会では「原発・再処理問題分科会」を常設にした(原水禁 2002，170 頁)。原水禁に押される形で，総評や社会党も原子力への批判を強め，その結果，1970 年代から 1980 年代前半まで，総評ブロックは日本の反原発運動にとって最も有力な支援者となったのである。

　社会党の反原発政策の採用は，1960 年代半ばに確立し，1970 年代後半まで続いた党内左派の支配と，党の抵抗政党化を背景としていた。1945 年の結党以来，1950 年代初頭までの社会党は右派が主導権を握り，1948 年には片山哲を首班として保守 2 党との連合政権に参加した。その後 1951 年 10 月，

社会党は，労働界の左右対立も反映して，西側諸国のみとの講和条約調印と日米安保条約の両方に反対する左派社会党と，講和条約調印には賛成する右派社会党に分裂した。1955年に両派が再統一した際の党綱領は，右派作成の綱領を基にしており，以後1950年代末まで社会党内では穏健右派と穏健左派の派閥連合が主導権を維持した(中北 1993)。

この頃は社会党も，原子力の「平和利用」を積極的に推進していた。1957年1月17日付けの「原子力平和利用に関する方針」は，軍事利用を全面的に排する一方で，「平和利用」を目的とする国際的な研究開発の，東西両陣営を超越した推進を求めている。国内での原子力開発は，「わが国の経済力の拡大と，原子力産業の自主性を確保するため，原子力技術の徹底的な国産化を推進する」が，それは「少数資本の独占にゆだねられるべきでは」なく，「徹底的に社会化する」ことを求めていた。当面の国内開発方針は，国産炉の建設に重点を置き，動力炉の輸入は実験用に限る。原子力発電の経営は公社形態とする。また使用済核燃料の再処理によるプルトニウムの抽出は，自主的な原子力開発の前提となるので，これを燃料として生産するための体制を整備強化するという立場であった(日本社会党政策審議会 1990, 167-169頁)。

しかし1950年代後半には，安保条約改定や警職法改正に反対する運動や三井三池炭鉱闘争の高揚を背景に，社会党左派が勢力を伸ばし，1960年代にその党内支配が確立する。その最初の契機は1960年，安保容認姿勢を左派から糾弾されて離党した党内最右派の西尾派による民主社会党結成であり，社会党内派閥の均衡を大きく左に傾けた。社会党左傾化の第2の契機は1961年から1962年にかけて紛糾した「構造改革論」をめぐる党内論争である。元々はイタリア共産党に端を発しながらも，国民政党と福祉国家を目指す点で社会民主主義的色彩を帯びた構造改革路線を，当時の書記長だった穏健左派(鈴木派)の江田三郎が提唱し，右派(河上派)や中間派(和田派)が支持したが，社会主義協会から影響を受けた最左派は反発し，鈴木派の佐々木更三を中心とするグループと組んでこれをつぶした。社会主義協会は，九大教授・向坂逸郎の教条的な労農派マルクス主義理論を信奉する理論集団であり，党の地方活動家層に浸透していた。構造改革論争の後，江田三郎は次第に党

内野党的な立場に追いやられ，1977年には社会党を離党，社会市民連合（1978年から社会民主連合）を結成することになる。党の分裂を引き起こしたいずれの事件も，左派が主流だった総評指導部の意向を反映していたと言われる（新川 1999）（図 3-3）。

1964年12月の第24回党大会までに，党の主導権は左派の派閥連合に掌握された。実質的に綱領にとって代わる綱領的文書「日本における社会主義への道」（通称「道」）が左派主導で作成され，1966年1月の第27回党大会で最終的に承認される。そこでは構造改革論はもとより，左右社会党統一時の綱領も明文で否定された。「道」は，政治状況の分析において教条的な帝国主義論・国家独占資本主義論を採用するとともに，社会党政権樹立は社会主義革命に移行するまでの過渡的なものと位置づけることで，究極的には議会制民主主義による漸進的改良を否定した（新川 1999, 64頁）。「道」の作成及び採択に相前後して，社会党執行部の人事は党内抗争や選挙での敗北などを反映して目まぐるしく交代する。しかし1970年12月の第34回党大会で，佐々木派・勝間田派を軸に総評主流派・社会主義協会の支援を受けた無派閥の成田委員長と，勝間田派の石橋政嗣書記長の体制が誕生し，1977年末まで7年間にわたって継続する。こうして完成した左派のヘゲモニーの下，社会主義協会は地方の党活動家だけでなく，中央執行部や本部書記局にも勢力を広げ，党内派閥化した。

成田・石橋執行部成立から約1年後，社会党は反原発運動方針を採用する。従って党内左派支配の安定が反原発闘争への支援を容易にしたことは疑いない。しかし上住充弘（1992, 402, 608頁）はさらに社会党右派の立場から，反原発路線の採用が党内親ソ派（協会派）の陰謀に由来すると見る。彼によると1967年，「原発が核兵器の材料になるプルトニュームを作り出すので反対すべきだとする点を強調した宣伝文が，在日ソ連大使館から社会党議員の手を通じて持ち込まれて以降，反原発運動は，反核・反米運動と結合して拡大し，遂に三輪寿壮や松前重義（引用者注：共に「河上派」）らが推進した社会党の原発平和利用推進政策を変えさせ，今日に至っている。ソ連はこの運動に支えられて，日本の世論から殆どインパクトを受けることなく，自由にプルトニュ

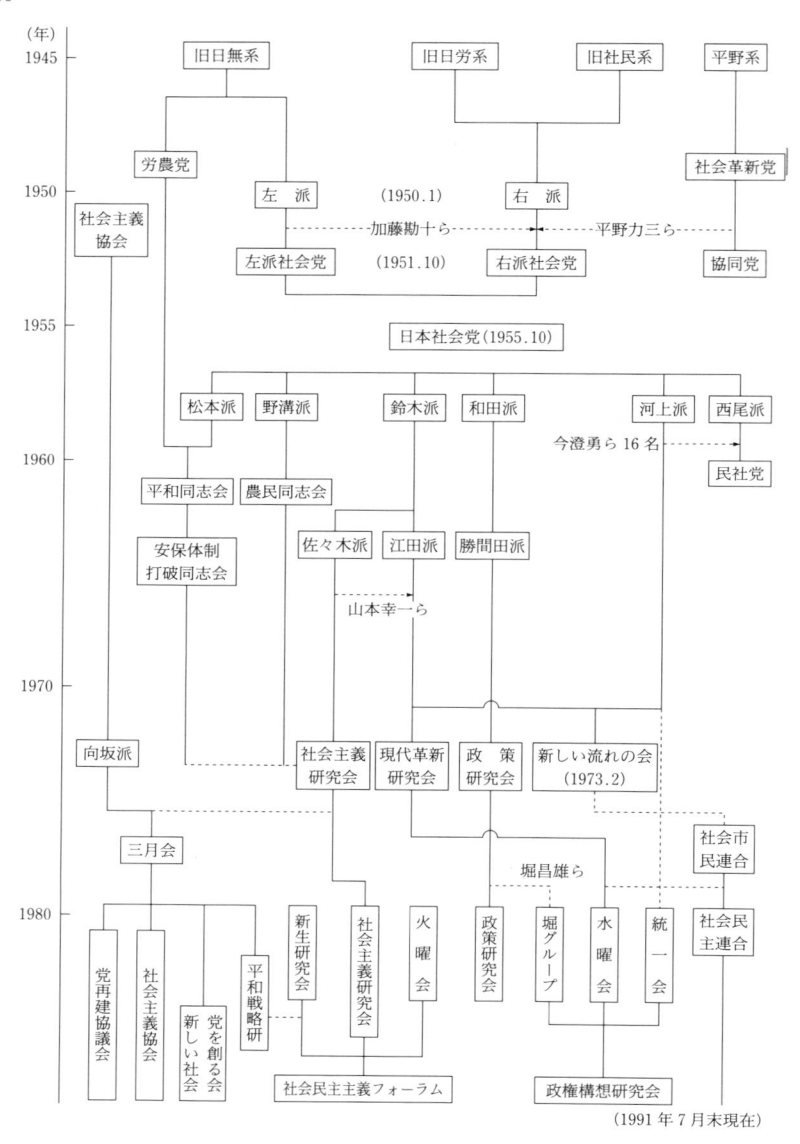

図 3-3　日本社会党の派閥

出典：福永 1996，243 頁。

ームを生産すると共に，北西太平洋やオホーツク海，シベリア極東部に，巨大な核戦力を配備することができたのであった」。

しかしこうした見方は，イデオロギーに基づく社会党の「上から」の指導力を過大評価している。共産主義諸国でも強力に推進されていた原子力発電に反対の立場をとるのは，科学技術の進歩に生産力の発展を求めるマルクス主義から見て，自明ではない。社会党の反原発政策は，むしろ原水禁や党の地方活動家によって「下から」持ち込まれたものである。原水禁による反原発路線の採用は，原水協への対抗意識もあっただろうが，反原発運動が住民運動として一定の大衆的基盤を獲得したことも前提となっていた。同時に，原水禁が核の軍民不可分性を重視し，原発問題を反戦平和運動の認識枠組みで捉えるようになったためである。いずれにせよ日本社会党がマルクス・レーニン主義左派の支配下で抵抗政党化したからといって，反原発路線の採用は自明ではなく，それを党内の伝統的な左右対立の図式にのみ当てはめても，十分に理解できないだろう。

このように地方の活動家による住民運動支援に始まり，中央の原水禁や総評が反原発闘争への肩入れを表面化させるにつれ，社会党も原子力開発への反対姿勢を強める。1971年10月，社会党政策審議会は「当面の原子力発電に関する見解―新・増設を即時中止せよ―」を決定し，「すでに稼動中ないし地上装置の建設が進んでいるもの以外の，原子力発電所新・増設計画及び再処理工場の建設計画を，すべて即時中止することを要求」した（『国民政治年鑑』72年版, 269頁）。この見解は，1971年12月27日付けの文書「当面する原子力発電に関する見解と政策」として，まとめられている（日本社会党政策審議会 1990, 624-628頁）。ただ原発や再処理工場の新・増設については即時中止を求めていたものの，この段階ではまだ，稼動中や建設中の原発は容認する比較的穏健な立場をとっていた。こうした線に沿って1972年1月28日の第35回党大会では，反原発の立場が党の運動方針に正式に採用された。

社会党が運動方針に反原発闘争を採用したことを受け，原水禁国民会議は党大会翌日の1972年1月29日から31日まで，すでに原発計画の集中地点となっていた福井県敦賀市で「全国的な力を結集しよう」をスローガンに原

発反対運動全国活動者会議を開き，北海道，福島，新潟，三重，愛媛など18都道府県の反原発住民運動代表100人が参加した。そこでは反原発運動の当面の戦略的課題として，10項目の合意が決議された。10項目とは，①公聴会開催の要求，②裁判闘争強化，③署名・リコール運動，④既設原発に対する地方自治体の原子力安全条例・協定の獲得，⑤国会活動，⑥再処理工場設置反対闘争，⑦科学者・専門家との協力，⑧運動側の宣伝機関の形成，⑨マスコミ対策，⑩反原発運動の情報連絡センターの設置である(『国民政治年鑑』73年版，246-247頁)。このうち，④③②は1970年代前半から中盤にかけての反原発住民運動の主要な戦術となり，①と⑤は総評・社会党の反原発闘争の主な焦点となる。また⑦と⑩は1975年の原子力資料情報室の設置につながる。この活動者会議は，原水禁国民会議の支援を受けた反原発運動の主流形成の起点となったのである。

さらに1972年9月1日，付近の東海村で再処理工場建設が問題となっていた茨城県水戸市で，総評・社会党は初の「原発対策全国代表者会議」を開催し，「中央に社会党，総評，原水禁国民会議，電力関係労組などを中心に共闘会議を結成，各地の住民運動組織と連絡をとって，政府に要求を出す」方針を決定した。「要求の内容としては，①すでに運転中または建設が大幅に進んでいる原発については，その管理，安全，監視体制を抜本的に改善するため，運転の一時停止などの措置をとり，十分に信頼し得る体制を早急に確立すること②新たな建設計画や，建設がそれほど進んでいないもの及び核燃料再処理工場は，安全のための諸条件が満たされない限り建設を取止めること③自治体の首長の意思や議会の議決と，住民の意思(住民投票や署名の結果)が相反する場合は住民の意思を尊重すること，など」を挙げた[14]。また原水禁は，反原発住民運動との連帯を強化するとともに，都市の市民運動活動家との連携も求め，1972年10月下旬には東京で「核燃料工場反対全国活動者会議」を開いた。この会議には各地の反原発住民運動代表のほか，「公害問題研究会」や全原連など，大学や市井の研究者・市民運動活動家のグループが参加した[15]。

以上のように，原水禁を先兵として，総評・社会党の反原発闘争は1972

年中に態勢が確立し，翌年から住民運動への支援を本格化させる。特に，東海第2原発の設置許可取り消しを求める行政訴訟(1973年10月提訴)の組織的支援や，福島第2原発1号炉に関する原子力委員会主催の公聴会阻止闘争(後述，1973年9月)への労組員の大量動員が代表例に挙げられる。

　石油危機直後の1974年6月からは，主に総評系労組の組織的支援を受けた住民運動による抗議行動が激化した。柏崎市荒浜地区の原発建設予定地には，新潟県評(新潟県労働組合評議会)などの支援を受けた反対派が団結小屋を建設し，土地占拠を始めた。同じ頃，青森県では科技庁や首相が出力試験を目的に原子力船「むつ」の強行出港を示唆したことに反発し，むつ地区労や地元の住民運動団体，自然保護グループなどが「原船母港・下北原発反対共闘会議」を結成する。やはり同月，佐賀県玄海町では，建設中の玄海原発へ九電が核燃料を搬入しようとしたことに抗議し，総評系の「玄海原発設置反対佐賀県連絡会議」が労組員900名を動員して核燃料輸送車の入構を妨害する全国初の行動を行い，機動隊500人と対峙した。さらに同月末，鹿児島県川内市では，川内原発建設促進を求める請願を市議会が強行採決するのを阻止するため，「川内原発反対連絡協議会」(社共公明，地区労，住民の反原発共闘組織)に動員された労組員を中心に，建設予定地周辺の主婦や鹿児島大学生など反対派1000人が市役所広場に集結し，商工業者などが動員した1000人の推進派と小競り合いをした。続いて7月上旬，総評系の「原発建設反対福島県共闘会議」に動員された労組員や住民350人は，東電福島第1原発から首都圏へ電力を送るための超大型トランスの搬送に抗議するデモを行い，500人を投入した福島県警機動隊に反対派3名が逮捕された。また7月下旬，鹿児島市では鹿児島県議会の総務警察委員会で川内原発建設推進の請願が強行採択されたことに抗議し，反対派住民50人が委員会に乱入した。こうした動きは，8月から9月にかけての「むつ」の出力試験問題で頂点を迎えることになる。

3　電力労働における対立構造と野党間関係

　総評ブロックの反原発路線の背景としては，電力労働界における総評系と

同盟系の対立構造にも触れておかねばならない。戦後の電力労働者は1947年5月に日発と9つの配電会社の労働者13万人を網羅する全国単一の産業別組織，日本電気産業労働組合（電産）へと組織された。電産は共産党の影響下にあった産別会議（全日本産業別労働組合会議）の有力組合として戦後初期の労働運動における先導的な役割を果たし，いわゆる「電産型賃金」（生活費を基準とする最低賃金制の確立）などの成果を獲得した。しかし1950年，朝鮮戦争勃発を背景にGHQは組合からの共産党員排除を指令し，また反共産主義の労働団体として総評の結成を後押しする。これに電力資本側も2000人以上の人員整理で応じ，また電産内部では反共産主義の民主化同盟が主導権を握り，産別会議から離脱して総評（1950年結成）の有力組合に発展する。

　しかし総評が戦闘性を強めるにつれ，電力労働者の間では総評からも離れる傾向が強まる。政府の電源開発促進政策に呼応した，経営者主導による事業の合理化及び拡大に積極的に協力して，労働者の生活向上を図るべきだという空気が強まっていった。またGHQの指令（1951年）による日発の解体と，発送配電を地域独占する9電力体制の確立は，産業別組織からの労働者の離脱と，企業別組合への再編を図る経営側の動きに追い風となった。そうした中，1952年に電産は炭労（日本炭鉱労働組合）とともに戦闘的な賃金闘争を展開したが，企業別の交渉を主張する会社側に敗れた。この敗北を機に，電産を離脱して企業別の第2組合を結成する動きが加速し，1954年5月，そうした組合の連合体として全国電力労働組合連合会（電力労連）が発足した。電産は1956年，各地方ごとに電力労連と統一する方針を決定し，統一を拒否した約千人の電産中国を残して，事実上解散した（正村1990，533-535頁；清水1982）。やがて電力労連は1964年に発足する同盟の有力単産に成長していく（図3-4）。

　しかし旧電産系と第2組合との統合が容易には進まず，小分裂に発展した例が一部にはある。全九州電力労働組合（全九電），全北海道電力労働組合（全北電），及び九州電力検集労働組合（九電検集労）である。例えば全九電は早くも1958年に運動方針の違いをめぐって分裂し，1962年には総評加盟労組となり，1968年には電産中国とともに，総評系の全日本電力労働組合協

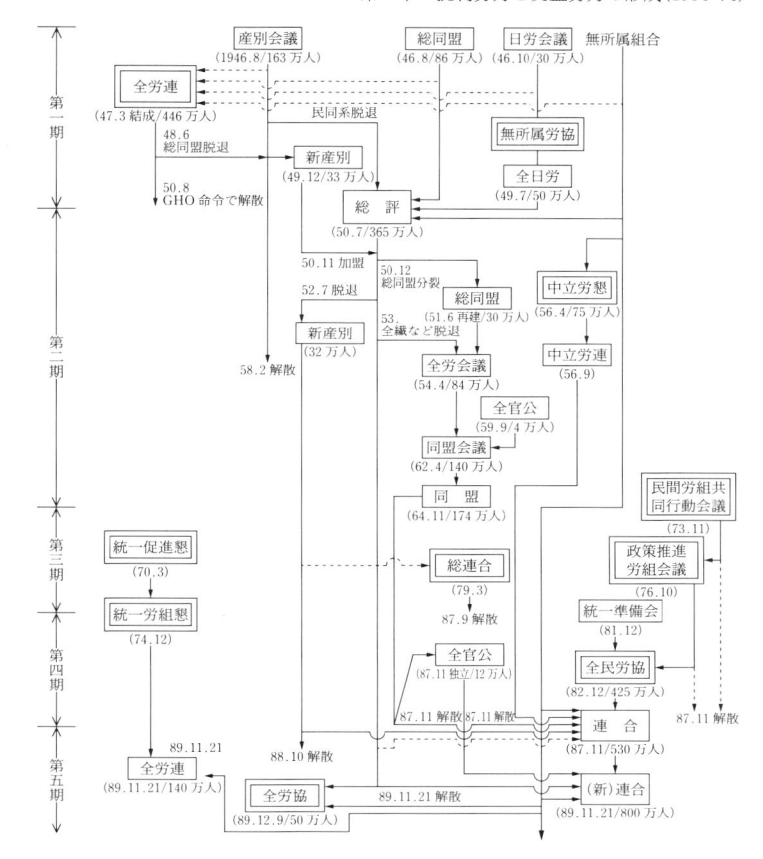

第 3 章　批判勢力と受益勢力の形成 (1954-74)　91

図 3-4　労働団体の変遷

注：1)　□ は協議会もしくは共闘組織。
　　2)　結成時の人数は当該団体発表。
　　3)　解散時の人数は総評 398 万人，同盟 210 万人，中立労連 165 万人，新産別 6 万人。どの労働組合中央組織にも属していない組合員は 416 万人 (87 年，88 年の労働省労働組合基礎調査による)。
　　4)　正式名称は，(新)連合＝全国労働組合総連合会，全労連＝全国労働組合総連合，全労協＝全国労働組合連絡協議会。
出典：五十嵐 1998，247 頁。(『週刊労働ニュース』第 1376 号 (1989 年 10 月 23 日付) を元に五十嵐が作成したもの)

また北海道では 1956 年に第 2 組合と電産北海道が統合し，北海電労を結成したが，旧電産系勢力は総評路線の支持を続けた。1964 年に電力労連が同盟に一括加入する方針を打ち出したのを受け，北海電労は道同盟に加入したが，地区労(総評・全道労協系)からの脱退については各支部の自主的判断に委ねたため，9 支部のうち電産系勢力の強い 5 支部はその後も地区労を脱退しなかった[16]。このため北海電労は「頭は同盟系，足は総評系」という変則的状態を続け，両勢力の対立は道同盟加盟後に激化し，1968 年 7 月の定時大会で頂点に達した。これを機に同月，全北電が組合員 603 人で結成され，総評系の全北海道労働組合協議会(全道労協)及び全電力に加盟した(北海道労働部編 1979, 84-86 頁)。全北電は「職場から公害を出さない」という立場から全道労協や社会党と公害問題への取り組みを始め，1969 年の共和・泊原発立地決定を機に反原発運動に関わるようになった(鳴海 1977, 43-44 頁)。

同盟系の電力労連が多数派を占める電力労働界にあって，総評系の少数派となった全電力(1971 年当時で 4500 人)は，1971 年 1 月初頭，「原発に関する全国会議」を福岡市で開き，反原発住民運動との連携や，総評と協力して電力企業内での反原発闘争を進めることを決めている。その際，反原発闘争を進める理由として①米国の原潜用に開発された軽水炉技術の安全性への懸念のほか，②電力会社が原子力基本法の 3 原則(自主・民主・公開)を無視する恐れが強いこと，さらに③日本の放射性物質取扱基準の不備が原発労働者の被曝リスクを高めることを挙げた[17]。

こうした総評系と同盟系の対立構造にもかかわらず，原子力をめぐるブロック間関係は，1970 年代前半にはまだ先鋭化しなかった。これは当時の野党ブロック間関係全般の柔軟性と無縁ではなかった。1960 年代前半，社・共両党は外交路線や原水禁運動などをめぐって対立したが，1960 年代後半になると地方レベルでの社共共闘が進展する。特に東京では，1967 年 4 月の都知事選挙に向け，幅広い都民の結集も狙った「明るい革新都政をつくる会」の結成を通じて社共の選挙協力が実現し，美濃部亮吉・東京教育大学教授の当選という成果を挙げ，全国で誕生する革新自治体のモデルケースとな

った。社会党が都知事選挙での社共共闘に踏み切った背景には，直前の1967年1月29日に行われた衆院選での敗北もあった。直前に自民党政府閣僚の不祥事が相次いだため，自民党の不利が予想されていたが，実際には自民党と社会党がともに数議席を微減させる一方(それぞれ277及び140議席)，衆院選初参加の公明党が25議席を確保，民社党も7議席増やして30議席になり，共産党は5議席を維持，野党多党化が本格化した。総選挙での敗北という窮状を打開するため，社会党は美濃部の擁立と社共選挙協力による都知事選に臨んだのである。ただ，衆議院における社会党の140議席はまだ野党の中では突出して大きかったため，社会党は1968年1月の定期党大会で採択した「中期路線」では，共産党など他野党との協力を政権構想の中に明確化していなかった。しかし大衆運動レベルでは野党共闘，特に社共共闘が積極的に追求された(前田1995, 132-133頁)。

その後，選挙での社会党の低落が再三確認されるにつれ，野党間協力は中央での政権構想としても位置づけられるようになる。1968年7月7日に行われた参院選でも社会党は8議席を減らして敗北，公明，民社，共産の各党は数議席増やした。日米間の外交交渉で沖縄返還に目途をつけた実績を問うため，佐藤栄作首相が打って出た1969年12月27日の解散総選挙では，自民党が前回を11議席上回る288議席で圧勝したが，社会党は50議席減の90議席に転落した。民社党の獲得議席は前回とほとんど変わらぬ31議席であったが，公明党は47議席に，共産党は14議席へとそれぞれ躍進した。野党の多党化が固定化すると，野党の政権構想も連合政権を目指すものとならざるをえない。最初に動き出したのは1970年に相次いで出された社公民の連合構想である[18]。これは社会党内では江田派を中心とした右派が推進し，共産党の排除と，公明党をブリッジとした民社党との連携を意味していた。しかし成田・石橋体制を確立させた1970年11月の第34回党大会で採択した「新中期路線」の中で社会党が打ち出したのは，大衆運動における野党間協力と並び，政権構想では共産党を排除しない「全野党共闘路線」であった(前田1995, 133-134頁)。この路線は，社共提携を中軸として機会主義的に公明・民社とも組むもので，1971年4月の統一地方選挙では東京や大阪の知

事選挙で成果を収めた。

　ただ道府県議選における共産党の躍進に社会党内では警戒感も強まり，1971年6月の参院選では幾つかの選挙区で社公民の選挙協力が成果を収め，社会党は全体で改選議席を5つ上回る39議席を獲得してもいる。その結果，非改選分も含めた参議院の議席配分は，自民党の135議席に対し，社会党の66議席や公明党の23議席を含む4野党120議席となり，与野党伯仲状況の実現が目前となった(飯塚ほか 1985，316-318頁)。しかし社会党右派が推進した「社公民路線」は，田中角栄政権下の1972年12月10日に行われた衆院選で振り出しに戻る。

　1972年7月に首相に就任した田中角栄は，地方での工業開発によって高度経済成長の果実を地方へ還元することを「日本列島改造論」で提案し，話題を集めたが，中国との国交回復(1972年9月)を受けて行った1972年12月の解散総選挙で，自民党は後退した。自民党後退の背景には，すでに佐藤栄作政権下で，公害や，過密化する大都市での住宅・学校・下水道など生活関連の社会資本整備の遅れが社会問題化していたことが指摘できる。大規模地域開発は，激化する都市問題への解答とはならず，むしろ土地投機による地価上昇や環境破壊を引き起こした。有権者の政策選好の変化は，総選挙における社共両党の伸張や，両党間の選挙協力を中心とした革新自治体への支持に反映されていた。総選挙では民社，公明両党が後退する一方，社会党は118議席にやや復調，共産党は24議席増の38議席を獲得して野党第2党に躍進した。

　総選挙の結果，公明党は1973年1月の中央委員会で路線を左に移動し，革新色と反自民色を強めた。特に安保条約については従来の「早期解消」から「即時廃棄」に変更し，また共産党との関係では国会における個別課題ごとの協力や，首長選挙での社会党をはさんだ「ブリッジ共闘」を排除しないことを示唆した。また1973年3月に公明党は美濃部都知事との間で友好協力関係を約束し，知事与党になった(前田 1995，134-135頁)。

　ただ，社公民路線の挫折は全野党共闘路線の安定を意味しない。党勢が拡大した共産党はしばしば，外交路線や非武装中立論について社会党を攻撃し

た。また民社党は基本的には共産党との協力を否定しており，4野党全部の共闘はむしろ例外だった。国政選挙や地方選での選挙協力で社会党が社共共闘に傾くか，社公民共闘に傾くかによって，野党間関係は紛糾した。しかし1976年夏の総評執行部交代まで，総評が左派主導の社会党執行部を支持し続けたこともあり，全野党共闘路線は1970年代半ばまで貫徹された。

　各ブロックの原子力に対する立場の相違が先鋭化しなかったのは，このように曖昧な野党間関係を反映していた。幾つかの原発計画地点では，住民運動と革新団体の反原発共闘組織において，部分的ながら社共共闘が実現した。共産党は原子力の民生利用を肯定していたが，一部の地点では日本科学者会議の会員や地方の共産党員が早くから，住民運動への支援を開始していた。日本科学者会議は1971年に反対派住民と合同で初の「原発シンポジウム」を北海道岩内町で主催し，以後ほぼ1，2年おきに同様の「原発シンポ」を原発計画の係争地付近で開催するようになった。さらに公明党も政府の原子力政策を批判し，長崎県佐世保市での原子力船むつ反対闘争にも支持を表明していた。また民社党・同盟ブロックでは電力労連が基本的に原子力を推進しながらも，1975年の執行部交代まで，労働者被曝問題との関連で，原子力発電の推進への批判的な姿勢を残していた。

　政治状況の方は，1972年の衆院選での敗北を喫した田中内閣が，列島改造計画に伴う公共事業関係費や「70歳以上の老人医療無料化」に代表される社会保障関係費の増額を盛り込んだ大型予算の編成を組んだが，第1次石油危機の影響と合わせて極度のインフレを招き，内閣不支持率は1973年11月には60％に達した。また1974年7月7日投票の参院選では，自民党が多数のタレント候補の擁立や，企業社員の集票活動への動員を通じた強引な選挙戦を展開したが，かえって議席を減少させた。野党は共産党が倍増して20議席となり，二院クラブが4議席を獲得したほかは，変化に乏しかったが，与党は保守系無所属を取り込んでも129議席となり，非改選を含めた参議院での与野党差は野党(122議席)との7議席差にまで縮まった。伯仲状態は一層深まり，自民党政権による原発立地問題への対応にも影を落とすことになる。

第2節　紛争管理

1　手続的対応

　反原発住民運動の全国各地での表面化によって原発立地が難航する様相を見せ始めたことに対して、原発推進者は、各種の手続的対応を打ち出した。その第1は、原発建設地点の道府県と電力会社との原子力安全協定締結である。原発事故や放射能汚染、温排水による漁業被害に対する住民の不安の払拭を図るのが目的だった。1969年4月までに、日本原電と関電は福井県と、それぞれ建設中の敦賀及び美浜原発の、また東電も福島県と、建設中の福島第1原発の安全性確保について協定を結んだ（『補償研究』1969, 42-44頁）。

　原子力安全協定という慣行は、日本独特と言われる公害防止協定をモデルにしていた。公害防止協定は、1964年に磯子石炭火力発電所の建設をめぐり、準国営の電発と横浜市が初めて締結し、民間企業としては東電が1968年に初めて、東京都との間に火力発電所（火発）の建設に際して結んだ。以来、企業と地方自治体が結ぶ公害防止協定は、1960年代末以降、火発建設の際に実質的に不可欠の手続として定着し（日本エネルギー経済研究所 1986, 213頁）、また他の環境汚染施設へも拡大し、原発もその延長線上にあった。原子力安全協定の多くは電力会社と県を当事者としていたが、浜岡原発について中電と静岡県が1971年3月に結んだ協定のように、通産省の異論に抗して関係する町村役場当局を加え、また自治体当局による原発への立ち入り調査権限や危険時における一時停止の規定を盛り込んだものもあり、原発反対派も一定の評価をしていた（『国民政治年鑑』73年版, 245頁）。

　しかし自治体と企業の間に協定を結ぶ方式は、火発による可視的な公害の監視にはある程度有効であっても、火発とは本質的に異なるリスクを有する原発の場合、十分には機能しない。原子力技術に固有のリスクは、専門家の介在を不可欠とする次のような特徴を持つ（Rüdig 1990, p. 53）。第1に、放射能による汚染は、多くの化学災害と同様、普通の市民の五感では感知できず、

その確認や分析，取り扱いに専門家を必要とする。このように「社会的に不可視的な汚染」の原因者は責任を免れやすく，たとえ汚染が確認されても潜在的被害者にその危険を納得させるのは難しい。第2に，原子力施設の大事故は，発生した際のリスクは途方もなく大きいが発生する確率は低いと考えられており，素人にはリスクの性質と確率を評価するのが難しい。第3に，原子力技術は非常に複雑であるので，限られた数の専門家にしか理解しがたい。ところが，こうした原子力技術の特殊性に対し，自治体は電力会社に挑戦できるほど十分な専門性を持たない。しかも放射線測定は，例えば東電と福島県の協定の場合，両者の定める計画に基づき，東電側が行うことになっていた。住民は測定作業に直接参加できず，測定結果を誰がいかなる規準に基づいて評価し，さらにそれを公表するのか否かも未確立だった。

　もちろん住民自身も高度な専門性を直接に持ってはいないが，1970年代には，批判的科学者のグループが住民運動の支援を行っていた。そのことを前提とすれば，電力会社との対立を避けがちな自治体当局だけでなく，反対派住民代表にも協定の当事者性を認めることは，安全協定の実効性を高める上で意義があったであろう。

　しかし安全協定の狙いは別のところにあった。それは次の文章に要約されよう。「これは(中略)地元住民に不必要な不安感を持たせないように配慮したものであり，そのうえ，これはこんごの原子力発電所の建設を円滑に進めるためにも，大きな意味をもってくるわけである。(中略)これを地域開発ともからめてどう位置づけていくかがこんごの課題ともなっている」(『補償研究』1969，43頁)。自治体と電力会社が住民の頭越しに結ぶ協定は，端的に言えば，放射能汚染に対する住民や漁民の「不必要な」不安に証拠を与えないがためのものであった。

　原発推進者による第2の対応は原発公聴会の開催である。特定原発の建設に関わる論点を議題にした政府機関主催の初の公聴会は，東海村に建設が予定されていた「コールダーホール型」黒鉛減速炭酸ガス冷却炉の安全性に関して1959年夏に開かれた原子力委員会主催の公聴会と，日本学術会議主催のシンポジウムである。これは1957年10月，英国スコットランド・カンブ

リア地方のウインズケイル（セラフィールド）で，同型炉の前身である軍用プルトニウム生産炉が炉心火災を発端にしてメルトダウン（炉心溶解）を起こし，周辺環境に多量の放射能を撒き散らした過酷事故がきっかけで開かれたものだった（吉岡 1999，103頁）。

その後，政府機関による原発公聴会は，しばらく開かれなかったが，公聴会の開催は，1971年頃から，社会党・総評ブロックや日本科学者会議の常套的な要求となった。その背景には，1970年代前半の米国における軽水炉安全性論争で，米国原子力委員会（AEC）主催の公聴会が注目すべき役割を果たしたことがある。また原子力基本法に謳われている「自主・民主・公開」の原則は，公聴会開催要求の拠り所となった。

こうした要求を国も無視できなくなり，原子力委員会は1973年9月17, 18日，東電福島第2原発1号炉の建設について，福島市で初めて公聴会を開催した。原子力委員会の内規では，公聴会の開催は以下の4要件に基づくべきものとされていた。①原子炉が一地区に集中する，②新型原子炉を建設する，③出力が大きい，④地元知事の要請があること，である[19]。福島第2原発はこのうち①の集中立地に該当したというのが原子力委員会の言い分であった。しかし18日には労組員や新潟・柏崎など全国から集まった反原発活動家1000人以上が座り込みやジグザグデモなどにより公聴会開催の実力阻止行動に訴えたため，機動隊に排除されるなど混乱が起こった。公聴会の内容も，地元住民40人が15分ずつ持ち時間を与えられて賛成や反対の意見を述べたが，「言いっ放し，聞きっ放しではないか」と評判が悪かった[20]。この公聴会の失敗以後，「公開ヒアリング」制度が実施される1980年までの間，原子力施設建設に伴う国主催の公聴会は一度も開かれなかった[21]。

第3の対応策は科技庁・原子力委員会による情報公開の試みである。「自主・民主・公開」の原則にもかかわらず，原子力技術の公開は核兵器拡散や企業秘密と抵触するため，常に形骸化の危険にさらされる。1960年代末には，三菱原子力工業が埼玉県大宮市の同社研究所内に研究用原子炉の一種である臨界実験装置を建設し，地元住民と紛争になったが，このときに「公開の原則」と企業秘密の対立が社会的な注目を集めた。

地元の自治会に組織された住民は1969年6月，臨界実験装置の撤去を求める行政訴訟を浦和地裁に起こした。原告は同時に，装置の危険性を立証するための証拠として，三菱が総理大臣に提出した「原子炉設置許可申請書」と全付属書類の提出命令を裁判所に申し立てた。この申し立てに対し，三菱は米国企業と結んだ技術援助契約に基づいて提供された技術資料に対する守秘義務を主張したが，浦和地裁は1972年1月，原子力基本法の「公開の原則」ではなく民訴法312条の文書提出義務を根拠に，三菱に文書提出を命じた。三菱側は1972年2月に即時抗告し，1972年5月に東京高裁は企業秘密との関係には触れぬまま，民訴法を根拠に文書提出命令を取り消し，原告住民の申し立ても却下した(野村 1999, 948頁)。しかし結果的に三菱は1973年11月，原子炉撤去を決めた。さらに1974年7月，三菱と住民は，住民による立ち入り調査や資料の公開などの条件を含む和解に合意した。また原子力委員会は訴訟に触発され，1973年5月，同委員会の原子炉安全専門審査会に提出された企業側の資料や審査の過程を一般市民が閲覧できる原子力公開資料室を科技庁内に開設した(野村 1999, 948-949頁)。しかし資料の公開対象は限られており，その拡大にはさらに訴訟が必要だった。伊方原発訴訟である。

　四国電力は1970年5月，愛媛県伊方町への原発立地計画を発表，原子炉設置許可は1972年11月に交付され，1973年3月に着工した。反対派住民は1973年8月に設置許可の取り消しを求める行政訴訟を松山地裁に起こしたが，1978年4月の第1審判決で請求を棄却された。控訴審も敗訴に終わるが，裁判では「法廷という極限された場であったにせよ，原子力発電の安全上の諸問題について，日本で初めて推進論者と反対論者の間で，包括的な技術論争が展開された」(吉岡 1999, 148頁)。この訴訟でも，安全審査に関連する全資料の提出を国は拒み，住民側は1974年9月，民訴法312条を根拠に文書提出命令を出すよう裁判所に要請した。松山地裁が1975年5月にこれを認めたことを不服として国は高松高裁に即時抗告したが，1975年7月に退けられたため，文書提出命令は確定した(反原発事典編集委員会 1978, 194-195頁)。これを受け科技庁は1975年7月末，電力会社から原子炉安全専門

審査会に提出されている膨大な参考資料を,「商業機密を除き」原則として公開する方針を決めた。科技庁の態度の転換には, 機密文書を提出しないために国が敗訴する事態を防ぐ意図があった[22]。しかし企業との契約に基づく「商業機密」の保持義務を盾に, 資料の公開を拒む余地も残したのである。

　以上のように原発推進者は, 反対派からの圧力に対して, 安全確保や住民参加, 情報公開について, 象徴的な譲歩は行ったが, 信頼醸成と反対運動の沈静化には効果がなかった。結局, 反対運動対策の本命は, 地元住民に安全性の疑わしい施設を丸呑みしてもらうための物質補償であった。これは個別, 不定期に漁協や自治体に多額の漁業補償や性格の不明朗な「協力金」を電力会社が提供するというやり方で始められた。1990年代になっても, 例えば東電が福島第1原発7, 8号炉の増設に対する地元の合意形成を期待してサッカー場を建設するような行為(1994年8月に福島県へ提示)として続いている(『反原発新聞III』, 186頁)。しかし, こうした個別の協力金は性格が曖昧なだけに地元からの要求はエスカレートしかねず, 支出にも限界がある。そこで浮上してきたのが, 物質補償の税金投入による制度化であった。

2　電源三法

　原子力施設の立地地域の開発を国が支援すべきという考え方自体は, 原子力開発初期から浮上していた。1956年, 茨城県東海村に原研と原燃公社の立地が決定すると, 茨城県や地元市町村は「原子力平和利用特別地域整備法」の制定による東海村周辺地域の計画的整備を国に要望した。また原産も, 1962年2月,「原子力施設地帯の整備に関する要望」を政府に提出している。これに対し原子力委員会は1965年8月に決定した「東海村地区原子力設置地帯整備事業」において, 1966年からの5カ年で総額18億円を認めた(清水1991a, 144-145頁)。ただ東海村の整備事業は, 日本初の原子力施設立地地域であると同時に, 首都圏の人口集中地域に近いという特殊事情を反映して, 万一の事故発生時の混乱防止を目的とした道路体系の整備や, 緑地の確保など土地利用の合理化に, 重点が置かれていた。

　原産はその後も原子力立地対策の調査と提言を続け, 1968年8月に「原

子力施設立地への提言」及び「原子力施設と地域社会―統計的調査―」，1970年6月に「原子力発電所と地域社会―立地問題懇談会地域調査専門委員会報告書―」，1973年1月に「原子力開発地域整備促進法(仮称)の制定についての要望」をまとめている(清水 1991a, 145-147頁)。まず1968年の「提言」は，原子力立地と地域開発の同時追求に内在する本質的な問題を整理している。すなわち原発立地の適地は，地震の影響を受けず，人口・工業集中地域から遠く離れた海岸部で，農漁業中心の低開発地域であるが，地元市町村の強い願望とは裏腹に，こうした地域はたとえ原発が来てもそれ以上の工業立地は望めない。原発立地に伴う建設工事による雇用創出や，固定資産税収入とインフラ整備支出による財政規模の拡大は一時的である。特殊な立地条件を持つ原発立地がそれ自体では地域開発の起爆剤にはなりえないという本質的な問題を打開するため，国が財政措置の発動により原発立地地域の総合的な開発を支援すべきであるという。

　また1970年の「報告書」は，原子力発電事業が国のエネルギー政策の問題であると同時に国土開発上の問題でもある以上，原発立地に際して行われる大規模な地域関連投資における国と施設者(電力会社)，都道府県及び市町村の責任及び費用の負担を制度的に明確化し，特に国の財政措置を制度的に確立すべきであると主張した。これは特に，電力会社などが個別無制限に地元への寄付を求められる状況を改善する効果が期待された。

　さらに1973年の「要望」によると，従来は重要な政策領域のほとんどで整備促進法や開発促進法などの法律が地域開発との関連事項を定めてきたが，原子力施設の立地に関わる地域開発については具体的な法的措置がとられていない。原子力施設に必要な用地造成・道路・港湾等の産業基盤整備は，在来の工業開発の場合とは異なり，施設者自ら行っているが，環境・生活基盤整備は自治体が自ら投資しなくてはならない。しかしそれには低開発地域なので大きな投資が必要となるが，その財源となる事業税(道府県の場合)や固定資産税(市町村の場合)は開発に先行して活用することができず，環境・生活基盤の計画的な整備は立ち遅れる。従って長期的には固定資産税の改善や新税創設などによって，短期的には何らかの財源措置によって，地方財政を

この「要望」発表から3カ月後の1973年4月，政府はその内容に沿った「発電用施設周辺地域整備法案」を第71国会に提出したが，商工委員会で審議されないまま継続扱いになった。その主な原因は，国による助成が不十分なため電力会社による費用負担が大きくなり，自治体にも十分な恩恵をもたらさないと予想されたからである。しかし同年10月に石油危機が発生すると，田中内閣は石油代替エネルギー源としての原発の推進を国家的課題と位置づけ，首相自身の強力な指揮の下，1974年度予算編成の中で緊急に電源立地促進法制の具体化を進めた[23]。1973年12月に修正を受けた「発電用施設周辺地域整備法案」に「電源開発促進税法案」及び「電源開発促進対策特別会計法案」を加えたいわゆる電源三法案は1974年の第72国会に上程され，同年6月3日の参院本会議で可決された（清水 1991a, 148-152頁）[24]。

　電源三法の仕組みは次の通りである。まず電力会社は「電源開発促進税法」に基づき，販売電力量に応じて一定税率（1000 kWh につき85円。1980年に300円に，1983年に445円にそれぞれ引き上げられた）の電源開発促進税を納付する。この租税は電気料金に転嫁され消費者が負担する間接税である。納付された税は「電源開発促進対策特別会計法」で創設された特別会計に組み入れられた後，「発電用施設周辺地域整備法」の規定する方法と手続に従って，発電所の立地が決定した市町村及びその周辺の市町村，さらに道府県に対し，道路や福祉・教育・文化施設の建設など使途が特定された資金として，発電所着工から数年間，配分される。その中心となるのは「電源立地促進対策交付金」であるが，そのほかに様々な交付金・補助金・委託費が永久運動のように追加されてきた。使途となる公共事業については都道府県知事が整備計画を作成し，主務大臣に申請する。1990年代で原発1基当たり100億円弱が地元に支給されている（清水 1991a, 149頁；吉岡 1999）。

　電源三法のシステムは幾つかの独特の特徴を持つ。第1に，この制度は火力及び水力発電所も対象としてはいるが，実質的には原発及びその他原子力関連施設の立地促進を主たる目的としている。原産の法案構想と1973年4月の「発電用施設周辺地域整備法案」では対象外だった水力発電所は，関係

立地地域からの不満に対応して，1974年の電源三法案では対象に加えられた。にもかかわらず，立地市町村に対する交付金額算定の際，交付金単価と交付期限の設定において，原子力施設は明らかに優遇されている[25]。原発と再処理試験検査施設の交付金単価は1978年に，実験用ウラン濃縮施設は1980年に450円に引き上げられ，1980年には交付期限も終期が従来の工事終了時から，その5年後の会計年度まで延長された。さらに原発・火発は350 MW以上の出力が交付の要件とされた。このように電源三法の交付金制度は，水力・火力より原発・原子力関連施設を，また出力のより大きいものを，従ってより危険度の高いものを優遇している(清水 1991a, 156-157頁)。

第2に，この制度では電源立地のための利益誘導策に国が公式の責任を負い，電力会社の負担を軽減している。1973年の法案では，国が電力会社に財政援助をするはずだったが，電源三法ではさらに事業者負担を削除し，新税を用いた交付金を導入した。この税は上述のように電気料金に転嫁され消費者の負担となるので，電力会社の懐は痛まない(清水 1991a, 159頁)。それでも電力会社は工事用道路や荷揚用岸壁などは負担しなくてはならないが，住民の福利厚生施設などに無制限に投資するのを免れる。これは原発事業の費用負担を国民負担化するという，官民間の第2の利害調整様式を踏襲している。

第3に，この制度は原子力施設が迷惑施設であることを実質的に認め，補償によって地元の不満を抑えることを目的とする。電源三法の国会審議において，通産省は電源立地，特に原発立地の進まない理由として，①環境・安全問題に対する住民の不安，②立地による地域振興効果の小ささ，③電力が地元で消費されるよりも圧倒的に都市や産業集中地に流出することを挙げた。ところがこの制度は，便益の享受と不利益の負担が地域的に不平等に分布している構造的問題(「受益圏と受苦圏」の分離)の存在を前提としながら，その解消を目的とはしていない。政府は原子力の危険性を認めるつもりはなく，また電力流出の根本原因である大型発電所の消費地からの遠隔立地を，安全な分散型電源の消費地への近接立地で代えるという発想もない。むしろ，電力消費に課される電気税が電力多消費地の自治体の収入にはなるが，電力生

産地の収入にはならないという経済的不条理に限って対応しようとする。電源三法によって，「受益圏」から「受苦圏」へ一定の所得再分配がなされる面も否定できないが，あくまでも迷惑施設受け入れの見返りに，公共事業用の交付金を受け取るということなので，自治体側の裁量の余地は少なく，中央からの統制が強くなる。

第4に，このような制度構想自体が原子力開発のかなり早い段階から，保守的な低開発地域の自治体関係者と，9電力会社や5大原子力企業集団を中心とする原産の双方から提唱されていたことから明らかなように，この制度は，相反する支持層をまとめて長期政権を維持してきた自民党体制の本質に関わる重要性を持っていた。自民党政治の本質は，高度経済成長に伴い，大企業と農漁業との間に，また大都市圏・工業地帯と低開発地域との間に格差が広がってきたことに対応して，保守政権を支える利益連合に楔を打ち込むような「危機」を物質主義的な「補償」によって解決しようとすることにある(Calder 1988)。原子力施設の立地紛争も自民党の支持層の間に亀裂をもたらす恐れがあり，それが例えば農漁民と革新政党の持続的な提携に発展するのを防がねばならなかった。原発立地の受け入れの見返りに利益誘導を行うことで，住民に受益意識を持たせるとともに，住民の排他性を助長して外部の支援運動を排除することが狙いとなっていた[26]。

第5に，原発立地の見返りが，道路整備や学校，公民館，体育施設の整備など，公共事業の形で提供されることも重要な特質である。つまり補償の公共事業化である(田中滋 2000)。財政難の過疎地域にハコモノ施設が次々と建設されることは，原発建設のメリットを地域住民や隣接市町村の住民に対し，可視的に実感させる上で重要である。しかもそれは，地元の中小の土建業者を潤す。高度な技術力を要する原子力施設本体の建設工事は首都圏のゼネコンが受注し，地元業者は下請け・孫請けに甘んじるが，立地地域振興策としての公共事業は地元の土建業者が受注できる。市町村議や県議の多くは地元の土建業者と関係が深いので，公共事業化された補償の提供は地元有力者の切り崩しに切り札の役割を果たす(長谷川 1999, 315頁)。

最後に，こうした見返りにもかかわらず，電源三法は新規立地点の開拓よ

りも，既設地点への増設に効果を発揮してきた。このことは，電源三法交付金が 10 年程度の時限性を持つことに関係している。交付金が切れると，一時的に膨らんだ財政は一気にしぼむが，ハコモノ施設建設後は維持管理費の負担も増え，もう 1 基増設してもよいという雰囲気が出てくる。地域はすでに経済的にも精神的にも公共事業依存型になっており，「麻薬中毒患者のように，次々と新たな原発や原子力施設をほしがるという『禁断症状』を示す」ようになる(長谷川 1999, 315 頁)。いわば原発交付金の「麻薬化」である。

電源三法の制定は，このように自民党政治を体現していたが，政治状況や石油危機のため，原発立地難打開の即効策とはならなかった。電調審による原発新設計画の承認は，1972 年 6 月から 1974 年 7 月まで，石油危機後の電力需要低迷などで滞る。その後も石油危機後の物価高騰に加え，政治状況と偶発的事件の相乗効果が原発推進に水をさすこととなる。

ま と め

支配的連合の形成確立と並行して，野党ブロックの間では原子力政策に対する批判勢力と受益勢力の分化形成が進んだ。最も重要な動きとしては，原水爆禁止運動の形成があった。1954 年の第五福龍丸事件を機に，全国で原水爆禁止の署名運動が台頭し，1955 年には原水協が結成される。初期には全国の自治体や町内会，婦人団体や青年団，宗教団体など多様な組織がその担い手となったが，1950 年代末，日米安保条約改定反対闘争の高揚の中，左翼の影響力が強まると，保守系団体が反発して原水協を離脱する。特に民社党と，その支持母体であった全労会議は 1961 年，核禁会議を結成した。その後，ソ連や中国の核兵器保有や核実験実施に同情的な共産党と，「いかなる国」の核にも反対の姿勢をとる社会党・総評ブロックの対立が激化し，後者は原水協を脱退して 1965 年に原水禁を設立する。こうして日本の反核運動は野党 3 ブロックに沿った系列化が確立した。

このブロック構造の中で，原水禁のみが明確に原子力反対の立場をとるようになり，やがて社会党・総評ブロック全体を反原発の陣営に引き込む役割

を果たした。原水禁は，ヴェトナム戦争の激化する中，米軍の原子力艦船による日本の港湾の使用問題を契機に，原子力技術における軍民不可分性や放射能汚染の問題に着目し，公害反対運動と平和運動との接点に，大衆運動としての反原発運動の可能性を見たのである。実際，すでに原子力施設の立地点周辺では，全国的な公害反対運動の高揚に触発され，1968年頃から原子力も「公害」として捉える住民運動が全国各地で発生していた。ただ，原子力による被害は可視的ではなく，原発問題への当事者性の自覚は，幅広い市民層の間には広がらなかった。しかし，左派執行部の下で地方活動家の影響力が強まっていた社会党は1972年，原水禁や地方で反原発闘争に参加していた労組員の影響下で，反原発政策を運動方針に採用した。

　対照的に，民社・同盟・核禁会議のブロックは原子力の積極推進の立場をとっていた。これには電力労働における対立構造の形成が関係している。1947年に日発と9配電会社の労働者を網羅する産業別組織として発足した電産は，朝鮮戦争勃発を背景に，共産主義者を放逐し，総評の傘下の有力組合となる。ところが総評系の労働運動が戦闘性を強めると，労使協調路線をとる企業別の第2組合結成の動きが経営側によって奨励された。日発の解体と，発送配電を一貫して地域独占する9電力体制の確立は，そうした動きに追い風となった。1954年，そうした企業別組合の連合体として電力労連が発足し，これを受け電産は1956年に事実上解散した。やがて電力労連は同盟の有力単産に成長し，加盟する各電力会社の労組は労使協調路線の一環として，電力会社の原発推進路線と一体化していく。これに対し，1960年代末から体制に批判的な少数派は再分裂して総評系の全電力を構成し，反原発闘争への支援を始めた。

　さらに共産党ブロックは，原子力開発自体は肯定したが，米国からの輸入技術に基づく日本の原子力開発のあり方を性急だと批判する立場をとっていた。この立場が許す限りで，日本科学者会議を中心に，一部の住民運動への支援が1971年頃から開始された。また3ブロックとは別に，公明党もときには反原発住民運動に好意的な態度を見せた。このように原子力をめぐる野党ブロックの立場は多様であったが，先鋭化してはおらず，相互の協力の障

害と見なされてはいなかった。こうした政治的な環境の中で台頭してきた反原発住民運動は，1973年の福島原発公聴会ボイコットのように県評・地区労の組織的支援を受けた攪乱的な抗議行動や，三菱大宮原子炉や伊方原発をめぐる訴訟のような裁判闘争に訴えるようになった。

　こうした運動の台頭に対し，原発推進者は原子力安全協定や原発公聴会開催，情報公開といった手続的対応を示したが，紛争管理の効果は限定的であった。むしろ電源三法制定を頂点とする物質的対応の方が本命であった。これは販売電力量に応じて電力会社が国に納付する電源開発促進税を財源にした特別会計を創設し，発電所の立地が決定した自治体に対し，特定の民生用公共施設の建設のための様々な交付金や補助金を配分する制度である。交付金の単価は他の発電施設より原発や原子力施設が優遇され，原子力立地促進が主な目的となっている。またこの税金は実質的には電気料金に転嫁され消費者が負担する間接税であり，原子力開発に伴う電力会社の費用負担を社会化する仕組みの創設は，支配的連合間の第2の利害調整様式を踏襲している。同時にこの制度は，原子力立地に伴う環境及び安全上のリスクが地方に，便益が電力大消費地の都市や工業地帯にと空間的に不平等な分布を示すという，構造的な問題の存在を前提として，地元住民の不安や不満を物質的な補償で抑えようとするところに特徴がある。また補償を公共事業の形で提供することで，地元の土建業者と，それと関係の深い地元有力者の支持を動員するとともに，公共事業への経済的依存を強める地元自治体に原発の増設を受け入れる誘因を創り出す。その政治的な意味は，地元住民を受益勢力の位置にとどめ，外部の批判勢力との持続的な提携の発展を阻止し，支配的連合の追求する政策路線の維持を図ることにあったと言えよう。

　　　新聞記事は読売や日経，道新（北海道新聞）などと付記していない限り，朝日新聞からの引用であり，また地方版の記事以外は日付ではなく縮刷版の頁を表記した。例えば八八12六四五1は朝日新聞縮刷版1988年12月号の645頁1段を表す。ただし煩雑を避けるため，直接引用の場合を除き，原則として新聞記事の注記は行わない。
　　1）　例えば1952年8月6日には『アサヒグラフ』による原爆被害写真集が発売され（即日売切れ，増刷），原爆文学，被爆体験記，科学者による啓蒙書なども出版される

ようになる。
2） 3 F 爆弾：起爆用原爆の核分裂，重水素化リチウム中での核融合，外皮の天然ウラン中での核分裂という3つの核反応を伴う。
3） 同時に，米国人の観測班員28名のほか，ビキニ環礁から南方190 km離れたロンゲラップ島の住民86人と，さらに東方のウトリック島の住民157人も被災した。
4） このことは，西欧の反核運動が1950年代と1980年代初頭ともに，放射能汚染よりも国内の軍事基地への核兵器配備に対する不安から高揚したことと，興味深い対照を成している。
5） 「たとえば，自民党員の町内会長が回覧版をまわして"原水爆実験反対"の署名を集めたり，商店会の会長が署名集めの先頭にたつという現象は随所で見られた。あるいは戦前の翼賛婦人会のなごりをとどめる地域の婦人会が会員から署名を集め，青年団が署名運動にハッスルするという具合である」。市民的運動はまだ存在せず，革新団体も運動の主軸ではなかった。「むしろ，当時なお崩壊していなかった既成の共同体に依拠してこの運動はあれだけの量を確保したのであった」（池山 1978，13-14頁）。
6） 1964年の春闘における4月17日のストに対し，共産党が「アメリカ帝国主義の挑発」を理由に反対する声明（4月8日）を出したことも共産党と総評の関係を悪化させ，10月の中国核実験問題と合わせ，原水協分裂を確定的とした（『総評四十年史II』，397頁）。この四・八声明を機に，総評系官公労内での共産党系活動家の排除が進んだ（五十嵐 1998，144-145，293頁）。
7） 日本学術会議は1963年3月11日，事故時及び平常時において国民，特に周辺住民に対する潜在的な危険性がある以上，科学的見地から公式に安全性を確認することを政府に勧告し，またその総会は4月26日，上記勧告が満たされていないので米原潜の寄港に反対するという声明を出した。また1963年3月27日には日本の原子科学者157名が米原潜寄港反対声明を出し，後に1600名が賛同署名している。同声明は学術会議の勧告を支持すると同時に，①原子力の軍事利用では安全性が犠牲にされている，②ビキニ事件が示すように放射能被害の特質が補償を困難にしている，③米国は極東戦略の新段階として原潜の寄港を求めてきていることを指摘した。
8） エンプラ入港前後の1週間で，参加者はのべ6万4700人（うち三派全学連など学生約4000人），負傷者は519人，逮捕者は69人（うち学生64人）に達した（高木 1990，61-64頁）。
9） 社会党機関紙局の編集する『国民政治年鑑』の1969年版には「平和運動」の欄に「原子力発電所設置反対運動」の項目が初めて登場する。「68年は全国各地で原子力発電所をめぐる紛争が表面化した。地元住民にとって政府の核政策への不信は根強く，①軍事利用への転化の危険性②安全性への危惧――からさまざまな設置反対運動が生じた」。この年鑑の「平和運動」の欄には，米国原潜による「異常放射能・コバルト60問題」や，米軍基地による「安保公害」問題も取り上げられている。「コバルト60問題」は，佐世保港に入港していた米国原潜ソードフィッシュ号から1968年5月に異常放射能が検出され，全国的な関心を呼ぶ中，原潜が100回近く寄港してきた沖縄

県那覇軍港の海底土を沖縄原水協が採取し(1968年7月)，コバルト60など自然界に存在しない放射性物質を検出した問題である。なお，1965年の原水禁結成にあたり，沖縄や広島の原水協は原水協を名乗ったまま，原水禁の加盟組織になっていた(原水禁 2002，116頁)。また「安保公害」問題は，軍事基地の存在が市民生活の破壊という意味での「公害」として捉えられ，「これまでの基地闘争とは性格を変え，既成組織にとらわれない市民の運動が登場しその主力となりつつある」と分析されていた。

10) 1974年には，科技庁が原潜放射能の測定を委託していた日本分析化学研究所が，1971年から同一のデータを繰り返し科技庁に報告していた事実が発覚している(長崎 1998，122頁)。なお，ECCSとは，軽水炉のアキレス腱と言われる配管の破断などによる冷却材喪失事故の際に炉心に大量の水を注入して冷却し炉心溶融を阻止する装置。

11) 原水禁国民会議の事務局次長だった井上啓は，後に原子力資料情報室の発足にも重要な役割を果たしているが，『月刊社会党』誌上で原発や再処理工場による放射能汚染と軍事転用の危険性を再三警告し，また原水禁が反原発闘争を進める根拠として，軍民不可分性の証拠となる事実を指摘している(井上 1970；井上 1971)。すなわち，東海原発に採用されたコールダーホール型ガス冷却炉は英国が原爆用プルトニウムの生産用に開発した炉型であること。東海原発を除く全商業炉に日本が採用する軽水炉のうち，PWRは米国が原子力潜水艦用に開発した炉型であること。日本が1960年代末から東海村に建設計画を進めていた核燃料再処理工場はプルトニウムを分離抽出する工場であり，潜在的な核兵器製造能力獲得への決定的な第一歩となりうること。

また『国民政治年鑑』(72年版，259頁)は反公害運動との接点について触れている。「初期の運動は主として農漁民の"土地や漁業権を守る"という要求に根ざしたものであったが，いまや原発反対運動は，環境を守るたたかいや平和運動とオーバーラップする運動になりつつある。政府や電力資本の原発計画が異常なテンポで，しかも無計画的な大型化を内容としているために，原発の安全性と放射能による環境汚染への国民的危機感が急速に高まってきた。そればかりでなく，原発によって生じるプルトニウムは，そのまま核武装の潜在能力を高めるために，反戦平和団体のこれへの関心も高まらざるをえない。こうして，原水禁運動は急速に原発・再処理工場設置問題に接近しつつある。"核武装阻止"と"放射能公害反対"の二重の課題を合わせもつこの運動の成否は，国民生活に密接する重要問題となろうとしている」。

12) 日本原電敦賀原発1号機は1970年に，東電福島第1原発1号機は1971年に，関電美浜原発1号機は1970年に，運転を開始した。

13) 住民運動への国の直接介入が逆効果となりうることは，1980年代初頭の四国電力による窪川原発計画をめぐる紛争でも改めて確認された。

14) 「原発反対で本格闘争 社党・総評 共闘会議結成へ」七二 9 三八 1。

15) 「原発の危険性を訴える 核燃料工場反対全国活動者会議」七二 10 九六二 4。ここでは政府側の原子力PRの日になっている10月26日の「原子力の日」を原発の危険性を訴える行動日にすることなどを決めた。「原子力の日」の反原発行動は1970年

16) 函館，道北，小樽，道東，火力の各支部。それぞれ函館地評，旭川地区労，小樽地区労，釧路市労協，奈井江地区労に所属。
17) 「原子力発電所に反対　電力労組協議会　住民運動とも手結ぶ」七一1―四四1。
18) 1970年6月，西村栄一・民社党委員長が社公民の統一を示唆する「民主的革新政党の統一」を，また江田三郎・社会党書記長も社公民の協力を求める江田構想を，さらに公明党第8回党大会で竹入委員長が「中道革新連合」をそれぞれ提唱した。
19) 「(解説)原発公聴会のあり方　実りない"言いっ放し"」七六6六二六1。
20) 「原発公聴会　実力阻止へ　東電第二　福島の反対住民ら」七三8八五八7，「福島県への建設めぐり　騒然，(全国)初の原発公聴会　反対派，激しいデモ」「機動隊に守られ意見陳述」七三9六四九1，「二日目は平静」七三9六八四8，「(解説)原発公聴会のあり方　実りない"言いっ放し"」七六6六二六1。
21) ただ，電力会社が公開討論会を設ける試みはあった。例えば1973年11月，九電は総評系の反対派団体との共催で，全国初の公開討論会を佐賀県唐津市で開催し，1号機が建設中だった玄海原発の安全性について討論を行った。これは原発反対・推進両派の専門家各4名が各々25分ずつ意見を陳述し，双方推薦の住民代表各5名が各3分の持ち時間で質問を行うという比較的対等な条件で行われた。しかし1974年2月に鹿児島県川内市の主催で，2度目の公開討論会と銘打って，川内原発の安全性についての討論会が唐津で開かれたが，「市が講師の討論を禁じたり，住民の再質問を許さなかったこともあって，盛り上がりを欠いた」。「原発は安全か　唐津で公開討論会を開催」七三11三七二1，『国民政治年鑑』74年版，239-240頁。「質問規制で低調な討論　原発の安全を聞く会　川内市」七四2九八6。
22) 「(解説)公開される原発資料　訴訟続発に対処　安全性見直す足がかり」七五7九四二3。
23) 早野透(1995, 230-232頁)によると，まだ通産相だった頃の田中角栄に対し，角栄の出身地新潟県刈羽村に隣接する柏崎市の当時の市長，小林治助が，電気税が電力消費地自治体の収入となり発電所立地自治体の収入とならない問題を訴えたという。このため小林市長は「電源三法生みの親の一人と目されている」。実際，柏崎市長や敦賀市長，茨城県副知事などを含む「地域整備開発・自治体財政問題に関する検討会」は「原子力開発地域整備促進法」制定要求の作成に関わっている(清水 1991a, 147頁)。
24) 地域整備法案は衆院商工委員会で，新税法案と特別会計法案は衆院大蔵委員会で，それぞれ審議に付された。ただ立地紛争の激化を反映して非常に多岐にわたる論点が議題にのぼり，また石油価格高騰に伴う諸物価急騰下で電気料金の大幅引き上げが申請されていた矢先でもあり，さらに政府が事の緊急性を理由に，新税の提案を政府税制調査会に諮問するという通常の手続をとらなかったため，審議が紛糾したと言われる。
25) 水力発電所の立地市町村は発電所の出力1 kW当たり120円を5年間，火発の立

地市町村は過疎地(第1種地域)で300円，それ以外の地域(第2種地域)で200円を3年間交付されるのに対し，原発の立地市町村は300円を5年間交付される。また原子力関連施設の場合は，「同等の建設費を要する軽水炉の電気出力に換算して算定」する。これは出力の低い割に建設費の高い実験用原子炉に配慮した措置である。

26) 　西欧では同様の制度が存在しなかったのだろうか。筆者の知りうる限り，フランスでの原発立地地域への電気料金割引制度を別とすれば，西欧で同様の制度が制定されたのはイタリアのみである。イタリアでは日本に似て，個々の発電所の建設が計画(PEN，エネルギー計画：日本の電源開発基本計画に相当)段階から国によって進められる。イタリアの電源立地手続は，イタリア電力公社(ENEL)と産業商工大臣が経済計画関連閣僚委員会(CIPE，日本の電調審に相当)に発電所建設計画を提出することで始まる。この委員会では建設候補地の適地が存在すると考えられる州を選定し，該当する州政府に通知する。州政府は通知後150日以内に州内2カ所以上の候補地を選定してENELに伝え，ENELは現地調査を行い，適地と判断すれば建設に着手する。以上の手続は1975年8月2日制定の法第393号に規定されているが，この手続では州政府が建設候補地の選定を拒むか，住民の反対に直面して選定できなくなると，発電所建設計画が立ち往生する。そこで1983年1月10日に制定された法第8号，「炭化水素以外を燃料とする発電所の立地州・市町村優遇法」は，州が150日以内に候補地を選定できない場合はCIPEが決定できるとし，立地を受け入れた自治体に対する補償金の交付も定めた。この制度では，発電に使われる燃料の種類によって交付金の単価が決められており，発電量によって交付金の額が決まるが，リスクの大きい原発は交付金の単価も大きかった。これは日本の電源三法と同じ発想である。国際原子力体制では法制度についても情報が定期的に交換されているので，日本の制度が参考にされた可能性もある。

　しかし物質補償を受け入れる素地は共通していても，地方の自律性は伝統的にイタリアの方がはるかに強かったので，一時的な効果は別として，電源立地交付金制度は強い違和感をもって受け取られたようである。結局，原発建設候補地決定に対するCIPEの権限と原発立地交付金制度は，フランスなどとのFBR共同開発への参加とともに，1987年11月8日に行われた3つの国民投票にかけられ，いずれも投票者の7割以上が廃止に賛成票を投じたことで，廃止に追い込まれた(船田 1990，158-162，243頁)。しかし西欧とは対照的に，原子力を積極的に推進してきている韓国では1990年代に電源三法に似た制度を導入したという(長谷川 1996，254-255頁)。

第4章　与野党伯仲下の反原発運動の確立 (1974-78)

第1節　原発反対運動の全国化

　自民党は1974年7月の参院選で敗北し，参議院でも「保革伯仲」状況が出現した。10月には『文藝春秋』に掲載された作家の立花隆らによる記事が，田中角栄のファミリー企業による土地転がしなど貪欲な資金づくりを暴露する。田中流金権政治への批判は一層強まり，田中は11月26日に退陣を表明した。こうした自民党政権の危機の最中に，原子力船「むつ」の「漂流」事件が起こった。1974年9月1日，科技庁長官は出港阻止行動に訴えていた青森県陸奥湾の漁協や，むつ市民，革新団体などからの批判に抗して，荒天下での隙をついて「むつ」の洋上出力試験を強行したところ，放射能漏れ事故を起こした。このため「むつ」は漁民の寄港阻止行動に阻まれ，45日間にわたって洋上「漂流」を余儀なくされた。この事件はマスコミによって派手に報道され，原子力批判は世論の間でも一定の正統性を獲得し，全国各地で原発反対運動を活気づかせた。またこの事件を機に，大都市の消費者運動や公害反対運動が原発問題に取り組むようになった。さらに田中首相は原子力行政改革を検討する首相の諮問機関を設置する方針を打ち出した。この「原子力行政懇談会」は三木武夫内閣下で設置され，その提言は福田赳夫内閣以降に実施に移されることになる。こうした政府対応については本章の第3節で検討する。第1節ではまず，この時期の反原発運動の主な形態を概観し，運動の戦術的有効性を検討する。野党ブロック間の権力関係について

は，第2節で検討する。

1　漁民の反対闘争と反むつ闘争

　日本の原発計画は低開発地域の海岸部への立地を図ってきたので，立地闘争の最初の担い手となったのは，漁業を主要産業とする町村の住民と，それを組織する漁業協同組合であり，地縁的・職業的結びつきが運動の結束を保障した。漁協ぐるみの闘争は，先述の芦浜原発をめぐる実力闘争に端を発し，1968年から1970年代初頭にかけ，各地の初期の原発計画や東海村の再処理工場に反対する闘争を先導した。特に1974年夏，「むつ」の大湊港出港及び帰港に対する実力阻止闘争で頂点に達した。

　漁協を中心とした初期の反対運動の特徴は，経済的利害関係を反対の第一義的な動機としていることであり，漁業権の防衛がその焦点だった。このため抗議行動はしばしば激しい形態をとった。ただ反対闘争の過程で，一部の漁民は原発による漁業破壊から環境問題へと視点を広げた。漁協の大半が地域の漁業の将来展望や漁村の生活様式に強い誇りと自信を持っている場合は，多数の漁協の共闘が実現し，町の当局も巻き込んで強力な拒否権を発揮した（例えば芦浜や熊野，那智勝浦など紀伊半島の原発計画の挫折）。また，むつ闘争のように，県漁連を巻き込むまでに紛争が拡大した場合の効果も大きかった。加えて，日本の原発立地手続が全般的には批判勢力による有効な挑戦の機会を閉ざしている中，地権者と並んで漁業者の経済的権利が保守政権の下で手厚く保護されてきたことは，漁協の抵抗力の制度的な根拠となった。

　その反面，漁協は地域の保守的な有力者の人脈に組み込まれ，選挙では自民党支持層に属している。従って有力者を通じた電力会社の切り崩し工作により，漁協間の統一行動がとれなくなると，補償交渉を中心とした条件闘争に転化することが多かった。また漁協の拒否権が有効なのは，補償と引き換えに漁業権を放棄するまでにすぎない。増設の際にもしばしば漁業補償が行われるが，すでに漁業権を一部にせよ放棄して補償金を受け取った経験を持っているので，組織的な抵抗力は失われている。電力会社が既設点への増設に戦略を転換したことも，漁協の反対闘争の沈静化につながった。

さらに，むつ闘争に特有の限界も指摘しておこう。むつ事件は確かに原子力が国政の課題としての注目を集める契機となったが，例えばドイツのヴュール原発敷地占拠と比べ，反原発運動全体の拡大に及ぼした効果は限定されていた。その理由は第1に，むつ事件が原子力船開発という原子力開発の周辺部分で起こったためである。従って，「むつ」の不祥事は原子力開発利用自体への問題意識を喚起するよりは，科技庁の原子力行政の不備として捉えられたにすぎない。第2に，闘争の主体となった漁協も，むつ闘争を契機に原子力全般の問題性に目覚めることはなかった。やがて佐世保市が修理港として「むつ」受け入れに応じ，また政府・自民党が「むつ」の母港を，同じ青森県下北半島でも漁協の抵抗が強い陸奥湾に面した大湊から，北海道に面した関根浜に移転することを決定すると，青森県の漁協の主流は反対闘争から手を引いてしまった。第3に，「むつ」の新母港探しのため，紛争の火が長崎県対馬や佐世保市に飛び火する頃には，反対闘争の主導権は総評・社会党を中心に，共産党・公明党も含む革新団体に移っていたが，漁協との持続的な共闘関係は形成されず，市民層の参加も限られていた。

 1970年代後半に漁協の反原発闘争は急速に衰退し，1981年の一部の新規計画地点を除き，目立った抗議行動はなくなる(図4-1)。青森県六ヶ所村の核燃料サイクル基地建設計画に反対する運動も，1986年の環境調査の際の漁船デモを除けば，農協による関与の方が強かった。

2 原発訴訟

 日本の反原発運動では，司法的手段はどのような位置を占めてきたのだろうか。本稿の抗議行動のデータによると，1966年から1991年までの間，広義の「司法的行為」は57件あり，比率にして9.7％にのぼる。行政訴訟提訴の前哨戦である行政不服審査法に基づく異議申し立てなどを除いても，行政訴訟・民事訴訟・刑事告発・検察審査会への異議申し立て・裁判官忌避などの行為が抗議行動の7％以上，行政訴訟だけでも全体の3.3％を占める。

 ルフト(Rucht 1994, p.461)によると，反原発抗議に占める訴訟の比率は，「訴訟王国」と言われる米国で0％，フランスで1.6％，西ドイツで3％とな

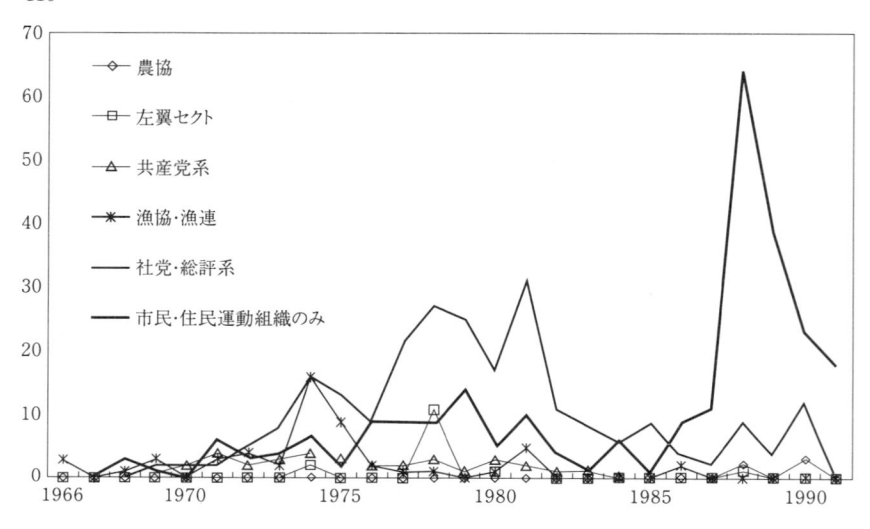

図4-1 日本の反原発運動の動員組織

っている。反原発運動にとって、フランスで訴訟の有効性が低く、ドイツで高かったことはよく知られているが(Nelkin and Pollak 1981)、日本では原発訴訟の有効性が低いにもかかわらず、欧米以上に高い比率を占めている。このような結果は抗議手段の有効性が利用の多さとなって表れるという単純な想定に疑問を投げかける。

　時期的には1968年から1991年に至るまで、司法的手段は恒常的に利用されてきた。1970年代にはまだ、4大公害裁判の記憶が残り、また伊方原発訴訟で安全性論争が活発に展開され、科技庁の情報公開の前進も促したため、原発訴訟勝訴への期待が運動の側に存在した。他方で原発の大量発注時代の到来は、住民運動側に提訴を余儀なくもさせた。ところが1978年の伊方原発訴訟第1審判決での原告側敗訴以後、どれだけ真剣に科学論争を展開しても、国を相手取った原発訴訟に勝つのは難しいことが明らかとなる。政治的争点の司法判断への消極姿勢を強めていった裁判所は、市民と国家の紛争の調停役というより、国家の側に立って紛争を管理していると認識されるようになる(長谷川 1990, 67頁)。このことを象徴するように、1980年には柏崎原

第 4 章　与野党伯仲下の反原発運動の確立(1974-78)　117

発闘争の一環で，反対派住民側から裁判官忌避が申し立てられている。

　しかし 1980 年代になると，原発の設置許可の取り消しを求める行政訴訟や建設工事差し止めを求める民事訴訟ではなく，運転中の原発の事故や違法工事などに際し，電力会社を刑事告発したり，裁判闘争を株主運動と組み合わせたりする試みが現れてきた。その例としては原発銀座と言われる福井県敦賀湾で総評系労組と協調した運動を展開した原発反対福井県民会議による刑事告発(1981 年，1987 年)や，九電反原発株主による株主総会決議取り消し訴訟(1984 年)などがある。こうした試みは，勝訴自体より，新しい切り口での司法的手段の活用による世論喚起に重点がある。

　さらに日本では裁判所が国家の側に立つ役まわりを演じてきたのに対し，弁護士が批判的な社会勢力の機能をある程度果たしてきた。特に日弁連の公害対策・環境保全委員会による実地調査は，「住民運動組織と弁護士を結びつける一つの契機となり，実質的に訴訟の準備活動の性格を」持ってきた。原子力に関しては，「原発銀座」と言われる福井県若狭地区で行った実態調査に基づき，1976 年 10 月に仙台市で開いた日弁連の人権擁護大会で，原発の運転と建設の中止などを求める決議を行っている。日弁連は 1983 年 10 月にも金沢市での人権擁護大会の一環として原発シンポジウムを開き，1990 年の人権擁護大会でも原子力施設の運転や建設の一時中止などを求める決議を行っている。さらに 1992 年から 1996 年にかけ，欧米での核燃料サイクル政策やエネルギー政策について現地調査を行い，1998 年 1 月には青森市で日本のエネルギー政策と核燃料サイクル政策を検証するシンポジウムを東北や青森の弁護士会と共催している(日弁連 1994；日弁連 1999)。

　以上のことから，日本の反原発運動で司法的手段の活用が比較的多い理由は以下のように説明できる。第 1 に，特に 1970 年代に顕著だが，他の政治的回路が閉ざされているため，既成事実の進行に対して住民運動側が裁判に訴えざるをえない(長谷川 1990，68 頁)。ドイツでは裁判闘争の有効性が比較的高いとはいえ，直接には工事の中断以上の成果は得がたく，むしろ同様に開放的な他の政治的回路(政党政治や州の政治)に関心が向かう。第 2 に，1980 年代以降，新しい切り口で司法的手段が世論喚起に活用されるように

なった。第 3 に，日本では弁護士に批判的な社会勢力としての役割が期待されている。

3 柏崎原発闘争

立地闘争のうち，朝日新聞（縮刷版）で報道された抗議行動が最も多かったのは柏崎刈羽原発闘争である[1]。全国新聞の注目度という基準で評価する限り，日本最大の原発立地闘争であったと言えるだろう。同原発闘争はまた，同時期のドイツの反原発運動に似て攪乱的な直接行動と裁判闘争を主な戦術とした代表的な事例でもある。

新潟県柏崎市の荒浜地区では，1969 年の東電による原発計画の正式発表後，社会党や新潟県評青年部や地区労の若手労組員，学生活動家などの支援を受けながら，活発な住民運動が台頭した。住民運動の担い手となったのは，ともに芳川広一・社会党柏崎市議が代表を務めていた柏崎原発反対地元守る会連合と柏崎原発反対同盟であった。1972 年 7 月には，条例の制定を伴わない世帯単位の自主投票の形で，原発の是非を問う日本初の住民投票を当該地区で行っている。その後，漁業補償交渉の締結や，1974 年 7 月の電調審での計画着手承認を機に，反対闘争は急進化する。1974 年 6 月，反対派は建設予定地に，荒浜村が柏崎市に合併する前の時代からの入会権が存在することを主張し，現地に団結小屋 1 棟を建設した。

1977 年 9 月，1 号炉に対して総理大臣が原子炉設置を許可し，着工が迫る中，労組員を大量に動員した反対派の総決起集会が 2000 人の参加を得て開かれた。10 月初めには原発予定地内にある市有地（上記の旧入会地）の東電への売却を審議する臨時市議会開会を実力で阻止するため，住民や労組員 300 人が柏崎市役所内に座り込んで 500 人の機動隊に排除され，市役所の外では支援労組員ら 1000 人が機動隊と小競り合いになった。臨時市議会では売却に対し，公明党が反対，社会党と共産党が審議拒否で応じたが，保守系と民社党の賛成で可決した。これを受け 10 月下旬には裁判闘争の第 1 弾として，13 人の住民が，共有地であることを理由に，東電に対して原発設置禁止を，また柏崎市に対して土地売却による不当利得返還を求める民事訴訟

を新潟地裁長岡支部に起こした。その3日後には行政訴訟の前段として，住民7300人余が総理大臣の原子炉設置許可に対し，行政不服審査法に基づく異議申し立てを行った。

さらに1978年1月下旬には，新潟県知事が着工準備作業のため，原発建設予定地の保安林指定を解除した。知事は，3月には住民ら3100人余による行政不服審査法に基づく異議申し立てを却下した上で，森林法に基づき，17世帯43人に利害関係者を限定した聴聞会を開いた。開催阻止のため会場内に座り込んだ住民や労組員300人が排除されると，これに抗議して陳述人や傍聴人も全員が聴聞会をボイコットした。結局，保安林は1978年7月，東電作業員の奇襲で全て伐採された。保安林指定解除処分の取り消しを求める行政訴訟(1978年5月に新潟地裁長岡支部に提訴)も，伐採で訴えの利益がなくなり，1980年1月に取り下げられた(『反原発新聞II』，283頁)。1979年7月には新たな裁判闘争として，新潟県評と社会党，住民で構成された柏崎・巻原発設置反対県民共闘会議が原告1500人で，総理大臣(途中で通産大臣に所轄が変更)を相手取り原子炉設置許可取り消しを求める行政訴訟を新潟地裁に起こした。

その間，反対派は「入会地」内の団結小屋に加え，1975年には約1km離れた地点に「浜茶屋」と称する小屋を建てていたが，1977年10月，臨時市議会の決議に続き，東電がこの土地を買収し，1980年4月，強制撤去の仮処分を申請した。この審尋をめぐり反対派は裁判所の応対に不満を募らせ，10月，新潟地裁長岡支部の3人の裁判官忌避を東京高裁に訴えたが，12月に棄却される(最高裁でも却下)。審尋を再開した新潟地裁長岡支部は1981年2月に仮処分申請を認め，これに基づき2つの小屋の強制撤去を行った。新潟県評の労組員や反対派住民ら300人はスクラムを組み実力阻止を図ったが機動隊1000人に排除された。

さらに，建設予定地に入会地があることを理由に建設中止と不当利得返還を求めた先述の民事訴訟は審理が長期化したが，1990年7月，新潟地裁長岡支部は原告住民の訴えを退け，運動側の控訴断念で判決は確定した(『反原発新聞II』，282-283頁)。また原子炉設置許可取り消しを求める行政訴訟も

1994年3月に訴えが棄却され，原告住民は同年4月に控訴した。

既成事実は着々と進行した。1980年12月には柏崎市で通産省資源エネルギー庁主催の柏崎原発2号，5号炉の第1次公開ヒアリングが行われた。当日は社会党や県評に動員された労組員6000人が集結，また前夜から会場を包囲していた一部の反対派は機動隊2000人ともみ合い，警官3人，労組員14人が重軽傷を負った。がら空きとなった会場では陳述人20人に各人10分の質問時間が割り当てられ，東電から10分の回答を受ける形で進められた。陳述内容はほとんど推進派の立場であり，陳述人に選ばれなかった人の意見は公表されなかった。

1983年1月に新潟市の新潟県庁で開かれた原子力安全委員会主催の2，5号炉の第2次公開ヒアリングでは意見陳述は文書方式へと形骸化された。1984年6月には東電による柏崎1号機への初の核燃料搬入が行われ，原発現地で1000人が，また沿線や周辺で1400人が抗議行動を行った。座り込みをした100人は600人の機動隊に排除された。さらに1986年7月，東電による1号機用核燃料の搬入に抗議して反対派住民1000人が集結した。しかし既成事実化は阻止できなかった。1号機は1985年9月に，また2，5号機はともに1990年に，3，4号機は1993年と1994年に運転を開始した。いずれも1100 MW級の巨大原発であったが，これに続く6，7号機はそれを上回る1350 MW級の超大型となり，ジェネラル・エレクトリック(GE)社と東芝，日立が共同で開発した「改良型」沸騰水型軽水炉(ABWR)である。この2基が1996年から1997年にかけて運転を開始すると，柏崎刈羽は総発電設備容量8212 MWという世界最大の原発となった。

ほかのサイトと比較して柏崎の反対運動はなぜ激しかったのだろうか。第1に，この地域の政治風土がある。「新潟県の政治風土は，田中角栄に象徴されるように，体制順応，お上意識が強いと思われる。しかしその一方で，戦前からの農民の強い抵抗，小作争議の激しい土地柄でもあった。雪深い貧しい農村は，ずばぬけた忍耐力をつちかったが，それはまた，ひとたび闘いがはじまれば徹底して闘い抜く根性とも共通している」(月刊社会党編集部 1985, 114頁)。こうした戦前の農民運動からは，稲村順三や三宅正一ら，戦後の社

会党の有力政治家も輩出した。しかし戦後一時は高揚した農民運動も，農地改革を受けて沈静化し，イデオロギー的な争点を重視した社会党から，実利志向の農民票は離れていった。県内の社会運動の担い手は県評となり，高度成長期以降，その最大の政治課題は柏崎原発阻止闘争だった。1980年代前半までに，県評・日農(日本農民組合)などが組織した柏崎・巻原発設置反対県民共闘会議は，13万人が結集する県内最大の政治組織になった。原発阻止闘争に県評が全県的に取り組むようになった背景には，1965年頃に阿賀野川有機水銀中毒(いわゆる新潟水俣病)の問題など，公害反対運動に取り組んだ経験があった。

第2に，柏崎原発闘争の高揚は，田中角栄の地元であったこととも関係している。田中は，柏崎市長からの要望に応え，1970年代前半に通産相，そして首相として，電源三法の成立に努力を注いだ。また田中自身が，自己所有企業の室町産業と側近の刈羽村村長を介して，原発予定地を買い占め，東電に売却して多大な収入を上げたといわれる(鎌田 1996，122-123頁)。第3に，柏崎には日本最大の電力会社，東京電力が首都圏から遠く離れた新潟に世界最大の原発を立地する計画だったがゆえに，東京の反原発グループも強く肩入れをしたのであろう。

以上のような要因から，戦闘的な反対運動が形成された。ただ，そこでの対立の構図は保守対革新の図式にはまっており，反対派の動員基盤は広がらなかった。またドイツのヴュール闘争の例が示すように，攪乱型の直接行動は世論の支持に加え，裁判闘争との相乗効果によって初めて有効となるが，柏崎刈羽原発闘争では司法の閉鎖性が顕著に見られた。

4　都市の反原発市民運動の形成

1975年前後から，総評系の原水禁と友好関係を保ちながら，東京や京都，大阪など大都市で主として啓発的な活動を行う反原発の市民運動が登場してくる。この市民運動は，各地の住民運動グループ間の連携強化に寄与し，原水禁や各県評とともに1980年代初頭までの反原発運動の主流を構成した。広い市民層への浸透には欠けていたが，後にチェルノブイリ原発事故後の反

原発運動の新しい波をある程度支える基盤にもなった。

都市の反原発市民運動の形成を先導したのは批判的科学者である[2]。国立大学などの若手の研究者が1970年に結成した全原連(全国原子力科学技術者連合)のメンバーは,全国各地の原発反対住民運動への支援を先駆的に行っていた。こうした動きは日本だけでなく幾つかの西側諸国にも見られたが,その火付け役となったのは米国の原子力論争と批判的科学者の登場だった。

1969年以降,アーサー・タンプリンとジョン・ゴフマンら,権威ある原子力専門家が,人体への放射線の影響が従来の想定よりもはるかに大きいと考えられることを指摘し,放射線防護の強化を求める論陣を張るようになる。1971年5月には,緊急炉心冷却装置(ECCS)の作動実験に米国原子力委員会(AEC)が失敗していたことが明るみに出る。これを機に1972年から1973年にかけ,AECが開いたECCSに関する公聴会では,「憂慮する科学者同盟」(Union of Concerned Scientists, UCS)が批判的専門家集団として,重要な役割を果たした。こうした米国の動向に刺激され,また商業用軽水炉の建設・運転の世界的な本格化や世界的な環境保護思想の台頭を受け,原子力安全論争は全世界に飛び火した(吉岡 1999, 147-148頁)。

日本では1970年代初頭,すでに運転を開始していた東海や敦賀など初期の原発の周辺で放射性物質が相次いで検出され,軽水炉の安全性に対する具体的な懸念が広がっていた。米国での論争は,日本でも逐一紹介され,日本政府の原子力政策に対する原水禁や日本科学者会議による批判の論拠となった[3]。

一方,消費者運動も1974年以降,反原発運動に乗り出す。石油危機に便乗した商社や大企業による土地や株式,商品の買占めは「モノ不足」騒ぎを起こし,また便乗値上げがインフレを悪化させていた。特に9電力会社はエネルギー危機を理由に電気料金の一斉値上げに踏み切り,1974年6月には56.8%,1976年夏には23%という大幅な値上げを行った(宮本 1989)。これに対し消費者運動は不払い運動も行った。「この不払い運動の中で,素人の私たちにわかってきたことは,電気料金の値上げがあたかも原油の値上げによるものだとの宣伝にもかかわらず,実は原発推進,建設のための巨大な費用

第 4 章　与野党伯仲下の反原発運動の確立(1974-78)　123

の徴収にほかならないとの確信もつに(ママ)いたりました」。"石油ショック"以来，政府，電力業界は『資源，エネルギー危機』を最大限に利用して(中略)原発推進キャンペーンのために莫大な広告費を使っています。私たちは，この原発推進キャンペーンこそ，原発予定地住民の反対が強いため，都市住民の『原発やむなし』という『必要の論理』の世論形成――国民的イデオロギーとして定着させ現地住民の反対闘争を『国策に反対する地域エゴ』として封じ込めていく作戦にほかならないと思っています」(公共料金の値上げに怒っている会「軒下での反原発闘争を！」1976 年 1 月 18 日，『国民政治年鑑』76 年版，747 頁)。さらに 1974 年夏には原子力船「むつ」の事件が発生する中，各種消費者団体で活動していた都市の主婦が主体となり，1974 年秋，消費者の立場から原発問題に取り組むため，「ひとりひとりが原子力の恐ろしさを考える会」(略称「ひとりの会」)が結成された。また農林省の官僚を辞めた竹内直一を中心に 1969 年に結成された「日本消費者連盟」(日消連)は，新しい消費者運動の中心的役割を果たしていたが，やはり反原発の立場をとった。

　消費者運動と原水禁に加え，反公害市民運動(自主講座，公害問題研究会)も同じ頃，東京で反原発運動への関与を強める。このうち，全国の反公害運動のネットワーク的役割を果たしていた「自主講座実行委員会」(東京大学助手だった宇井純が代表)は，反原発運動への取り組み強化のため，実行委員の 1 人だった松岡信夫を中心に「自主講座原子力グループ」をつくった。このグループからは 1978 年に「市民エネルギー研究所」も生まれた。

　1975 年 4 月，その松岡らの発案により，先述のタンプリン博士を「環境月間」とされている 6 月に招くことが計画され，日本各地での講演を実現させた。同博士は当時は環境団体の「天然資源防衛会議」(Natural Resources Defence Council)で反原発運動に取り組んでおり，1973 年夏にも原水禁国民会議の招きで原水禁世界大会中に来日したことがあった。1975 年 6 月の同博士招聘の運営主体として「反原発市民連絡会議」が初の反原発全国組織として結成され，自主講座，原水禁国民会議，日消連，ひとりの会，「原爆体験を伝える会」，及び「公害問題研究会」という東京の 6 団体が事務局を構成した。同様の流れの中で，1975 年 8 月 24 日から 26 日までの 3 日間，

初の「反原発全国集会」が京都市で開かれ，三重県熊野，女川，東海，伊方，川内，玄海，島根，柏崎などの反原発住民十数団体，3日間でのべ1800人が参加した[4]。

さらに1975年9月には「原子力資料情報室」が発足した。その前身は原水禁が1972年11月に全国事務局内の一室に設置した「原発・再処理工場設置反対運動情報・連絡センター」である。1972年1月末の原水禁主催による反原発運動の「全国活動者会議」で提起された，この「情報・連絡センター」設置は，各県原水禁と総評系労組，及び各地の住民団体から構成される反原発運動の全国組織結成を将来の目標にすえたものと当初は理解されており，ただ「原発反対運動の全国組織をいますぐつくることはできないにしても，統一した情報・連絡の機能は急いでつくられなくてはならない」との理由で先行設置されたのである(『国民政治年鑑』72年版，432頁，及び73年版，247頁)。全国運動組織は幻に終わったが，「情報・連絡センター」は機関紙として『原発闘争情報』の発行を始めた(高木 1999，148-149頁。原子力資料情報室 1995，2頁)。

1975年になると，反原発住民運動の支援を行っていた研究者の間で，運動の中央司令部的な存在になりうる「センター」ではなく，多様な考え方を持つ反原発専門家の討論や交流の場となりうるような資料室をつくりたいという声が強まり，原水禁もこの動きを後押しした。そこで1975年9月，武谷三男を代表とし(1976年6月に辞任，運営委員会制に移行)，実際の作業を担う専従の世話人は高木仁三郎が引き受ける形で「原子力資料情報室」が原水禁事務局の資料室に発足し，1976年1月には『原発闘争情報』の発行を引き継いだ。財政的には設立の趣旨に賛同した40名にも満たない会員からの寄付と原水禁からの若干の補助だけであり，無給の高木をボランティアが手伝うという形だった。ただ『原発闘争情報』の有料購読者数は1977年現在で780部に達していた(『原発闘争情報』34号，1977年5月30日号)。『原発闘争情報』は1987年に現在の『原子力資料情報室通信』に改称された。情報室の会員数は1980年までは創立当初から横ばい状態であったが，敦賀原発事故の起きた1981年から1985年にかけて徐々に増加して400名弱となり，

チェルノブイリ原発事故後は急激に増加，1988 年に 1600 人，1991 年に 2000 人，1994 年に 2200 人を超えた。このように原子力資料情報室は 1980 年代後半から市民の間で役割が認知されるようになっていった[5]。また情報室の姉妹組織の「反原発運動全国連絡会」は，全国各地の反原発住民・市民運動の連携を強めるための『反原発新聞』の発行母体として 1978 年 4 月に発足し，西尾漠を中心に反原発運動の活動報告や原子力問題に関する情報を月刊で送り続けている(原子力資料情報室 1995，6-7 頁)。

　原水禁や原子力資料情報室，自主講座原子力グループを窓口に，海外の反原発運動との連携も進展した。例えば 1974 年 11 月に米国の消費者運動指導者ラルフ・ネーダーの呼びかけで原発反対全米市民集会「クリティカル・マス'74」(臨界量と批判的大衆を引っ掛けた命名)がワシントンで開かれ，日本や英国，フランス，スウェーデンからも反原発グループの代表が招かれた。日本からは，伊方原発訴訟を支援していた科学者の市川定夫(京都大学農学部)が原水禁の斡旋で出席した。また同じ時期にパリで開かれたヨーロッパの環境運動の国際会議では，当時の反原発運動の高揚を反映して原子力が中心的テーマとなったが，西欧各国のほか，日本や米国の専門家や市民運動代表が集まった。日本からは自主講座の松岡信夫が出席した。また原水禁が例年夏に開く原水爆禁止世界大会国際会議には，1973 年以降，欧米の反原発活動家の出席が多くなり，欧米で定期化してきた反原発会議と同様の機能を果たすようになった。この傾向は 1970 年代後半にさらに顕著となり，例えば 1977 年夏の原水爆禁止世界大会に原水禁が招いた外国代表の大半は反原発活動家であったという(砂田 1978，93-98 頁)。

第 2 節　ブロック間関係の先鋭化

　1970 年代後半，与野党伯仲状態が強まる中，野党ブロック間関係は，主体性重視と協調との間で揺れ動いた。「国会での議席差の減少は，(中略)野党陣営が団結して政権を掌握する可能性があることを示すものであった。だが，一方で，政策的にもっとも政権党に近い野党にとっては，野党陣営内の

結束が困難な場合，柔軟な対応をする『保守』政党と妥協し，連合政権を樹立するインセンティヴを与えるものでもあった。さらに，政党の力関係が議席の数で決まるため，政権獲得の可能性は野党内での党勢拡張競争を激化させた。『与野党伯仲』は野党の間に協力を促すとともに，相互の反発を強化するようにも作用した」(前田 1995, 136 頁)。

　与野党伯仲は 1972 年の衆院選と 1974 年の参院選で始まっていたが，1970 年代後半には，「中道政党」の伸張と社会・共産の「革新政党」の低迷という特徴が加わることになった。田中の後継として首相に就任した三木武夫は，金権選挙の是正を目的とした改革に取り組み，政治団体の収支公開などを内容とする政治資金規正法改正や，衆院定数の変更を実現させた。また石油危機の際の買い占めなどで企業批判が強まったことを受け，独占禁止法改正にも取り組んだ。しかし 1976 年 2 月にロッキード事件が発覚し，同年 7 月には田中前首相が逮捕されるに及び，三木首相が「疑獄徹底究明」の姿勢を打ち出すと，自民党内主流派が反発し，首相の早期退陣を求める動きが活発化する。その間，1976 年 6 月には自民党の体質を批判して自民党の衆参議員 6 名が離党して「新自由クラブ」を結成する中，自民党はさらに三木と反三木陣営に分裂した体制で 1976 年 12 月 5 日の総選挙に臨んだ。その結果，衆議院定数の 20 議席増加にもかかわらず，自民党の公認候補者の当選者数は前回より 20 議席以上少ない 249 議席となり，過半数割れを起こした。野党側は共産党が 21 議席減の 17 議席となって惨敗，社会党は 5 議席増にとどまって実質的に敗北したのに対し (123 議席)，初登場の新自由クラブが解散時の 5 議席から 17 議席に，公明党が 29 議席増の 55 議席に，民社党も 10 議席増の 29 議席に躍進し，「中道」政党の台頭が目立った。三木内閣は敗北の責任をとって退陣し，1976 年 12 月 24 日に福田内閣が誕生した。本節では，こうした与野党伯仲の先鋭化と中道政党の伸張にもかかわらず，どうして結果的には原子力をめぐり，野党ブロック間で遠心力の方がより強く働いたのかを，社会党，労働団体，及び原水禁運動に焦点を当てて明らかにする。

1　社会党の派閥抗争の激化と総評の介入

　1976年12月の総選挙における社会党の実質的敗北という結果は，社会党内の派閥抗争を再燃させた。鈴木派は構革(構造改革)派の江田(三郎)派と，反構革派の佐々木(更三)派とに分裂していたが，後者は社会主義協会を介して松本・野溝両派と左派連合を形成し，1970年11月に発足した成田・石橋執行部の長期支配を支えた。社会主義協会は，議員党的体質を批判し機関中心主義を訴える成田社会党執行部の下，党機関紙『社会新報』の購読者や党員の増加に寄与し，党を組織や財政面で支えるとともに，掌握する国会議員数は少なかったものの，党大会代議員の大半を占める地方活動家に浸透して党内では一大勢力になった。協会はまた，総評執行部とも結びつき，全逓(全国逓信従業員組合)や自治労(全日本自治団体労働組合)など官公労内で影響力を強めた。1973年2月の第36回党大会では，中央執行部(中執)から江田派が完全に排除される一方，協会派が党大会代議員の2割前後を掌握して中執に進出し，派閥として前面に出てきた。しかしその台頭は反発も強めた。左派連合の一翼を担っていた佐々木派は親中国路線をとっていたが，中ソ対立の激化を契機に，親ソ路線をとる協会派と決別し，江田派に接近する。また，こうした従来の派閥とは別に，1973年2月には，右派や中間派の若手議員を中心に，労組依存から幅広い市民の党への脱皮を説く「新しい流れの会」が結成された(福永 1996, 262-263頁)。

　社会党の派閥再編が始まるにつれ，野党間連合路線をめぐる論争も再燃した。1976年2月には江田が矢野絢也・公明党書記長や佐々木良作・民社党副委員長らと「新しい日本を考える会」を結成し，再び社公民路線を提唱した。これに対し，社会党の成田委員長は従来の全野党共闘路線に立脚して1976年8月，ロッキード事件による政局混乱の収拾を目的とする社会党主導の選挙管理内閣を提唱した。総選挙での敗北後，社公民路線を支持する江田派及び「新しい流れの会」と，中道政党との協調へ転換しつつあった佐々木派が成田執行部の批判で結束する一方，協会系の国会議員は1977年1月に「三月会」を結成し，成田執行部の擁護に回った。中間派だった勝間田派

は分解に向かった(前田 1995, 141 頁)。

　こうした新たな派閥対立の構図の中で1977年2月8日に開かれた第40回党大会では，代議員の約4割を占めた協会派が，勝間田派などと連携して，人事と路線問題の両方で圧倒した。成田委員長の留任と石橋書記長の再選が決まり，さらに選挙に持ち込まれた中執ポストでは全て協会派が勝利を収めた。路線問題では特に江田が非難され，全野党共闘路線が確認された。江田は党内での改革を諦め，1977年3月に社会党を離党して社会市民連合(後の社会民主連合，社民連)を結成し，7月の参院選への出馬の意向を表明したが，5月に病死する。江田の離党を機に社会党内では執行部と，それを支配する協会派への非難が強まり，執行部は4月，左右両派を含む中央執行委員全員から成る「党改革委員会」を設置し，マルクス・レーニン主義的な党の綱領的文書『日本における社会主義への道』の再検討などを含む党改革案の作成方針を決定した。

　こうした事態の進行に対し，社会党の分裂を恐れて積極的に調整に乗り出してきたのは総評である。官公労[6]が主導権を握ってきた総評は，1960年代から1970年代前半まで，戦闘的な労働運動を代表し，また社会党の抵抗政党化を後援してきた。しかし石油危機後の厳しい財政状況の中，公共セクターの地盤沈下が始まる。なかでも1975年11月，国鉄労組や全電通(全国電気通信労働組合)，全逓，動労(国鉄動力車労働組合)などで構成された公労協は，米軍統治と冷戦下の1949年に出された「政令201号」以来，争議権を奪われてきた公共企業体労働者へのスト権付与を要求する「スト権スト」を行ったが，交通機能の麻痺などに対して世論の非難を浴び，公労協のみならず，官公労全体の威信低下を招いた。また民間労組員数ではこの時期，同盟が総評を上回るようになり，春闘での主導権も同盟や，金属労組(IMF・JC)など民間大手労組が握るようになった。さらに厳しい経済状況下で，労働団体間の共同行動の模索も始まっていた。特に1976年10月には，総評・同盟を横断する形で政府に制度政策要求を出していくため，民間大手労組から成る政策推進労組会議が結成された。こうした試みから，民間先行での労働団体統合の模索も本格化し，総評もこうした動きを無視できなくな

ってきた。
　こうした状況下で開かれた 1976 年 7 月の総評定期大会は，槙枝元文(日教組：日本教職員組合)と富塚三夫(国労)をそれぞれ新しい議長と事務局長に選出した。新執行部の下で総評は，1976 年 12 月の衆院選で組織ぐるみで支援したが伸び悩んだ社会党に，党改革を迫るようになった。槙枝議長は 1977 年 2 月の党大会開幕時の挨拶で，社会党が派閥抗争を止めない場合には選挙での丸抱え支持を再検討すると述べた。
　その後，1977 年 7 月の参院選を前に，党内派閥抗争は一時休戦状態に入った。この選挙戦では，左傾化した社会党に好意的な態度を示した共産党との間に，国政レベルでは初めて社共の選挙協力協定が結ばれ，公明党との間には部分的な選挙協力のみが合意された。しかし選挙結果は，自民党の過半数維持と社会党の 5 議席減に終わり，成田委員長は辞意を表明した。総評は参院選後，協会の純粋理論集団化を求め，9 月には協会との間で合意を結んだ。これを受け，党改革委員会でもその線で意見が集約された。こうして協会の活動の制限をめぐる論議が収拾されると，党内の関心は次期委員長と中執の人事に移っていった(『総評四十年史 II』，518 頁；前田 1995，144-145 頁)。
　参院選直後から，新委員長には左派志向だが党内の特定派閥には足場を持たなかった飛鳥田一雄・横浜市長が推され，自らも出馬への意欲を見せていた。1977 年 9 月下旬に開かれた党大会では，不十分な党改革と派閥中心人事への不満を理由に離党者が出るなど，大会は混乱に陥ったが，12 月の続開大会では，飛鳥田が無投票で選出され，また全党員による委員長公選制の導入や委員長権限の強化，「開かれた党づくり」という飛鳥田が要求していた項目を含む党改革案が満場一致で承認された(前田 1995，145-146 頁)[7]。協会は 1978 年 2 月の協会全国大会で「研究集団」になるとの自粛方針を決め，1980 年代には脱会者が続出し，勢力を弱めていった(福永 1996，264，289 頁)。
　こうして社会党は総評の介入を受け，協会の活動に歯止めをかけた。しかし政権構想では飛鳥田執行部も全野党共闘路線の継続を志向していた。飛鳥田は，政党レベルの連合形成の前に，大衆レベルの連合を築くべきという政権構想のイメージを持っていた。大衆レベルの連合は，様々な大衆団体によ

って「下から」持ち込まれた要望を議論することで自然発生的に形成され、そこから出てきた方向に乗ることのできる政党が連合するという手順を踏むと捉えられており、政党レベルの事情で特定の政党を排除することには反対であった(前田 1995, 159-160 頁)。

　社会党に対する公明，民社両党の態度も冷却化し始めていた。1972年総選挙後に左傾化した公明党は，1976年12月の衆院選で躍進した直後に，これまで否定的に評価していた日米安保条約や自衛隊の事実上の容認や，原発推進，企業献金の容認など，政策を現実主義的な方向へ修正することを表明していた[8]。ただ，1978年1月の公明党全国大会で矢野書記長は，飛鳥田の左派的志向に警戒感を示しながらも，政権構想と中央・地方両方での選挙協力における社公民路線を強調し，社会党にもその採用を求めた。同時に，公明党はこの党大会で，自治体首長選挙であっても社会党をブリッジとした共産党との協力をこれからは一切排除する方針を打ち出した。また民社党は従来から反共姿勢が強く，自衛隊や日米安保条約に肯定的な立場は，社会党と真っ向から対立した。民社党は75年運動方針から，保守政党との提携可能性に比重を移し，この姿勢は議席増となった1976年末の衆院選と1977年7月の参院選を経て，さらに強まっていく。1978年4月の民社党大会で採用された運動方針は，社会・共産の「無責任野党」との連携を排除し，公明・民社・新自由クラブの中道「責任野党」主導による自民党との「大連合」の可能性を明示し，社公民路線を否定した(前田 1995, 147-151 頁)。

　社会党と民社党の執行部がそれぞれ社公民路線に否定的な方針を打ち出したのを受け，公明党も中道結集への傾斜を強める。例えば1978年5月から，公明・民社両党を中心に，新自由クラブと社民連を含めた中道4党党首会談が開始された。同時に，総評と公明党の関係も冷却化した(前田 1995, 161-165 頁)。

　以上述べてきたように，与野党伯仲状態の進展にもかかわらず選挙で社会党が低迷，中道政党が得票を伸ばす中，社会党執行部の左派支配がかえって強まったことを契機に，社会党内では派閥抗争が激化し，これに総評が介入して事態をとりあえずは収拾した。しかし新しい社会党執行部は伸張してき

た中道政党との提携に消極的なままであり，主体性重視の方向を継続したのである。この方向は，1979年の統一地方選挙後まで続いた。社会党の主体性重視の路線に対し，公明党や民社党もますます距離を置くようになった。また総評は，社会党の派閥抗争には介入したが，総評が提唱した「反自民統一戦線」形成の議論では中道政党との協力の構築とともに，共産党との協力も構成要素としていた（『総評四十年史Ⅱ』，519頁）。これは実質的には全野党共闘路線であり，社会党のそれを後援する形にもなっていたのである。

2 原子力をめぐる労働間対立の明確化

次に労働界の動向に触れておこう。労使協調路線をとる同盟と，その傘下の有力単産であった電力労連は，かねてから原子力推進派であったが，1973年秋以降の石油危機や1974年の原子力船むつ事件を機に，原子力行政への批判色を強めた提言活動を活発化させる。同盟（天池清次会長）は資源エネルギー政策を労働組合の立場から検討すべく，稲垣武臣電力労連会長・同盟副会長を委員長に，その他同盟傘下の様々な業種の組合が参加する資源エネルギー対策委員会を設置した。その中間報告は1975年1月の同盟全国大会で発表され，「原子力の平和利用を正しく強力に推進すべきだ」との立場に基づき，「原子力開発国民会議」の設置や，原子力委員会の解散と「原子力規制委員会」の設置，放射性物質の規制強化などを提案した[9]。この頃，三木首相の諮問機関として有沢広巳・東大名誉教授を座長とする原子力行政懇談会が開始されようとしていた（同年2月に設置が閣議決定，3月に初会合）。これには酒井一三・総評副議長とともに，稲垣同盟副会長も参加した。

電力労連も独自の提言として1975年2月，原子力の「開発促進より体制整備が先決」とする「原子力開発に対する提言書」をまとめ，電事連と政府に申し入れた[10]。電力労連の原子力に関する提言活動は1966年1月に出した最初の提言に遡るが，この第1提言は原子力発電開発への労組としての協力を惜しまない旨を表明したにすぎなかった。しかし1975年2月の第5提言書では，特に原発労働者の放射線被曝線量が年々増加している事実を重視し，「原子力発電は完成された技術ではなく，まだ商業運転にはほど遠い」

と断定,「原発労働者の放射線対策を充実しなければ原発増設への反対も考えられる」という比較的強い批判的立場を初めて打ち出した。原子力行政体制についても,原子力委員会を推進担当の「開発委員会」と安全担当の「規制委員会」に分割解体し,後者は公正取引委員会のような「行政委員会」にして許認可権限を含む安全問題の全責任を負わせるという米国型の改革を提唱し,総評の立場に接近した(『国民政治年鑑』76年版,813頁)。

ところが電力労連ではその後間もなく,内部抗争が起き,批判を受けた稲垣執行部は退陣に追い込まれる。1975年8月,中電労組議長・橋本孝一郎が会長に就任した新執行部の下,電力労連は,政府の原子力政策を留保なしに支持する立場に転換していく。その背景には,被曝を伴う原発労働者に占める下請けの割合が増加したことが指摘されている(Tanaka 1988)。1974年まで,電力社員労働者の被曝量は全原発労働者の被曝量の1/4を占めていたが,1975年以降減少し,下請けの被曝量が増加していく。以後,電力労連はますます保守化する。例えば1979年3月末の米国スリーマイル島(TMI)原発事故について,電力労連は同年6月の三役会で「同様のことが起こっても,日本の原発では安全は十分に確保されると確信する」,「今後の増大する電力需要をまかなっていくためには原子力発電を中心にした政策がわが国の実情に適したものだとわれわれは考えている」という見解をまとめている。また同年9月に札幌で開催された電力労連の第26回定時大会では,橋本会長が再び日本の原発の安全性を強調し,「安全性について経営側が相当の決断を行うならば,原子力発電職場の争議権を自主規制することを公にする」ことを加盟組合に検討するよう求めた[11]。

これに対し,電力社員労働者の圧倒的少数派(3%)であった総評系の全電力の主力として,電産中国(650名)はこの時期に反原発闘争への参加を積極化させる。1974年春闘では島根原発の運転開始を遅らせる阻止行動を行い,また1976年末頃から活発化した山口県豊北町への中国電力による原発立地活動に対しては,電産中国の山口県支部が自治労山口県本部傘下の労組とも協力して反対闘争に積極的に参加した(清水 1982)。結局,豊北原発計画は事実上頓挫する。1978年5月の豊北町長選挙で原発反対派の候補が当選,

1982年4月の町長選挙では大差で再選され，1979年の統一自治体選挙でも豊北町議選で反対派が過半数以上を制したためである。チェルノブイリ原発事故後の1986年6月には豊北町議会が全会一致で原発反対決議案を可決した。豊北原発反対運動の勝利の決定的要因は町長選や町議選での反対派勝利にあったが，運動の勝利は総評系労組の反原発闘争支援にはずみも与えた。

だが，総評の反原発闘争の中心的担い手は，やはり原水禁であった。その活動の中心が反原発運動になっていく過程を，次に明らかにする。

3 原水禁の反原発路線の安定

原水協と原水禁は1963年以来，8月恒例の原水禁世界大会を別々に開いてきた。しかし，1973年頃から両陣営の間で再統一の気運が高まってくる。

1973年7月5日，共産党の宮本顕治委員長は，中ソ両国の核保有や核実験はもはや防衛上余儀なくされた核開発とは簡単には言えないという見解を明らかにした。同年6月の中国による核実験に対し，自民・社会・公明・民社の4党がまとめた「アメリカ，中国の核実験に抗議し，フランスをはじめあらゆる国の核実験に反対する決議」の衆議院での審議が行われている最中でもあり，宮本委員長の見解は共産党の路線転換を示唆するものとして注目された。日本共産党はすでに1963年の部分核停条約をめぐりソ連共産党と対立し，原水協は翌1964年にソ連と絶交状態になり（1979年に友好関係を回復），中国共産党との関係も1966年から断絶状態となっていた。さらに，武力衝突にまで発展した中ソ対立や1968年の「プラハの春」のソ連による軍事鎮圧などを受け，社会主義国全てが「平和勢力」であるという規定はもはや維持しがたくなっていた。ただ，宮本見解も中ソの核実験に対する明確な「反対」ではなく，「遺憾である」にとどまり，米帝国主義の核兵器と同列視はしないという立場は残していた（岩垂 1982，212-213頁）。またキューバや北ヴェトナムなど米国の核の脅威にさらされている社会主義小国の核保有の権利に対しては理解を示していた。しかし宮本声明を受け，衆議院の共産党は，上記の核実験反対決議への賛成に転換し，同決議は7月6日の衆院本会議で，全会一致で成立することとなった（『国民政治年鑑』74年版，236-237頁）[12]。

その後，1974年2月から5月にかけ，原水禁運動の統一問題について社共両党の公式会談が行われた。1975年になると，まず2月，総評の臨時大会が「原水禁運動の国民的統一にかんする決議」を行った。また3月1日の「ビキニデー」には静岡県の社会党，共産党，県評，平和委員会（共産党系）の4者が結成した「静岡県原水爆禁止運動統一促進準備会」の主催する集会が静岡市で開かれ，地方レベルとはいえ分裂以来12年ぶりの統一集会となった。さらに6月には社会党，総評，中立労連，共産党，平和委員会，日本科学者会議，被団協（日本原水爆被害者団体協議会，1956年結成，社共両陣営との関係を保つ）の7団体による「原水爆禁止運動の統一をめざす七者懇談会」が発足した（岩垂 1982, 49-50頁）。ただ，原水禁と原水協という一番の当事者は「七者懇」に入らず，それぞれに影響力を持つ社会党と共産党が代わりに入り，また原水禁の有力加盟団体の総評と，原水協の有力加盟団体の平和委員会が，共同座長を務めていた。これは原水協が原水禁を「分裂組織」と見なし，同等の資格で交渉の席につくのを拒否しており，また共産党も原水禁には共産党を除名された「反党分子」が参加しているという理由で「禁」と「協」の同席に反対していたためである。しかし七者懇は統一組織の基本目標や参加団体の範囲をめぐる対立を埋められず，不調に終わった。

　七者懇の挫折から約1年後の1976年秋，今度は総評事務局長・富塚三夫の発意で統一への試みが再開される。富塚は1976年9月，共産党主催で開かれた同党幹部と労組指導者，学者，文化人との懇談会に招かれ，1977年に向け原水禁運動の統一を要望する旨発言，共産党の宮本委員長も統一問題に再度取り組むことを約束した（岩垂 1982, 54-55頁）[13]。議会外大衆運動では共産党との協力に配慮し，政党政治では共産党を完全には排除せずに社公を中軸とした提携を推進して政権構想につなげようとするのが，「反自民統一戦線」の形成という総評の戦略であった。富塚と宮本の見解の一致を受け，1976年11月から総評と共産党の間で，原水禁運動統一問題に関する協議が開始された。

　1977年に入ると，2月21日に評論家の吉野源三郎や作家の中野好夫，日本山妙法寺山主の藤井日達ら5人の著名人が連名で「広島・長崎アピール」

(5氏アピール)と「核廃絶をめざす運動とその展望」と題する2つの文書を発表し，1977年7，8月に開催予定の原爆に関するNGO主催の国際シンポジウムと，1978年5，6月に開催予定の国連軍縮特別総会に向け，関係団体の大同団結を求めた。1977年3月17日には総評と共産党の第2回首脳会議が開かれ，「いかなる国の核実験にも反対する」かどうかの問題などを棚上げし，核兵器全面禁止や被爆者援護など基本目標を中心に一致する課題で団結し，原水禁・原水協に代わる新しい統一組織体の結成を目指すことなどの合意が成立した(岩垂 1982，56-60頁)。

この合意に対し，原水協は4月の常任理事会で全面支持を表明したが，原水禁は組織統一ではなく課題ごとの共同行動を主張し，頭越しの合意に強く反発した。総評執行部は広島市で5月7日，広島，長崎，静岡各県原水禁代表や県評代表と会合したが，説得できなかった。結局，富塚は，新しい統一組織体結成の代わりに夏の大会での一日共闘を原水禁，原水協，その他の関係団体も交えた実行委員会の主催で行う内容の提案へと大幅に後退し，原水禁の了承を得た。さらに5月17日，原水禁は広島市で全国委員会を開き，組織統一を否定したのみならず，1977年の夏も独自の世界大会を開くことを決めた。このため3月の総評・共産党合意は宙に浮いた形となった(岩垂 1982，64-71頁)。

ところが2日後の5月19日，森瀧市郎・原水禁代表委員と草野信男・原水協理事長が突如として共同記者会見を行い，①8月の大会は統一世界大会として開催する，②国連軍縮特別総会には統一代表団を送る，③年内を目途に国民的大統一組織を実現する，④以上の目的達成のため，5氏アピールや日青協・地婦連などの広汎な国民世論を結集しうるような統一実行委員会をつくる，⑤核兵器絶対否定の道を歩むこと，以上5項目の合意書を発表したのである。このトップ合意を演出したのは法華宗の一派である日本山妙法寺であり，同寺は原水協分裂前から平和運動に熱心に関わり，分裂後も原水禁・原水協両者と友好関係を保つよう努めていた。また合意書の起草は2月21日の5氏アピールの関係者が準備した(岩垂 1982，74-76頁)。

この草野・森瀧合意に対し，解散統一論が受け入れられたと解釈した原水

協と共産党は直ちに全面支持を表明，また1964年に原水協を脱退していた地婦連と日青協も合意を歓迎した。原水禁の地方組織は今度も頭越しの合意に強く反発したが，草野・森瀧合意を独自に解釈して，合意書を受け入れる。すなわち第5項目で「核兵器絶対否定」という原水禁の立場が受け入れられ，また原水協が同じテーブルについたことは原水禁を認知したことを意味し，両組織を存続させたままでの「共同行動」の積み重ねによる「連合統一」という原水禁の主張が実現できる基盤ができたというわけである。こうした解釈の食い違いは残したまま，1977年6月13日，「原水爆禁止統一実行委員会」が発足した。結成集会には原水協，原水禁のほか，総評，平和委員会，日本山妙法寺，地婦連，日青協，生協連（日本生活協同組合連合会），被団協などの組織の代表や，5氏アピール関係者が参加していた。1977年8月，この統一実行委員会の主催により，1963年8月の大会分裂以来14年ぶりに，統一世界大会が実現した。また大会開催期間中，総評・同盟・中立労連・新産別の労働4団体が原水爆禁止運動に関し，初の合意を発表するという出来事もあった。この合意は，核禁会議や他の平和諸団体も含めた統一の追求や，国連軍縮特別総会への代表団派遣などの課題を中心に4団体で協議していくことを内容としていた（岩垂 1982，85-89，92頁）。

　こうして1977年から原水協と原水禁が婦人・青年・生協団体などの市民組織を介して，ともに参加する形での原水爆禁止世界大会が1986年まで開かれることになる。しかしそれは原水禁運動の「統一」とは程遠く，毎夏の「統一」世界大会への参加と，数年ごとの国連軍縮特別総会に向けた反核署名運動や代表団結成といった共同行動に限られていた。このように協調がきわめて限定的になった原因は，原水禁運動の組織統一に関する「協」（解散統一論）と「禁」（連合統一論）の立場の相違に加え，次章で述べる1980年代の政治状況や労戦統一問題を背景にした社共間の関係悪化に求められよう。しかし運動課題における基本的対立が解消されなかったことも重要な要因である。かつて運動の組織分裂さえもたらした「いかなる国」問題が重要性を失った一方で，原子力をめぐる立場の相違が浮上し，これは同盟・核禁会議も巻き込むことになった。

原水禁の場合，1970年代半ば以降，反原発は活動の中心課題になってきていた。その契機は，インドがカナダから供与された民生用原子炉を用いてプルトニウムを製造し，1974年に初の核実験を行ったことにある(『国民政治年鑑』75年版，326頁)。1975年8月の原水禁の「被爆30周年世界大会」は，「反原発」を正面に打ち出し，森瀧市郎代表委員は基調報告で「原子力発電も否定されねばならない時代にはいった」と強調，核絶対否定の立場を鮮明にした。また1976年8月の原水禁の「被爆31周年世界大会」では，広島・長崎・沖縄の各大会で原発が中心課題に掲げられ，特に長崎大会は原子力船「むつ」反対闘争の渦中にあった佐世保市で開かれた。この年はまた，本大会前段に原水禁の各県・各ブロック単位で「集会」が開かれたが，そのいずれもが「原発阻止」を焦点としていた(『国民政治年鑑』77年版，663-634頁) [14]。さらに1977年8月には，草野・森瀧合意に基づいて独自大会を開かなかった原水協と対照的に，原水禁は「統一」世界大会と並行して静岡県や広島，長崎，沖縄で独自大会も開き，むしろ重点を置いた(岩垂1982, 95頁)。そこでは「軍事利用，平和利用を問わず，すべての核を否定する」ことが基調とされた(『国民政治年鑑』78年版，696頁)。

　また1977年の「統一」世界大会では，原子力問題をテーマとするフォーラムが大会の分科会とは別に設置された。原子力に関する見解の相違を尊重して，結論を求めず，意見交換にとどめるとの申し合わせがなされた。しかし統一世界大会のアピールや決議の起草では，原水禁系の起草委員が「原発反対の方向は打ち出さないにしても，大会では原発問題について討議したのだから，その内容を盛り込むようにしたい」と主張し，共産党は原水協系の起草委員を通じて，原発問題には一切触れるべきではないという態度を示した。結局，草野原水協理事長の決断で原発問題にも言及することになり，アピールには「現在すすめられている原子力開発によって核兵器拡散の可能性や，放射能による環境汚染がひろがっています」と，また大会決議には「現在，世界各地ですすめられている原子力発電所の建設がひきおこす放射能による被曝，環境汚染，核兵器の拡散の危険性を防止するための国際的な緊急，かつ根本的な措置を要求すること」と書き込むことで決着がつけられた(岩

垂 1982，98頁）。

　原子力に対する基本的立場の相違は1978年の「統一大会」でも埋まらなかった。この年は「協」と「禁」が大会の開催形式をめぐって対立，代わって地婦連や日青協，生協連など市民5団体が主導で実行委員会を構成，これに「協」と「禁」自身ではなく，その加盟団体・個人が実行委員会に加わる形で開催された。また同盟が東京で実行委員会にオブザーバーの資格で参加し，系列の反核団体である核禁会議は代表者が個人の資格で広島大会のみ実行委員会に加わるなど，同盟ブロックも市民団体が前面に出た大会を無視できず，部分的にではあるが参加した。こうして関係団体のほとんどが初めて一堂に会する大会となった反面，大会宣言の起草では原発問題のような不一致点は盛り込まれず，別の文書で「選択行動の提起」として列記された。このため具体的行動の計画は何一つ決まらなかったと批判された。また，この年もそれ以前及びそれ以後と同様，原水禁は独自の「被爆33周年原水爆禁止大会」を開き，原子力発電も含めた核絶対否定の立場を改めて強調した（岩垂 1982，145-153頁）。こうして，「統一世界大会」などでの表面的な協調をよそに，各ブロックは原子力問題に関して主体性を維持し，なかでも原水禁は反原発闘争への支援を拡大することができたのである。

第3節　原子力行政機構の改革

　1974年12月の三木内閣成立から1978年12月の福田内閣退陣までの時期，紛争管理の中心は行政機構改革だった。日本の原子力行政に対する批判は主に，原子力の推進と安全規制を同一の行政機関が担っている点と，原子力施設の立地手続に公聴会が制度化されていない点に向けられていた。「むつ」漂流事件を契機に原子力行政に対する国民的な批判が強まると，政府は1975年1月，科技庁内に安全規制を受け持つ原子力安全局を新設し，開発推進担当の原子力局から形式上分離することを決め，7月から実施した。

　政府はまた，田中前首相の方針に従い，1975年2月25日の閣議で，三木首相の私的諮問機関として「原子力行政懇談会」の設置を決めた。委員は原

子力関係者のほか，財界や労働界(同盟副会長と総評副議長)，原発所在地の自治体首長などを含めた14人で構成することになり，3月18日に首相官邸で行われた初会合では，原子力委員を長く務めた経験を持ち，原産会長を務めていた有沢広巳・東大名誉教授が座長に選ばれた。会合は毎月2回のペースで14回にわたって開かれた。原子力委員をはじめ日本学術会議や電力会社，原子炉メーカー，電機労連，全漁連，消費者団体などの代表を招くことも予定された。

審議の過程では，委員の自由な発言を求めるためとの理由で会合は非公開とされ，議事録も公開されなかった。反対派の代表として参加した総評は1975年10月，酒井一三副議長を委員から引き揚げている。これは，総評が1975年7月23日の第10回懇談会で提出した，16項目の提言を含む「意見書」が，その後の会合で黙殺されたまま，中間報告案の作成が進められたことに反発したためである。特に，新しい原子力委員会と，新設される原子力安全委員会が米国並みに行政権限を持つ行政委員会ではなく，現行通りの諮問機関とされる点が問題とされた。総評は10月25日に佐世保市で開いた反原発運動の全国代表者会議で，社会党と協力して「反原発」色を一段と鮮明に打ち出すことを決めた。

「有沢行政懇」の最終答申は1976年7月30日に提出されたが，その要点は原発立地手続における「公開ヒアリング」制度の導入のほか，原子力安全委員会の設置と，原子炉の種類に応じた許認可権限の一元化であった。後者については，商業炉は通産省に移管され，科技庁の許認可権限は，研究開発段階の原子炉やその他の原子力施設に縮小されることとなった。最終答申の要点の多くは原子力基本法の改正として1978年6月7日に国会で可決成立し，原子力安全委員会は1978年10月に発足した(吉岡1999，152，178頁)。また公開ヒアリングは，法制化はされず，通産省の省議決定(1979年1月22日)等に基づく行政指導の形で導入され，その実施は1980年に開始された。

この機構改革のモデルは米国での改革である。米国では1940年代から原子力委員会(AEC)が軍事・民事の両面で原子力行政を一元的に管轄していたが，1970年代初頭から環境保護世論や軽水炉安全性論争の高まりの中，

原子力の推進と安全規制を同一機関が担当することに批判が集まっていた。そこで1975年に，AECは，エネルギー研究開発庁(Energy Research and Development Administration, ERDA)と，原子力規制委員会(Nuclear Regulatory Commission, NRC)に分割改組され，ERDAはさらに1977年，エネルギー省(Department of Energy, DOE)に改組される。

　日本の原子力行政改革もこの米国の改革に表面的に倣ったものだが，実質は大きく異なっていた。米国のNRCが多数の専従職員を擁し，原子力施設の許認可権限を与えられた独立行政委員会であるのに対し，新設された原子力安全委員会は，専従職員を持たず，事務局を原子力推進機関である科技庁に依存する諮問機関にすぎず，許認可権限は中央省庁に残された。ただ科技庁が独占していた許認可権限の大半は通産省に移され，原子力行政における通産省の優位が確立したのである。その際，原子力安全委員会は，原子力委員会と並行して，通産省が原子力施設の安全審査を適正に行っているかどうかをチェックするにすぎない[15]。

　また，やはり原子力行政懇談会の答申を受けて導入された「公開ヒアリング」は法制化されず，制度の運用は官僚の手に留保された。立地の可否について電調審上程前の環境審査段階で通産省が「第1次公開ヒアリング」を開き，電調審承認後の安全審査段階で原子力安全委員会が「第2次公開ヒアリング」を開くという流れは「ダブルチェック」の建前に沿ったものだった。しかしこれも米国のように司法的性格を持った公聴会ではなく，わずか2日間程度，住民との質疑応答集会を行うにすぎない。このように原子力行政改革は，審議会の設置から法案成立を経て，改革の実施に至るまでの全過程で中央官僚が主導権を握ることになった。

　同時期には，市民参加を制限する方向での手続的対応も見られた。環境アセスメント法制化の阻止である。1960年代後半から全国各地で環境破壊型の地域開発が進行する中，米国が1970年の国家環境政策法(NEPA)の中で環境アセスメント制度を定めたことに注目が集まり，日本でもアセスの制度化が環境政策の重要な課題として浮上してきていた。1972年，四日市公害訴訟第1審判決がアセス実施の必要性を指摘したのを受け，日本政府は公共

事業について環境アセスメントを実施する旨の閣議了解を行った。また1974年11月，OECDは加盟各国にアセスメント法制化を勧告した。

1971年設置の環境庁はアセス法制化の検討を始め，三木政権下の1975年12月，傘下の諮問機関である中央公害対策審議会(中公審)に環境影響評価部会を発足させた。環境庁が用意していたアセス法案は原発の問題には直接触れず，また公聴会開催の規定を欠くなどの弱点はあったが，比較的厳格な内容を持っていた。このため電事連や経団連など財界と，開発官庁，特に通産省が法制化に強く反対し，環境庁長官は1976年春の国会提出を断念した。以後，環境庁は内容面で通産省などからの要求に次々と譲歩しながらも，1980年まで毎年草案を作成した。また中公審も答申「環境影響評価制度のあり方について」を1979年4月に発表し，アセス法制化を訴えた。しかしその都度，通産省からの強硬な抵抗と自民党の消極姿勢に直面して法制化の断念を余儀なくされた(畠山・新川 1984)。最終的には1981年4月，鈴木善幸政権下で環境アセス法案は初めて国会に提出されたが，大幅な内容の後退にもかかわらず事業官庁が立法化に反対し続ける一方，内容の後退した法案は野党や市民団体の支持を得られなかった。その結果，同法案は審議されぬまま継続扱いとなり，1983年11月の国会解散に伴い，改選期は継続審議としないという国会の慣例に従い，自動的に廃案となった。

その間，自治体では1970年代後半からアセスの条例化を行うところが出てきた(1976年の川崎市，1978年の北海道，1980年の神奈川県と東京都)。こうした動きに国も対応を迫られ，1984年8月28日，「環境影響評価の実施について」という要綱を閣議決定した。これは法律でないという形式面のほか，内容面でも不十分なものであり，国の要綱との整合性を求められる自治体はアセスを自治体の要綱にとどめ，条例化を断念する傾向が強まった(『環境と公害』1997)。また発電所は国の要綱アセスの対象からはずされ，アセスは通産省が1977年の省議決定に基づき独自に実施した。実際，環境アセス法制化の挫折の背景には，エネルギーの安定供給を理由にした，通産省や電力業界からの強い反対があった[16]。しかし通産省の省議アセスは，同省の外郭団体や諮問機関に委ねられ，審議の過程も不透明であった[17]。

次に，この時期の物質的対応について触れておこう。1976年12月に発足した福田内閣は1977年3月，エネルギー政策を最重要課題の一つに挙げ，総理大臣を座長とする総合エネルギー対策推進閣僚会議を設置した。原発立地難に危機感を募らせる財界・産業界からの強い要望に応じたものと言われる。1977年6月に開かれた第2回会議では，電源立地に対する市民による受容を促進する「PA（パブリック・アクセプタンス）対策」の切り札として，「要対策重要電源」の指定制度が設けられた。個別の発電所建設計画に対する国の正式の関与が始まる電調審の段階よりも前から，国が個別発電所計画を「特に電力の需給安定確保のために重要な電源」として指定し，地元での広報活動などに補助金や交付金を支出する制度であった[18]。しかし電源三法制度の本格的な拡充は1980年代に持ち越された。

　1970年代後半にはむしろ，電力会社による漁業補償額が一層，高騰した（内橋 1986）。合計6基，総出力470万kW（4700 MW）にも及んだ東電福島第1原発の漁業補償額（1966年妥結）は1億円にすぎず，1基当たり約1600万円にすぎなかった。ところが隣接して建設された東電福島第2原発（合計4基で4400 MW）の漁業補償額（1973年妥結）は35億円，1基当たり8億7000万円に高騰した。東北電力女川原発は，まだ1基の建設が交渉されていた段階で，漁業補償額（1979年妥結）は98億3000万円であった。漁民の根強い抵抗で難航した立地交渉に対し，まだ原発を1基も建設していなかった東北電力が焦りを募らせた結果，巨額になったようにも見える[19]。

　公然・非公然の協力金も横行した。例えば1981年4月に敦賀原発の一連の事故隠しが明らかになり，排水溝から高濃度の放射能も検出された事件に関連して，日本原電は1981年9月4日，敦賀原発事故の市民に対する「おわび料」として2億円の寄付を敦賀市長に申し入れ，市はこれを一般寄付として受理した。日本原電はこの寄付を，事故の影響で売り上げが減った漁業や観光業者への被害補償とは別に支払ったのである[20]。

　1970年代後半に登場した物質的補償の新たな種類は，地方税への「核燃料税」の創設である。地方自治体は，地方税のうち，住民税や固定資産税など法律に明示されたもののほかに，自治大臣の許可を得て「法定外普通税」

という独自の税を徴収することができるが、核燃料税もその一つである。原発が集中立地する福井県が1976年8月、電源三法では既設原発に関係する新税収が期待できないなどの理由を挙げて、自治省に認めさせたのが最初である。その内容は、原子炉への核燃料の装荷時から、その取得価格の5％を毎年、10年間にわたって県が徴収するというものであった。

福井県を例にとると、核燃料税による税収は、初年度1976年の1億7400万円から、1979年には15億8200万円に、1985年には最高の94億3400万円に達し、1983年から1990年代に至るまで、30億から70億の間を振幅している。核燃料税を徴収する県も増加し、現在では六ヶ所村ウラン濃縮施設などを抱える青森県（「核燃料物質等取扱税」）も含め、商業用原子力施設の立地する全道県が核燃料税を徴収している（『原子力市民年鑑2000』）。

核燃料税の特徴は、電源三法交付金と異なり、使途が特定の公共施設の建設に限定されず、交付期間も運転開始前後の期間に限定されないことである。また固定資産税とは異なり、減価償却で税収が減少せず、むしろ増設すればするほど核燃料の取扱量が増えるので、税収も増える。従ってこれは増設を受け入れる原発既設県に対する国や電力会社の譲歩だと言える。

最後に政策帰結を見てみよう。元々過大だった原発開発目標は、1985年の原発設備容量について72長計では6000万kW（6万MW）と予想していた。しかしこれは石油危機後、1978年に改定された長計では、3300万kWへと下方修正された。しかしこれでも1985年の実績（2469万kW）より過大だった。またこうした修正は将来的な計画の縮小を意味せず、達成年次を先送りしたにすぎなかった。6000万kWの目標は1990年での達成に先延ばしされただけである。同様に、82長計では1990年の目標が4600万kWに下げられたが、将来的には2000年までに9000万kWという過大な目標に達することになっていた（81頁図3-1）。

電調審による原発計画着手の承認数は1975～77年の年間1～2基から、1978年に史上最高の6基に急増した（82頁図3-2）。ただ、それは全て既設点への増設だった。増設分がほとんどを占める状態は、その後も続く。1980年代に泊や志賀、巻、1990年代に東通と大間が新設地点として加わったに

すぎず，そのほとんどは1960年代末に計画が浮上したものだった。物質的な対応の有効性は，主に既設点への増設に限られると言えよう。

ま と め

　1974年7月の参院選で自民党は敗北し，参議院でも「保革伯仲」状況が出現した。秋には田中首相の「金脈問題」が雑誌で暴露され，世論の強い批判にさらされた田中内閣は退陣を表明した。こうした自民党政治の危機が本格化し始めていた最中の9月，原子力船「むつ」の「漂流」事件が起こった。この事件は全国的注目を集め，原発反対運動の全国的確立を助けた。

　その中で，1970年代前半までの反原発闘争を主に担った漁協は，地縁的・職業的な強い結束を示し，また保守政権下で保護されてきた漁業権を盾にとり，激しい抗議行動をとった。しかし漁協は自民党支持層にも属しているので，電力会社の切り崩し工作で結束が乱れると，補償交渉を中心とした条件闘争に後退しがちであった。漁協の闘争が頂点に達した原子力船「むつ」反対闘争においても，革新団体や市民運動との持続的な共闘関係は形成されなかった。

　代わって反対闘争の中心的担い手となったのは，社会党や県評・地区労の支援を受けた住民運動であり，主に訴訟と攪乱的な直接行動に訴えた。1970年代にはまだ原発訴訟での勝訴に一抹の期待が存在した一方で，多くの地点では既成事実の進行に対して，他の政治的回路の閉鎖性から裁判に訴えざるをえなかった。しかし裁判所の政治的消極性が明白となる1980年代には，裁判闘争は世論喚起の手段としての意味合いを強めた。また日本では弁護士が批判的な社会勢力の役割を担ってきたことも，司法的手段の活用を促した。しかし司法アリーナの閉鎖性は，攪乱的な直接行動の有効性も阻害した。例えば柏崎刈羽原発をめぐっては，県評の組織的支援を受けて激しい反対運動が展開されたが，裁判闘争も直接行動も封じ込められ，また保守対革新の対立構図にはまり，批判勢力の動員基盤は広がらなかった。

　これら立地闘争とは別に，1975年前後からは大都市で反原発市民運動が

第 4 章　与野党伯仲下の反原発運動の確立(1974-78)　145

登場してくる。その先導役は米国の原子力安全論争に触発されて登場した批判的科学者であった。また，石油危機後の電気料金値上げや「むつ漂流事件」を契機に，消費者運動や，自主講座を中心とする公害反対市民グループも加わり，原水禁とともに，東京の反原発市民運動の主流を成すようになった。さらに対抗専門機関として原子力資料情報室が設立され，原水禁や自主講座とともに，海外の反原発運動との連絡窓口の役割も担った。

　このように大都市での反原発市民運動の形成にも重要な役割を果たした原水禁の動きは，与野党伯仲状態の進行する政治情勢も反映していた。各野党ブロック間の関係は政権獲得の可能性をにらんで協調と反発の間を揺れ動くようになったが，原子力をめぐっては各ブロックの立場の相違がより鮮明となった。労働界では電力労連が被曝労働の下請け化を背景に，原子力開発利用を支持する姿勢を強め，原発所在地の地方自治体首長とともに，原子力政策の受益勢力としての立場を明確にする。これに対し，総評系の電産中国は反原発闘争への関与を積極化させる。また原水爆禁止運動においては，共産党・原水協が中ソの核兵器保有・核実験から距離をとるようになり，総評幹部の仲介と知識人グループの支持の下，原水禁のトップとの間で世界大会共催に合意した。しかし原水禁の地方組織は両組織の「統一」に消極的であり，特に原水禁がますます関与を強めていた原発問題では，原子力容認姿勢の原水協との溝は縮まらなかった。社会党内では派閥抗争が激化し，1977 年に発足した新しい執行部の下，教条的な左派である社会主義協会の活動には一定の制限が課されたものの，公明党や民社党との関係は当面改善せず，社会党の反原発姿勢に変化はなかった。

　一方，この時期の政府対応は，行政機構改革が中心であった。「むつ事件」を機に科技庁の原子力行政に対する批判が高まると，田中内閣を引き継いだ三木内閣は 1975 年，「原子力行政懇談会」を設置した。懇談会は原子力安全委員会の設置や公開ヒアリング制度の導入などを打ち出したが，米国のように推進官庁と安全審査・許認可官庁は分離されず，むしろ通産省は科技庁から商業用原発に対する許認可権限を獲得した。通産省はまた手続的対応として，電力業界の意向を受け，環境庁による環境アセスメント法案の阻止に成

功した。さらに自治省が原発を抱える県に核燃料税の創設を認めたことは，政府による受益勢力への物質的譲歩を意味する。電調審による原発計画承認はこの時期少なかったが，原子力行政改革法案が可決された1978年には，堰を切ったように急増した。結局，1980年代前半までの原子力計画は時間枠が先送りされただけで規模は縮小されず，その意味で反原発運動の政策的効果はあまりなかった。

1) その31件は，2位の泊原発の20件よりもはるかに多く，持続性も高かった。
2) 反原発派の専門家の代表格となるのは，武谷三男や高木仁三郎など大学を辞めた研究者や，久米三四郎(大阪大学講師)，小野周(東京大学教授)，藤本陽一(早稲田大学教授)，水戸巌(芝浦工業大学教授)，市川定夫(埼玉大学教授)らであった。
3) しかし日本科学者会議の原子力批判は共産党・原水協の路線を急進化させる要因にはならなかった。これは社会党・総評ブロックにおける原水禁の役割と対照的である。
4) 同集会では物理学者・武谷三男や科学評論家の星野芳郎，元米海軍原子力潜水艦技術者でラルフ・ネーダーの消費者運動グループのジョン・アボット，「プルトニウム研究会」の高木仁三郎らが講演し，市川定夫・京大農学部助手や久米三四郎・阪大理学部講師らによる討論会も行われた(『環境破壊』6巻9号，1975年10月，46頁。『国民政治年鑑』76年版，811頁)。
5) 会員の増加は，原発推進から批判への転換，批判の定着という世論の軌跡と一致する。
6) 官公労(日本官公庁労働組合協議会)は公共企業体労働関係法，国家公務員法，あるいは地方公務員法の適用を受ける組合で組織され，公労協と呼ばれる公企労部会，国公部会，及び地方部会の3部会に分かれていた。
7) 書記長には無派閥の多賀谷真稔が選ばれた。
8) これは1976年総選挙後に自民党が公明・民社・新自由クラブとの自民・中道連合の可能性を模索し始めたこと，また社会党も現実主義的な方向への政策転換の可能性を示唆したことに呼応していた(中野 1992, 176頁)。
9) 「同盟が推進強調の報告 原子力平和利用」七五1六三九10。
10) 「体制整備が先決 内閣直属の規制委を 原子力発電で電労連提言」七五2三三五6。電力労連は，9電力労組，日本原子力発電労組，電源開発労組，沖縄電労組の全国12電労に原発の設計技師なども含め13万人で構成されていた。
11) 「米原発事故で見解 電力労連」七九6四七五9，「スト自主規制も 原発推進の立場強調 電力労連会長」七九9一六九6。
12) 共産党の態度転換の背景には，東京都議選への配慮が働いたとも言われる。また田中内閣が打ち出した小選挙区制導入論に反対して1973年5月に社会・共産・公明

の共闘が実現したことも原水禁運動統一論浮上の要因として指摘される(『総評四十年史II』，414頁)。
13) 岩垂によると，富塚が運動の統一に意欲的であったのは，1976年7月の総評定期大会で事務局長に就任したばかりで，何か具体的な成果を上げたかったためであり，また共産党は社共を中心とする統一戦線結成に向けた重要なステップと位置づけていたという。
14) なかでも原水禁四国ブロックは原発訴訟で注目を集めていた伊方原発計画のある愛媛県で「原水禁四国大会」という「集会」を開いている。
15) 「原子力委員会および原子力安全委員会のダブルチェック制度は，通産省による許認可権の全面掌握に対する，科学技術庁サイドからの最後の歯止めとしての性格をもつと考えることもできる。つまり推進と規制のチェック・アンド・バランスではなく，通産省と科学技術庁のせめぎ合いの制度化が，このしくみの理念である」(吉岡1995a，148頁)。
16) 1990年代になっても，電力業界と通産省は発電所をアセス法制化の対象に含めることに抵抗した。通産省は，電気事業法に基づき，立地計画の表明から環境調査の実施申し入れまでの過程で，電力会社による地元説明会が再三開かれるので，合意形成は十分だと主張した。また，構想段階で2,3の立地地点を代替案として住民に提示することにも反対した。「発電所は迷惑施設的な扱いを受けているため，複数の地点を示すことは立地に非常な社会的混乱をもたらす。立地は電力需給に基づいて進めているので，環境アセスメントの代替案の検討でも『建設しない』ということを示すこともありえない」とした。さらに「環境アセスメント法に基づいて原発がらみの訴訟が増える恐れがある。法律で手続きが決められれば柔軟な対応ができなくなり，立地への地元同意がさらに得られにくくなる」とも主張した(諏訪1997，128-129頁)。
17) 省議アセスの過程では，電力会社が作成した環境影響調査報告書は通産省環境保全審査官や，資源エネルギー庁長官の諮問機関「環境審査顧問会」とその分科会によって審査され，関係各省からの意見聴取の後，電調審に提出されていた。顧問会は1973年秋，「発電所立地に関して責任を負っている通産省が環境保全面での審査態勢を強化する」名目で設置され，その20～30人程度とされるメンバーは未公表だったが，社会党の岩垂寿喜男議員は，電力中央研究所や日本気象協会など通産省から各種調査を請け負う団体の職員が多数入っていたことを突き止め，「これでは答案を書く人と採点する人が同じようなもの」と国会で追及した。これに対し通産省は「クロスチェックは主として中立的機関である産業公害防止協会に委託し，そこがまた各機関に発注する。それに顧問会には個人として参加してもらっている」と答弁したが，産業公害防止協会は大企業を中心に組織された通産省の外郭団体であり，例えば1954年度は6億3000万円を通産省から得て環境審査をしていた。「通産省，お手盛りアセスメント　社党議員指摘　審査に"身内"加える」七九3八五一4。
18) 要対策重要電源の指定は，「志賀原子力」「敦賀石炭火力」のように地点として行われるが，指定済みの地点に増設計画が浮上した場合は，「志賀原子力・2号機」の

ように「号機追加」が行われる。初指定が行われた1977年の第2回総合エネルギー対策推進閣僚会議では，計画段階の発電所15基の立地する地点が要対策重要電源に指定され，うち13基は原発であった。1984年12月には，要対策重要電源に準ずる「初期地点」の指定が行われ，小浦と日置川，窪川，久美浜，荻の各地点が指定された。「初期地点」は1997年7月に「開発促進重要地点」に改称された(『原子力市民年鑑2000』)。指定された全ての号機が営業運転に入ると地点の指定が解除されるが，電力会社は既設点での増設を最大限見込んでいるので，窪川のように，建設計画が事実上頓挫しても指定はなかなか解除されない。1978年1月に指定された山口県豊北地点は，計画が頓挫してから10年以上たった1994年9月にようやく解除された。

19) 補償額の高騰は原子炉の出力の規模，従って事故時の潜在的破壊力とも関係がない。女川原発1号機は出力52万kWと比較的小さいが，補償額は史上最高に達した。

20) 「原電事故で"わび料" 敦賀市に二億円寄付」八一9一九三1。

第5章　保守回帰の下での紛争の激化と儀式化(1979-85)

　大平正芳(1978年12月〜1980年5月)と鈴木善幸(1980年7月〜1982年11月)の両政権期，原子力をめぐる社会的紛争は最も激化した。その第1の契機は，第2次石油危機の進行である。大平内閣発足直後の1978年12月17日，OPECは，1979年中に原油価格を段階的に14.5%まで大幅に引き上げることを発表した。次いで同年12月26日にはイランでホメイニの指導するイスラム原理主義革命が起き，石油生産が停止した。国際石油資本各社は1979年1月，日本への原油供給の削減を通告，以後，1979年11月のイランの米国大使館占拠事件や，1980年9月のイラン・イラク戦争勃発をはさみ，1980年末まで原油価格は急上昇し，最終的に1978年水準の3倍近くまで上がって安定した。原油価格が再び大幅に下落するのはようやく1982年後半のことである。

　ただ，第1次石油危機への対応から，省エネルギーや石油代替エネルギーの開発，エネルギー集約型産業からの構造転換が進められていたため，最初の石油危機ほど急激な打撃は先進工業諸国の政治経済に及ばなかった。また環境の視点から見ると，1973年からの10年間は，日本の国民総生産が年平均4.5%の率で増加したにもかかわらず，エネルギー消費，従って二酸化炭素排出量は増えなかったとも評価できる(小宮山 1995, 86-87頁)。しかし他方で，第2次石油危機は中東原油への依存に内在する政治的リスクを再び印象づけるとともに，景気後退を背景としたエネルギー需要の低迷は，電力業界の危機感を高めた。大平・鈴木両内閣期に喧伝された「総合安全保障論」は，

原子力の強力な推進を重要な構成要素としていた。

　原子力をめぐる紛争を激化させた第2の契機は，1979年3月28日に米国ペンシルベニア州ハリスバーグのスリーマイル島(TMI)原発2号炉で起きた炉心溶融(メルトダウン)に至る大事故である[1]。この事故では大量の放射能が放出され，原発の周囲8～32km以内に住む妊婦や幼児に退避命令が出され，過酷事故が現実に起きうることを実証した。米国を始めとして幾つかの国々では発電用原子炉の新規発注がこの年を境に皆無となり，スウェーデンなど数カ国は原発からの段階的撤退を決めた。

　事故の余波は日本にも及んだ。長期的には，世論が原発推進派の優位から，1986年のチェルノブイリ原発事故を経て，原発反対の優位へと転換していく起点がここにある。また短期的には，すでに1970年代に形成されていた動員基盤を土台に，反原発運動が活発化した。1978年12月から1981年3月までの2年4カ月間，電調審による原発新増設の承認は滞り，原子力推進派の危機感も高まった。このため対立は激化したのである。

　対立の激化を招いた第3の契機は，前章で述べた原子力行政改革の実施である。特に公開ヒアリングの実施は，市民の自己決定権を拡大するどころか，むしろアリバイづくりでしかないという批判を招き，それ自体を標的にした反対闘争の激化を招いた(第1節)。しかし政府の対応は閉鎖性を一段と強めた。その背景には，1979年4月の統一自治体選挙で決定的となった革新自治体の凋落や，1980年6月の衆参同日選挙での自民党大勝など，全般的な政治状況の「保守回帰」現象が指摘できる。

　政治の保守化はまた，中期的には社会党・総評ブロックに反原発運動への支援の縮小を促すこととなる。第2次石油危機後の世界的な景気後退を背景に，社会民主主義的な福祉国家戦略にせよ，大規模地域開発による地方への利益誘導にせよ，高い経済成長率と潤沢な税収に基づく「大きな政府」は維持しがたくなり，西側先進工業諸国の多くで，インフレ抑制と財政再建，及び労資(使)間関係の再編といった新自由主義的な改革が始まる。それは日本では，特に鈴木内閣から中曽根康弘内閣(1982年11月～1987年11月)にかけ，財政再建や行政改革を旗印に，特に総評の主力部隊であった国鉄労組を

中心とする官公労の力を削ぐ形で，開始された。労働側も組織再編で状況に適応しようとしたので，総評を支持母体としてきた社会党の路線にも深刻な影響が及んだ。もちろん総評は短期的には，TMI 原発事故によって正統性が高まった反原発運動への支援を強化した。しかし労働団体統一論が具体化するにつれ，総評は反原発運動からの撤退を始める。並行して社会党も，社公民政権構想の障害と見なされるようになった，従来の反原発政策を「現実主義的」方向に転換しようと試みる(第2節)。

1979 年以降はまた，核廃棄物問題解決のための構想，特に再処理工場の国内建設が，具体化に向けて動き出した。しかしこの問題も，官庁と電力業界の間で確立した利害調整様式の枠内で解決された(第3節)。

第1節　公開ヒアリング闘争

日本の原子力関係者は TMI 原発事故を対岸の火事として片づけようとした。1978 年 10 月に発足した原子力安全委員会の吹田徳雄委員長は事故発生からわずか 2 日後の 1979 年 3 月 30 日，このような大事故は日本の原発では起こらないとの談話を発表した。ところが米国の原子力規制委員会(NRC)は 1979 年 4 月 12 日，TMI 原発の原子炉を製造したバブコック・アンド・ウィルコックス(B&W)社製の加圧水型軽水炉(PWR)のみならず，日本の原発の約半数がモデルにしているウェスティング・ハウス(WH)社製の PWR についても，緊急炉心冷却装置(ECCS)の再点検が必要であると，日本政府に通告してきた(吉岡 1999，152 頁)。

現実には，1978 年 10 月に定期検査中の美浜原発 3 号炉で原子炉制御棒案内管の部品の損傷が発見されて以来，全ての PWR が予定を早めて定期点検入りしており，そのいずれでも同様の損傷が見つかっていた。また通産省が TMI 原発事故の前日に営業運転を許可していた大飯原発 1 号炉も，先の NRC の再点検勧告を受け，関電は 4 月 14 日に停止を決定した。原子力安全委員会は早くも 5 月 19 日にその運転再開にゴーサインを出し，同原発は 6 月 14 日に運転を再開したが，1 カ月後の 7 月 14 日，ECCS が誤作動

し，約20tの冷却水が炉内に注入される事故を起こした(西尾 1988, 14-15頁)[2]。

このように原子力行政改革の目玉として新設された原子力安全委員会や，商業用原発の許認可権限を手に入れた通産省によるTMI事故後の対応は，かえって不信感を増幅した。この両者の主催での公開ヒアリング実施は，全国各地の立地闘争を刺激し，激突の焦点となった。

紛争の伏線は原子力行政懇談会の時期に遡る。科技庁は1975年6月23日，原子力委員会が柏崎原発に関して，軽水炉の安全性を中心とした技術専門家による東京での公開討論会（シンポジウム）を原子力安全研究協会，原産，日本学術会議の3者との共催で，また柏崎刈羽原発に関する公聴会を新潟市で，それぞれ開く方針であることを明らかにした。地元での公聴会は，公述人が一方的に発言する方式を改め，原子力委員会，電力会社と地元住民が対話する形式を取り入れるはずであった[3]。

しかし科技庁が示した地元公聴会の日程は，1973年の福島第2原発公聴会と同様，1976年8月11，12日の2日間のみであった[4]。また政府当局や新潟県当局は，中央でのシンポジウムが単なる学術的な性格のものではなく，原子炉設置許可手続の一環を成す中央公聴会的性格を持つとの見解をとり，地元公聴会と併せて2本立ての公聴会と位置づけた。柏崎原発反対派は，議論を尽くすのに十分な時間と場所を設定することを地元公聴会開催の前提条件として主張しており，また柏崎原発計画が中央レベルで独り歩きし，地元では原子力全般の当否に関わる問題の議論が許されなくなることを恐れ，地元公聴会の開催に反対した（『国民政治年鑑』80年版, 784頁）。日本学術会議の原子力特別委員会（三宅泰雄委員長）も1976年2月，中央でのシンポジウム開催が政府当局の原発建設計画の進展に荷担することになるという批判に配慮し，シンポジウム共催の返上を決めた。1976年6月18日，君健男・新潟県知事は地元反対派6団体と協議した結果，「開催を強行すれば，不測の事態をまねきかねない」と判断する。その旨を伝えられた原子力委員会は，柏崎原発に関する公聴会開催の断念を決定した[5]。

しかし同様の対立は1979年に再現された。原子力安全委員会は1978年12月，原発予定地での公開ヒアリングと中央での専門家による「公開シン

ポジウム」の開催を打ち出し，後者については学術会議に共催を申し入れた。これは批判を浴びた2本立て公聴会の復活構想だったが，日本学術会議は，このシンポジウムが，原発立地に際し実施される公開ヒアリングとは無関係であることを条件に，10月25日の総会で共催を決めた。学術会議が共催に踏み切った背景には，「米原発事故が提起した問題を究明しなければ，科学者の責任回避になる」という危機感があり，学術シンポジウムの正式名称も「米国スリーマイルアイランド原発事故の提起した諸問題に関する学術シンポジウム」とされた。ところが原子力安全委員会は元々，米国原発事故の発生前にシンポジウム開催を決めており，2本立て公聴会であるとの立場を崩さなかった。しかし学術会議は，もしこのシンポジウムが流れれば，米国原発事故が提起した原子力全般に関わる専門的な安全問題を，公開ヒアリングの場で不完全な形で議論せざるをえなくなることを懸念した。そこで原発設置許可手続の一環なのか否かという本質的な点を曖昧にしたまま，シンポジウム開催に踏み切ったのである(『国民政治年鑑』80年版，783-785頁)。

1979年11月26日，「学術シンポジウム」は東京・神田駿河台の中央大学で開催された。会場付近には反原発住民団体や学者ら150人が詰めかけ，100人の警官隊ともみ合いになり，3人が公務執行妨害で逮捕された。入場予定者500人は全国から研究者ら約850人の参加応募の中から抽選で選ばれており，うち350名ほどが最終的に参加したが，会場付近の混乱のため，わずか40人ほどが入場した段階で開始された。また会場内でも報告者の報告中，理化学研究所所属の物理学者で反原発派の槌田敦がビラ配りを行い，事務職員によって会場外に排除されるなど，混乱が起こった。

原発反対派と学術会議の対立点は3点指摘できる[6]。第1に，上述した学術シンポジウムの性格規定である。原発反対派は，たとえ学術会議が純粋に学術的なシンポジウムを意図していても，「安全委側は原発立地をスムーズに行うため実施する『専門家による公開シンポジウム』に沿うものとして位置づけている」点を突いた。反対派はまた，専門家しか参加できない学術シンポジウムだけではなく，住民の参加できる公開ヒアリングの場でも原子力全般の是非を議論したかった。

第2に，入場者を学術会議登録の学会員に限り，原発所在地の住民や一般市民の傍聴，反原発派の学者のパネリスト参加を拒絶する学術シンポジウムの運営方法も批判された。反対派も部分的には参加できるが，専門家による討論に限られ，拘束力のある決定を下す権限も持たない「無視可能な意見表出のためのアリーナ」(voidable voice arena)ではなく，反対派が対等の立場で参加でき，本質的な議題を討論し，決定権限も与えられた「対論型アリーナ」(contestation arena)の設置を求める立場である(Flam 1994)。

　第3に，組織的な面では，社会党・総評と組んだ反原発派と，共産党の勢力が強い学術会議という対立図式が指摘される。学術会議同様，原子力開発の進め方についてのみ批判的であった共産党は，『赤旗』紙上で学術シンポジウム反対行動を批判した[7]。

　原子力安全委員会と通産省は，混乱にもかかわらず学術シンポジウムが実施されたことを受け，TMI事故の影響で滞っていた原発新増設の立地手続再開に動き出した。個別原発計画の民主的正統性を確保するため，「公開ヒアリング」の実施を急いだのである。1979年1月に通産大臣が省議決定した実施要綱に従い，陳述人の範囲は建設予定地点または隣接の市町村の住民に限定され，住民運動の外部支援者，特に批判的学者グループは締め出されることになった。学者の参加の場は学術シンポジウムで尽くされたというわけである。また意見陳述の内容は通産大臣が事前に審査し，傍聴人も通産省が指名することになっていた。しかも当日の議事運営は通産省職員である議長に委ねられ，議長判断で発言を禁止し，あるいは混乱を理由にヒアリング自体を中止する権限が与えられていた。

　初の実施となったのは，関電高浜原発3, 4号機増設の「第2次」安全審査の一環として，1980年1月17日に福井県高浜町で開かれた第2次公開ヒアリングである[8]。意見・質問は10分間，回答も10分間で再質問なしという制限があった。意見陳述人の資格は高浜町や隣接の大飯町，京都府舞鶴市及び綾部市に3カ月以上住む20歳以上の住民か，その委任を受けた人に限られ，あらかじめ要旨を提出した地元の申込者から原子力安全委員会によって選定された。反対派が申し込みをボイコットしたため，意見陳述人16名

のほとんどは原発の必要性を認める人々となった。会場周辺では総評・社会党の支援を受けた原発反対福井県民会議などの主催で，700人が参加したデモや集会が行われた。

　続いて1980年2月，東電福島第2原発3，4号機増設について第2次ヒアリングが実施された。原子力安全委員会は意見陳述人を20人に増やし，再質問を1回だけ認めた。しかし地元の反原発団体や社会党，福島県労評は会場周辺で700人のデモを行った。このほか，原子力安全委員会は1980年7月には九電川内原発2号炉，同年11月には日本原電敦賀原発2号炉について，反対派不在のまま，第2次ヒアリングを開いた。東電福島第2原発3，4号機はヒアリングから半年後の8月に，川内2号炉は5カ月後の12月に，また敦賀2号炉は1年2カ月後の1982年1月に，通産大臣の原子炉設置許可を得た。一方，通産省の第1次ヒアリングは，柏崎刈羽原発2，5号炉が初の事例として1980年12月に開かれ，前章で触れた通りの混乱が起こった[9]。

　1981年に入るとヒアリングはさらに紛糾する。1981年1月28日，通産省は中国電力の島根原発2号炉増設に関する第1次ヒアリングを島根県鹿島町で実施，これに対し島根県評(島根県労働組合評議会)など反原発団体は全国からバス120台で5000人を動員して会場周辺で阻止行動を行い，機動隊も1200人が出動，もみ合いが起きた。混乱にもかかわらず，島根原発2号炉は2カ月後の1981年3月，電調審で計画着手を承認された。

　また3月19日には原子力安全委員会が中部電力の浜岡原発3号機増設に関する第2次ヒアリングを浜岡町で強行した。静岡県評など16団体で構成する反対派は，前日夜，主に県外から動員した労組員など7000人による抗議集会を開いた。機動隊1500人が見守る中，原子力安全委員会は意見陳述人20人と傍聴人426人を貸し切りバスで会場に運んだ。しかし「陳述人のすべてが原発推進派のため，『推進大会』の様相となった」[10]。「周囲から頼まれて応募して，選ばれたあとで『自分が(申請書の質問内容要旨に)何を書いたか，忘れてしまった』と町役場にかけ込み，職員に『控えがあるから大丈夫』と励まされた人もいる。"狩り出し"があったのか，浜岡原発に勤め

る下請け会社の若者も」という「出来レース」の状態だった[11]。

　ヒアリングをめぐる対立が激化していた1981年3月8日，四国電力が原発新設計画の具体化の前提となる環境調査を申し入れていた高知県窪川町で，反対派住民の直接請求を受け，原発推進派町長の解職投票が実施され（投票率91.7%），解職が成立した。原発立地をめぐる自治体首長のリコール成立は全国初であり，リコール阻止のため国会議員約20名を地元に送り込んで電源三法交付金によるメリットを訴えていた自民党や，新規地点の開拓に力を注いでいた通産省や電力会社に衝撃を与えた（西尾 1988, 57-58頁）。ところがリコール成立を受けて実施された4月の町長選挙では，解職された前職が原発の是非を問う住民投票条例の制定を公約に掲げ，当選した。その結果，窪川町では1982年7月，原発の是非を問う住民投票条例が全国で初めて成立し，反原発運動のみならず，全国各地の様々な市民運動から注目された。町長は住民投票の実施を引き延ばしたが，原発計画は1988年頃までに事実上消滅した。

　窪川町長選と前後して，1981年4月1日，敦賀原発で給水加熱器のひび割れ事故が1月に起きたが秘密裡に修理されていたことが発覚，これに続いて次々と事故隠しや無理な修理などの事実が明るみに出た。4月18日には通産省が，同原発の一般排水路から高濃度の放射能が検出されたと発表した。社会，民社，共産の各党は調査団を現地に派遣し，国会でも政府の責任を追求した[12]。田中通産相は1981年4月24日の参院エネルギー対策特別委員会で，敦賀原発の事故に関連して，「原因などの解明と原発の安全性向上についての行政上の見直しがはっきりするまで，原発設置にからむ公開ヒアリングについては，計画通り実施を強行するというのではなく，弾力的な考え方をしたい」と述べた[13]。しかし結局，通産省は責任問題を回避して早期の事態収拾を図るため，4月30日，事故問題の「総合判定会議」に「中間報告」を提出し，日本原電に敦賀原発の運転停止6カ月を命ずる処分方針を公表した。

　ところが運転停止処分に際して公開聴聞会の開催を義務づける原子炉等規制法の規定を見落としていたことが追及され，通産省は公開聴聞会を開かざ

第5章　保守回帰の下での紛争の激化と儀式化(1979-85)　157

るをえなくなった。これには「利害関係人」が意見陳述できると定められていたため，原発反対福井県民会議の小木曽美和子事務局長ら，福井，敦賀両市の住民3人が届け出を出した。ところが通産省は，利害関係人とは「処分によって法律上の利益が侵害される人」すなわち日本原電であり，漁民や地域住民は含まれないとの見解をとり，意見陳述の申し込みを却下した[14]。

通産省資源エネルギー庁庁舎で6月12日に開かれた公開聴聞会では，まず通産省の担当課長が処分内容と理由をまとめた書類を読み上げ，続いて日本原電の社長が3分間，意見陳述を行った上で陳謝とともに処分をすんなり受け入れ，聴聞会はわずか20分で閉会した。また聴聞会は「公開」のはずだったが，通産省は「会場が狭い」ことを理由に，339人の申込者の中から傍聴人を抽選で30人に限定した。その結果，地域住民で傍聴人に選ばれたのはわずか1人となった。原発反対福井県民会議や東京の反原発グループの約20人は通産省の玄関前で地元住民締め出しに抗議し，警備員らともみ合いになった[15]。

窪川町や豊北町(前章参照)に代表される新規地点での立地工作の挫折や，原発事故や事故隠しの発覚が重なるにつれ，当局は危機感を募らせ，ヒアリング問題でさらに閉鎖性を強めた。それに応じてヒアリング闘争も激化したが，具体的な成果を上げることはなく，ますます儀式化の傾向を強めた。このため一部の地域では運動側がヒアリング闘争の修正を試みるようになる。

端的な例は巻原発計画の反対運動である。東北電力は新潟県柏崎市から遠くない新潟県西蒲原郡巻町に，4基合計4125 MWの沸騰水型軽水炉(BWR)を計画，1号機は1984年8月着工と1989年運転開始の予定で，すでに地元漁協との漁業補償や環境影響調査書の縦覧を終えていた。予定地の一部に未買収地が残っていたが，東北電力はいずれ土地買収を完了できると楽観視し，電調審上程に突き進むため，第1次ヒアリングの早期実施を望んでいた。通産省資源エネルギー庁は1981年7月，敦賀事故で延期していたヒアリングの日程を8月28日開催に決めた。立地予定地の角海浜は日本海沿いの佐渡弥彦国定公園に含まれ，人口集中地である新潟市の中心から約30 kmにあり，新潟市は東北電力に対し安全性に関する質問状を出すなど，

周辺自治体も注視していた。

巻ヒアリングに向けては，自民党を中心とする推進派の方が猛烈な攻勢をかけた。電源三法交付金は巻町だけで26億円，固定資産税は運用初年度で50億円，地元漁協に支払われる漁業補償金や町への協力金などは40億円も落ちることになっていた。推進派は，町内会組織を利用してチラシを配り，宣伝車を繰り出すなど攻勢を強めた。町内72地区の区長の大半が原発推進派であり，また事務局を町総務課に置き町の広報紙を配っている区長会は役員会で原発推進を決め，推進派のチラシやステッカーの配布を始めた。とりわけ「公開ヒアリングを成功させよう」というスローガンの書かれたステッカーを玄関に張っているかどうかは「町民としての踏み絵」だと言われたほどで，「張らないと村八分にされかねない空気も一部の地域にあ」った。「お上の言いなりに住民組織が使われるのでは，隣組の復活だ」と反発してチラシ配りなどを断った区長も2，3人いたが，区長会会長は区長会を「国や町のやることに協力する組織だ」と公言してはばからなかった。また地元建設業界や商店街は競って推進協力に精を出した。8月21日には自民党巻支部など主催で3000人参加の「ヒアリング成功総決起集会」も開かれたが，地元建設業界に300人の動員が割り当てられ，大手と中小業者が張り合った。さらに巻町商工会も7月中旬の臨時総会で早期着工要求を決議して東北電力に提出していた[16]。

その間，新潟地方同盟は1981年7月24，25日に柏崎市で開いた定期大会で，同盟の地方組織としては初めて「原発建設促進決議」を行い，8月の巻原発ヒアリングには組織的に協力し，書記長クラスの幹部を意見陳述人として送り込むことを決めた。さらに自民，公明，民社，経営者協議会，商工会議所などに呼びかけて，原発推進を目指す「エネルギー対策県民会議」の結成を運動方針の中に掲げ，従来の自民党主導とはやや異なる保守・中道の大同団結による原発推進運動の展開を目指していた[17]。

推進派はまた，陳述人獲得や傍聴人選定で組織的な工作を行った。その結果，今回もヒアリングは推進派のセレモニーと化した。地元巻町と周辺市町村からの応募者57人から通産省によって選ばれた20人の意見陳述人のうち，

19人が推進派であり,このうち自民党員が8人,原発設置を契機に新潟県内二十数市町村にできた「エネルギー懇談会」のメンバーが7人,東北電力の元職員や関連会社の重役など電力会社関係者が3人以上いた。エネルギー懇談会の場合,各組織にあらかじめ5,6人ずつ応募する割り当てがあり,宝くじの要領で往復葉書を使って一括して応募した。また2276人の応募者から選ばれた312人の傍聴人にも同様の工作があった。なかには,エネルギー懇談会が本人の承諾なしに勝手に名前を使って応募した例もあった。当日の陳述の中には「関連工事の発注はぜひ地元に」といった陳情めいたものもあった。また敦賀原発事故については午前中の陳述人6人のうち3人が言及はしたものの,「事故の影響で水産物などが売れなくなった。巻原発でそんなことが起こったら,電力会社はどんな補償をしてくれるのか」と,関心は補償に向いていた[18]。

これに対し,反対派の中心勢力であった柏崎・巻原発設置反対県民共闘会議(社会党・総評系)は,従来のような大規模組織動員による1日限りの実力阻止闘争の限界を実感し,8月初め,通産相に対し条件付きでヒアリング参加の構えを示した。しかし通産相は新潟県を仲介役に反対派と交渉した際,陳述時間の延長や反対派への時間割り振りなどで若干の譲歩姿勢を見せたが,反対派が求めた「公開ヒアリングは建設を前提としたものではない」との位置づけの確認は拒絶したため,反対派はヒアリングへの不参加を決めた。反対派は窪川町の運動を参考に,巻町全戸を対象に住民1人1人に働きかけ,原発の是非に関して住民投票を要求する署名活動を行い,ミニ集会を重ねるなど,運動の輪を広げ,息の長い態勢をつくろうとした。ヒアリング当日は全国から反対派が7500人も集まり,実力阻止行動は控えたものの,集会やデモ,会場を取り囲む座り込みを行い,「住民投票に問う」ための署名集めに各戸を回った[19]。

結局,巻原発計画は1981年11月,電調審で承認されたが,東北電力が未買収地の買収交渉に失敗したため,長期にわたって休眠状態となり,1996年8月,住民投票条例の全国初の実施で計画反対票が有権者の約半数に達したことで,事実上頓挫した。

しかし，巻以外の地点では相変わらず，労組中心の阻止闘争が展開された。巻と並ぶ主な新設地点の一つであった北海道の泊原発計画に際しての公開ヒアリング(1981年12月)では，総評系の全北海道労働組合協議会(全道労協)を中核とする反原発道民共闘会議による激しい実力阻止闘争が展開された。ここではヒアリングの数日前から会場前にピケを張っていた労組員と機動隊との間で小競り合いが生じ，負傷者や逮捕者が出た。当日は会場周辺のデモに約8000人が集結し，道警機動隊3500人ともみ合いになった。また福井県敦賀市に計画された高速増殖炉(FBR)「もんじゅ」に対しては，科技庁による第1次安全審査結果に関する地元説明会が1982年2月に行われ，1800人の抗議デモが行われた。さらに原子力安全委員会が7月に強行した第2次ヒアリングに対しては，原発反対福井県民会議や社会党，総評，原水禁国民会議が企画した抗議デモや座り込みに約1万人(警察発表で5800人)が参加し，警官も2000人出動した。

こうしたヒアリングの紛糾に対して，原発立地点の自治体首長が，国に改善措置を求め始める。全国原子力発電所所在市町村協議会(全原協，29市町村，準会員12市町村)の高木孝一会長(敦賀市長)ら代表は1982年6月22日，通産省，科技庁，及び臨時行政調査会を訪れ，ヒアリングの改善を申し入れた。全原協はその前に開いた総会で，ヒアリングの「運営は全く形骸化し，地元は賛成派と反対派に騒動の場を提供しているに過ぎない」との理由で，ヒアリングの開催を「全面改革されるまで受け入れない」旨決議していた[20]。

これを受け原子力安全委員会は1982年11月9日，第2次ヒアリングの改革原案をまとめた。それによると，従来方式を原則としながらも，混乱が予想される場合，①通産省が安全審査結果についての地元説明会を開いた後，地元住民から文書で意見を提出させるか，②地元住民に文書で詳しく意見を提出してもらい，補足的に地元で意見を口頭で聴取する会合を開くかの，いずれかの方式を，地元自治体の意見を聴いて安全委員会が決めることになっていた。また第2次ヒアリングを一度実施した地点への増設の際は，新しい型の原子炉や出力が大幅に増大した原子炉でない限り，ヒアリングを大幅に簡略化するとした[21]。

これに対し 1982 年 11 月 24 日，全原協は東京都で開いた理事会で，この改革案の受け入れを決めるとともに，「増設についての第 1 次公開ヒアリングでも同じ方式を採用したい」との資源エネルギー庁からの申し出も受け入れた。これを受けて原子力安全委員会は翌 25 日，改革案を正式に決め，「文書プラス会合」方式による第 1 号は東電柏崎 2, 5 号炉増設の第 2 次ヒアリングに決まった[22]。その一環として 1983 年 1 月 23 日に新潟県庁で開かれた説明会には，文書で意見を提出した 24 人と柏崎市長ら特別傍聴人 4 人のみが出席し，一般の傍聴は認められなかった。反対派は当日，2000 人のデモで応じた。

このように当局が打ち出した対応策は，「公開」ヒアリングの非公開性を強め，混乱の芽を摘むというものだった。しかし，これではヒアリングをアリバイづくりのために実施するという批判に証拠を与えるばかりであり，対立の解消には結びつかない。結局，建設的な方向での対話への意思は，反対派の側から出てこざるをえなかった。先導したのは島根県評である。

島根県評は 1981 年 1 月に中国電力島根原発 2 号機の第 1 次ヒアリングの阻止闘争をしたが，ヒアリングの形骸化が進められたため，1983 年 5 月に予定されていた第 2 次ヒアリングに向け，運動の方向転換をした。県評は 1982 年 10 月から社会党県本部，島根原発公害対策会議を加えた 3 者で協議した上で，原子力安全委員会と話し合いを進めた。県評側は開催期間を 1 週間とすることや，自由な討論を可能にするため，意見内容の事前通告制の廃止など 20 項目を要望した。話し合いは難航したが，中国電力側が過去の原発事故の詳しいデータを提示することに同意したことから歩み寄り，島根県評は島根県と原子力安全委員会との 3 者で 3 月 15 日に合意し，反原発団体としては初のヒアリング参加が決定した。主な合意項目は以下の通りだった。

・従来 1 日間だった開催期間を 5 月 13, 14 日の 2 日間に延長する。
・1 人 10 分までだった質問時間を (事前に申し出れば) 40 分まで認め，質疑も認める。
・陳述人に地元住民の推薦する学者，研究者が出席できる。
・陳述人は 20 人から 30 人で県評と一般公募を半々とする。

・傍聴人の発言も1日計30分の時間内で認める。
・出された意見が安全審査にどう生かされているか，安全委員会は1カ月以内に地元に説明する。

覚書は3月17日，島根県庁で，安全委員会と仲介役の島根県の間，また県評など反対派3団体と島根県の間でそれぞれ交わされた。島根県評はこの「島根方式」を原発の安全論議の枠組みとして提唱した。また安全委員会の方は，島根以外でもできるだけ反対派がヒアリングの席につくよう柔軟に話し合いを続けていくとしながらも，反対派が話し合いに応じず，開催が難しい場合は1982年11月に導入した「文書方式」も続けるという方針を打ち出した[23]。

しかし，このような島根県評のヒアリング参加方針に対しては，反原発運動内から反対の意見が多数上がり，『反原発新聞』紙上で論争になっている。例えば「巻原発反対共有地主会」にとって，公開ヒアリングとは，「『住民，とくに反対派の意見を聞いてやる(実は，聞きすてるだけ)』ことによって住民の原子力行政への関わりを限定し，『原発建設の決定権が行政権力にある』という本質を強化，補完するための制度」であり，「ヒアリング闘争とは，『原発建設の決定権を住民に奪い返す』ことが本来の目標で」ある。従って「『住民投票の実施とそのための公開討論会の開催』以外のいかなる制度，運営の手直しも，『自分の生命にかかわることは自分で決める』という住民の願いに背くものと断じざるをえ」ないという[24]。

また島根原発反対闘争にも取り組んだ経験のある電産中国地方本部の活動家は，ヒアリング闘争が反原発闘争を労働運動の中に拡大した点を評価し，ヒアリング参加論に異議を唱えている。原発反対福井県民会議の小木曽美和子(社会党)も，ヒアリング闘争で運動の全国連携が強化された点を評価し，ヒアリング参加方針が，反原発運動を再び一地域の運動に矮小化させる危険性を指摘した。

さらに浜岡原発の反対派住民は，地域住民の委任を受けた科学者の陳述が認められたことに潜む陥穽を指摘した。「住民の生活実態に即した反対意見が非科学的として切りすてられる状況をそのままに学者による代理戦争をす

第5章　保守回帰の下での紛争の激化と儀式化(1979-85)　163

るとなれば，その結果は，ますます住民の気持ちをなおざりにし，生活実感から離れたものにならざるをえないだろう」。「ヒアリングには，安全審査の範囲内という枠が厳としてある。学者の代理戦争は，この枠組みそのものを問題とすることを難しく，論議を枠内に封じこめる働きをしてしまうだろう」(以上，『反原発新聞Ⅰ』，272-273頁)。

　こうしたヒアリング参加反対論に対し，島根原発公害対策会議は，ヒアリングや「島根方式」に幻想を抱くとか，制度改革の視点で捉えているのではないと釈明している。ただ，ヒアリング闘争で原発立地手続が本当に阻止できるかもしれないと考えて真剣に取り組んだが，次第にヒアリング闘争自体が儀式化し，「真のたたかいとは遠く，私たちの目的とする『建設阻止』『延期』に一歩も近づけないことを実感させられ」たという。そこで，戦いのやり方を変え，「ヒアリングのまやかしの実態と原発構造全体の虚構を，だれの目にも見えるかたちで明らかにすること」，また「原発の危険性・問題点を浮きぼりにし，大きく住民の意識を変える闘いをしようじゃないかということにした」(『反原発新聞Ⅰ』，279，272頁)のだと説明している。

　では島根のヒアリングはどのように進行したのだろうか。原子力安全委員会は1983年5月6日，意見陳述人32人を決め，そのうち反原発派に陳述人の6割，19人を当て，残る13人が推進派となった。ヒアリングは5月13日から2日間の予定で松江市の県立武道館で開かれ，傍聴人は540人が参加した。1日目の午前の御園生圭輔・原子力安全委員長による開会挨拶の直後，反対派陳述人の小田川岩雄・島根県評事務局長らが発言を求めて演壇に上がろうとし，科技庁職員らともみ合いになった。原子炉等規制法に従って言及されるべき中国電力の技術能力について，通産省の安全審査書が触れておらず，ヒアリングの前提そのものが不備と主張しようとしたという。主催者側は反対派の発言を認めなかったため，反対派陳述人は別室で話し合った結果，午後からの陳述の中で追及していくことで収拾した。午後からは推進派3人，反対派6人が意見を述べた。また希望があった傍聴者10人のうち6人に，5分ずつ発言が認められた。反原発派は「ヒアリングに縦覧された安全審査資料が不備」と，主催者の安全委員会を追及，また県評グループの5人は発言

時間が切れた後も，通産省に様々な質問を投げかけ，原発討論会のような形になった。しかし議論はかみ合わないままだったという。

2日目は，地元県民のほか全国自治体などから約490人が傍聴し，意見陳述は推進派6人，反対派13人となった。反対派は温排水や漁業問題などを追及し，生活実感に根ざした意見を述べたが，通産省は型通りの答弁をし，質疑が再三中断するということを繰り返しながら，最後まで議論はかみ合わなかった。しかし島根県評事務局長はヒアリング参加の「成果」を次のように評価した。「通産省はわれわれの質問に三分の二も答えず不満が残った。しかし，反原発運動の立場から成果もあった。現行のヒアリング制度が国と原子力安全委のなれあいの場であることが確実に印象づけられたこと，国の安全への対応がいかに不十分かということをひき出せた。今後は反原発団体主催の地元討論会を開くなど改めて反原発運動を広げ，2号機増設反対運動を強化する」[25]。

だが5月の社会党，総評，原水禁国民会議の3者連絡会では，島根原発2号機の第2次ヒアリングへの否定的な評価で意見が一致し，これに基づき社会党は，原発の可否を問う住民投票制度が確立しない限り，公開ヒアリングに今後は参加しないとの基本方針を決めた。しかしこれ以後，ヒアリング闘争自体も下火になっていく。例えば1983年12月の泊原発1，2号機建設に伴う第2次ヒアリングに際して，反対派の最大組織の全道労協は当初，運営の改善を条件に参加の方針を表明していたが，結局，改善がないことを理由に参加をボイコットしたものの，抗議行動に動員をかけなかった。その背景には，社会党右派に属する横路孝弘が1983年4月の統一地方選挙で北海道知事に就任し，「行政の継続性」を理由に泊原発計画を容認していたため，左派色の強かった全道労協や社会党道本部が知事支援の立場から泊原発への反対姿勢を弱めていたことが指摘される（田中 1999；大嶋 1988）。当日の現地泊村では，「反核・反原発全道住民会議」（柏陽太郎代表）などの反対派約200人が抗議集会を開いたにすぎなかった。

その後，政府側によるヒアリング形骸化はさらに進んだ。通産省は1984年9月末，柏崎3，4号機増設に伴う第1次ヒアリングの開催を新潟県と柏

崎市に打診していたが,地元自治体は,混乱を繰り返すだけだとして文書方式への切り替えを強く求めた。これを受け通産省は1984年10月29日,ヒアリング中止を決め,代わりに回答も文書で済ませる「完全文書方式」による意見聴取を打ち出した。通産省は文書による意見を10月31日の官報による告示後40日間受け付けた上で報告書を作成し,東電側の回答とともに30日間,一般に縦覧することになった。この決定の理由として通産省は,地元自治体からの要望とは別に,柏崎原発ではすでに2,5号機について第1次ヒアリングを済ませ,全体計画をめぐる論議は尽くしており,3,4号機増設は同型炉の増設にすぎないからだと説明した。今後も,新規立地については従来通り第1次ヒアリングを実施するが,増設については実施を原則としながらも地元の要請があれば文書方式にする方針を明らかにした。増設とはいっても,安全性論議に限られる第2次ヒアリングと違い,計画全体の是非が論じられるという建前の第1次ヒアリングの中止であるので,通産省の姿勢の後退ぶりは際だっていた[26]。こうして公開ヒアリング闘争は,制度の無意味さを「暴露」するには十分な役割を果たしたが,政府側はヒアリングの形骸化で応じ,原発計画の阻止や政策論議の活性化といった具体的成果は残すことができなかった。

　最後に,公開ヒアリング闘争の副産物として,警察による反原発運動に対する警備強化に触れておこう[27]。十分正確とは言えないが,統計的資料としての相対的優位性から,『警察白書』に基づいて検討してみる。『警察白書』の「公安の維持」の章で「原発闘争」が独立の項目になったのは1981年の大衆運動をまとめた昭和57年版からであり[28],その契機は公開ヒアリング闘争であった。昭和60年版までの4年間,「原発闘争」の項には公開ヒアリング闘争しか記述されていないほどである。また1981年記載の検挙者18名中9名や,1982年記載の検挙者27名中18名,1983年記載の検挙者10名全員が公開ヒアリング関係であった。

　警察が公開ヒアリング闘争をこの時期の主な標的とした表向きの理由は「極左暴力集団」の参加である。1981年と1982年の公開ヒアリング闘争に動員された労組員など「左翼諸勢力」2万2500人及び1万2000人のうち,

表5-1　西欧4カ国と日本の反原発運動(1975-89)の抗議手段

国	仏	旧西独	オランダ	スイス	オランダ	日本	日本備考
Ⅰ．在来	8.4 %	26.5 %	17.3 %	44.8 %	15.2 %	34.2 %	司法的 8.1 %
Ⅱ．直接民主	0.9 %	0.0 %	0.0 %	14.4 %	0.0 %	0.0 %	
Ⅲ．非在来	90.7 %	73.5 %	82.7 %	40.8 %	84.8 %	65.8 %	
1．示威	56.0 %	51.2 %	46.9 %	34.1 %	48.1 %	56.0 %	デモ 13.7 %
2．対決＋暴力	34.7 %	22.3 %	35.8 %	6.7 %	36.7 %	9.8 %	署名請願 9.8 %
（うち暴力）	20.4 %				6.3 %	0.2 %	
Ⅰ＋Ⅱ＋Ⅲ	100.0 %	100.0 %	100.0 %	100.0 %	100.0 %	100.0 %	
総件数	311	422	81	223	791	430	
弾圧(非在来)	18.1 %	27.7 %	34.3 %	11.0 %		10.1 %	(逮捕 3.1 %)

出典：左の4カ国はKriesi et al. 1995, pp. 103-104，仏の暴力の比率はDuyvendak 1992, p. 205，右側のオランダはDuyvendak et al. 1992, p. 279に基づく。弾圧は非在来(示威＋対決)に占める比率。日本のデータの弾圧には逮捕のほか，排除やもみ合い，右翼などによる暴力を含む。デモには海上デモも含む。日本で暴力は投石1件のみ。

「極左暴力集団」からそれぞれ1200人及び700人が参加していたと記されている。しかし警察は「極左」だけでなく，総評系労組も含めた左翼全般に対して敵対姿勢を強めており，左翼がヒアリングの開催運営という国家行為の実力阻止を図る点が，注目を引いたと思われる。

　しかし『警察白書』によるとヒアリング闘争の動員力は1983年以降顕著に減少し，1984年には5800人，1985年には800人にすぎなかった。1984年から1986年までの3年間における反原発運動の動員数5万4000人〜7万4000人に占める割合は1〜8%にすぎず，ヒアリング闘争は明らかに消滅に向かっていた。にもかかわらず1980年代前半を通して反原発闘争に伴う検挙件数は10件前後，検挙人数は恒常的に10〜27名あった。ヒアリング闘争が収束しても，警備強化の傾向は反原発運動の他の部分に向けられるようになったと言える。反原発運動への取締りは1988年，検挙件数22件，検挙人数36名で過去最高となる。前年の1987年にはどちらもゼロであったのを見ると，新しい反原発運動の台頭が治安当局をいかに刺激したかがうかがえる。しかも単なるビラ貼りのような穏健な行動に対しても弾圧が見られた[29]。

　しかし非暴力直接行動が人目を引いた「反原発ニュー・ウェーブ」が退潮すると，原子力問題での警察の出番も減少した。ドイツのように大量の市民

と左翼学生が原発予定地の占拠に訴え，警察との暴力的衝突に発展することもなかった．表5-1が示すように，西欧諸国と比べ，日本では反原発の抗議行動が穏健な傾向を示し，それに応じて警察による弾圧も少ない．非暴力にせよ，対決型の直接行動は十分社会的に受け入れられず，多くは漁協や労組が組織動員をかけて行ったにすぎない．公開ヒアリング闘争もすぐに儀式化した．当局は手続面で反対派を十分に締め出すことができ，警察の本格的な介入は必要なかったのであろう．

第2節　ブロック間関係の再編

1　反核運動「統一」論の挫折

　原水禁運動の動向を見てみると，注目されるのは共産党ブロックの動きである．原水協は原子力について従来「自主，民主，公開」の原則の徹底を求める慎重な運動方針をとってきたが，TMI事故を機に反原発への傾斜を強めた．TMI事故直後の3月31日，原水禁が全ての原発の運転・建設・計画の中止を国に求める声明を発表したのと同じ日，原水協は全原子炉の根本的点検と，安全が保障されるまで原子炉を運転停止ないし閉鎖することを国に要求する声明を出し，原発批判にかなり踏み込んだ形となった．

　その後，原水協は1980年度の運動方針で「原発の総点検を要求し，これが行われないままでの原発の新・増設は認められない」という立場へと急進化した．また1980年10月に開かれた原水協の常任理事会は内外の反原発住民運動との連帯の強化と，日本政府の低レベル核廃棄物海洋投棄計画への反対を決めた[30]．その背景として原水協は，①原水協加盟メンバーが反原発住民運動に参加していたことや，②人形峠のウラン濃縮工場の稼働や東海村の再処理工場など，日本でも原子力軍事利用に技術的な道が開かれたこと，③世界的な核軍拡競争の高まり，④国内一部からの核武装論の登場，⑤米国やオーストラリアのウラン採掘における先住民の反対運動や太平洋諸島の核廃棄物投棄反対運動との交流連帯の深まりを挙げている．とりわけ反核国際

連帯活動は元々原水禁が開拓してきた領域であり，当時は国際署名運動などの形で活発化していた。反原発運動を原水禁の独壇場にすれば，反核運動全体での原水協の主導権が低下するという危機感もあったことだろう。

　原子力に対する原水協の姿勢の変化を背景として，1979年夏の「統一世界大会」開催に向けた動きでは，前年の「協」と「禁」の対立に代わり，「協」と同盟・核禁会議の対立が前面に出てくる。このため大会実行委員会の形成を主導した文化人や市民諸団体，中立労連は差し当たり同盟ブロックを除外して実行委員会への「協」と「禁」の参加をとりつけた。しかもTMI事故の影響を反映して，統一世界大会の課題には「原子力開発をめぐる諸問題」が初めて表立って取り上げられることに決まった。その後，地婦連，日青協，及び中立労連の3団体が同盟・核禁会議を統一世界大会に引き込むための工作を行い，同盟は1979年5月，実行委員会への参加を決めた。平和委員会と原水協は一時反発したが，6月中旬には折れ，中央では原水協，原水禁のほか，労働4団体，平和委員会，地婦連，日青協，被団協，生協連，宗教NGO，日本山妙法寺，日本科学者会議など，かつてない広範な団体が参加した実行委員会が発足した。また核禁会議も広島の実行委員会にのみは加盟した（岩垂 1982, 157-177頁）。

　ところが同盟はその後，「原発を取り上げるなら参加しない」として，原水協や市民団体と対立した。総評と中立労連，同盟の事務局長及び書記長による非公式会談などの結果，東京での国際会議中は結論を出すような分科会ではなく「核拡散と原子力問題」に関する討論集会の枠内で取り上げ，8月5，6日の広島大会では大会実行委員会主催の課題別集会で原発問題を議論しないことが合意された。また長崎大会には現地の実行委員会に同盟が参加しておらず，同盟の参加は大会総会だけなので，課題別集会「むつと原発―被爆地長崎はどう受けとめるか」で扱われることになった[31]。しかし特に同盟の参加した東京国際会議の討論集会で原子力の反対・批判・推進論者が初めて一堂に会したことは画期的であった。ただ，3者間の基本的相違を埋めることは最初から目指されておらず，TMI事故から4カ月余り経てなお，「統一世界大会」国際会議の宣言は原発問題に一切触れることがなかった。

第 5 章　保守回帰の下での紛争の激化と儀式化(1979-85)　169

　それでも原水協が原子力批判を強めたことで，原水禁は自己の路線の正しさが証明されたと受け取った。原水禁は 1979 年 8 月も独自大会「被爆 34 周年原水爆禁止大会」を広島や長崎で開き，分科会で反原発を重要課題に取り上げた。なかでも 8 月 4，5 日の広島大会では社会党，公明党，社民連が来賓として出席し，森瀧市郎・原水禁代表委員が核の民生利用と軍事利用の不可分性という従来からの見解を強調，原発の運転停止や計画中止を署名運動などで求めていくことを提案した。また 8 月 10，11 日に長崎市で開いた原水禁の国際連帯会議では，11 カ国の代表 32 人，日本側代表 100 人が参加し，今後の行動計画として，南太平洋の米仏核実験被曝者の援助，米豪でのウラン採掘反対運動の支援，代替エネルギー研究の促進等を採択した。

　原水協と原水禁の立場は 1980 年夏の「統一世界大会」で一層接近する。大会開催中，原水協は，中ソの核実験にも反対する方針を初めて打ち出した。「遺憾である」から変化した背景には，広島・長崎両原水協からの要望と，運動の中で比重が増しつつある市民団体への配慮があった。また原子力については 1980 年 8 月，「統一世界大会」の東京国際会議において採択された「東京宣言」が，世界大会の文書としては初めて，原子力開発利用に具体的に言及し，かつ，かなり批判的な姿勢を打ち出した(岩垂 1982，211-218 頁)。

　こうして「いかなる国」問題や原子力問題で「協」と「禁」は接近した。しかし他方で，1979 年秋以降，連合政権協議や労戦統一論議をめぐり，社会党・総評と共産党との関係が悪化したため，1980 年「統一世界大会」の準備委員会は難航の末，地婦連や日青協，生協連，被団協，宗教 NGO の市民諸団体の打開策によって 1980 年 6 月にようやく発足した。1980 年からは原水協も「統一世界大会」と並行して独自大会を再開し，原水禁運動の組織的統一の可能性はなくなった。懸案の解消は，同盟の不参加とともに，1981 年夏の「統一世界大会」の開催を容易にした一方で，「協」と「禁」は原子力など不一致課題での意見の隔たりをそれ以上埋めようとする積極的な努力を見せなくなる。1981 年「統一世界大会」国際会議の「東京宣言」ではもはや原発反対が明確には謳われず，そのための具体的な行動計画にも言及がないまま，抽象的な問題点指摘にとどまった(岩垂 1982，226 頁)。

最後に，反原発運動に対する総評の立場を見てみよう。総評は社会党と同様，公式には原発建設反対という基本方針を掲げながらも，具体的な反対闘争は県評・地区労レベルにまかせきりであった。しかしTMI事故を契機に反原発闘争の全国的大衆運動としての可能性に注目する一方，労戦統一論議と社公民路線をにらんで，原発問題への対応を微妙に軌道修正し始める。

　総評は，1979年11月8日から滋賀県大津市で開いた「地域労働運動を強めるための全国集会」に，原発について「安全性が保証されない限りは反対」との態度を明確にした「討議要綱案」を出した。これは「安全性の確保」に焦点を合わせて，運動を盛り上げる趣旨だと説明されたが，安全が確保されれば原発建設を将来的に容認する含みも持ち，総評による反原発闘争の事実上の軌道修正と報道された[32]。県評レベルの反原発活動家の懸念に対し，富塚事務局長は，11月30日，福島県富岡町で開いた反原発関係県評地区労働者会議で，先の大津での発言は原発に対する柔軟路線を意味しない旨釈明し，安全性を確認させるまでは全原発の稼働建設の凍結（モラトリアム）を求める5000万人署名運動を，1980年春闘から展開することなどを盛り込んだ反原発闘争方針案を示し，翌12月1日，了承された[33]。

　また約1年後の1980年10月16日，岐阜市で開かれた総評主催の「地域労働運動を強めるための第3回全国交流集会」で富塚事務局長は，討議をまとめる集約答弁の中で反原発闘争に言及し，①先鋭的な反原発運動を展開している拠点地域の闘争については支持し発展させる方向で運動の再検討を進める，②拠点以外の地域では，モラトリアム運動を進める，③中央では，あらゆる政策形成の場で総評の主張を理解させる運動を進める，との見解を示した。これは労働団体の統一へ向けた動きが中央で進むにつれ，拠点地域での反原発闘争が取り残されるのではないか，という活動家の不安に応えると同時に，「先鋭的な抵抗運動だけでは国民の納得を得られない」との認識の下，安全性が確立するまで原発運転の凍結（モラトリアム）を求める穏健な運動を通じて，柔軟姿勢を示し，幅広い結集を目指す方針だと説明した[34]。

　同様に1982年7月25日，東京での総評定期大会で富塚事務局長は82年度運動方針案を提起し，住民闘争との連携による下からの運動で多数派を形

成していく考えを示した。これは総評が進めた反核・軍縮闘争が草の根運動と結びついて成果を上げたとの評価に基づいており，自民党一党優位が復活し，労働運動も行き詰まった状況を打破するためでもあるとされた。

　このように総評は，大衆運動では原水禁と原水協の社共共闘を軸に，可能な限りで同盟・核禁会議を引き込む形での原水禁運動「統一」を推進する一方で，後述の労戦統一の具体化に対応して，政権構想においては社公中軸の社公民路線の選択を社会党に促した。つまり「政治面では中道に傾斜しつつも運動面では全野党共闘路線を求める」立場をとった（『総評四十年史Ⅱ』，520頁）。このような戦略は，労働政治及び連合政治と，大衆運動との不整合を内在しており，いずれは選択の問題に直面せざるをえない。矛盾は大衆運動レベルにも内在しており，総評中央が求めた原水禁運動「統一」論は反原発闘争を進める原水禁やその地方組織によって拒否された。原水禁は「統一世界大会」に参加しつつも毎年独自大会を開き，この動きを結局は総評も追認した結果，総評ブロックの反原発闘争はこの時期に最大の高揚期を迎えることができたとも言える。総評に加え，飛鳥田社会党の路線上の曖昧さもまた，反原発闘争の高揚に比較的好都合な環境を提供したと言える。

2　労働団体再編

　労働団体の統一論は 1960 年代後半から，経済変動の影響をより多く受ける民間単産のレベルで議論が始まった。1970 年代前半になると，労戦統一論議は労働団体レベルにも浸透したが，総評と同盟の路線対立は激しかった。同盟は，安保反対など政治闘争を重視する総評の路線を官公労的体質と批判し，また 1973 年春闘での総評による年金統一ストを違法な政治ストと非難し，そのような総評官公労との統一は不可能であるとの理由で民間先行の統一を唱えた。これに対し総評は全国的に表面化してきた公害や減税などの国民的生活課題に取り組むためにも，官民全体の労戦統一が必要という「全的統一論」を展開した。そうした中，1972 年 3 月には民間 22 単産で発足した「統一連絡会」が民間先行での労戦統一を議論したが，全国金属など総評系民間単産や国労・日教組・自治労など官公労の有力単産からの強い反発を受

け，1973年7月に解散に追い込まれた。その背景には，1972年12月の総選挙で公明・民社両党が後退，社会・共産両党が議席を伸ばしたため，総評の優位性が強まったことも指摘される(『総評四十年史Ⅱ』，589-593頁)。

しかし統一推進派の民間単産は共同行動を強めていき，1976年10月には総評と同盟を横断する形で政策推進労組会議を結成した。対抗して左翼系労組は1974年12月に「統一労組懇」(統一戦線促進労組懇談会)を結成したが，次第に防戦に回るようになる。石油危機後の物価高騰や雇用情勢の悪化を背景に，労働4団体は共同行動を組まざるをえなくなる。また総評が1975年11月のスト権ストで世論の批判を浴びる一方，同盟は民間労組員数で総評を上回るようになった。さらに1970年代後半を通じ，自治体選挙で社共共闘型の選挙協力や革新自治体が敗北を重ねる一方，民社・公明両党が各種選挙で議席を伸ばし「中道政党」として自立化を強め，地方と国会の両方で自民党に同調する例が増えてきていた。

労戦統一論議は1978年秋から各単産でも始まり，総評も1979年7月の定期大会で統一への取り組みを確認した。1979年以降，労働4団体は，政策や予算要求に関する共同行動や，選挙での共産党を除く野党候補の支援を通じ，具体的な共闘を積み重ねていく。1981年5月には労働4団体の首脳を含む6つの有力民間単産の代表が，労戦統一の基本構想について合意に達した(『総評四十年史Ⅱ』，597-604頁)。

しかしこの基本構想を同盟，中立労連，新産別の3団体は受け入れたが，総評内では激しい論争が起こる。論争の過程で，反自民・全野党の共闘や，企業主義の克服など5項目の「補強見解」を前提条件に基本構想を承認し，それに基づいて民間単産が「統一準備会」に一団となって参加していくという原案を，総評首脳が1981年7月の総評定期大会で提示したが，紛糾し，結論は先延ばしされた。評論家の青地晨や日高六郎，宇井純，小田実，小中陽太郎，梅林宏道ら文化人や学者，反公害や反戦の市民運動グループ代表ら62名は1981年10月，労戦統一の進展が市民運動に重大な影響を及ぼすことへの懸念から，各単産委員長宛に労戦統一についての疑問点をただす公開質問状を発送，回答を求めた(『総評四十年史Ⅱ』，605-606頁)[35]。

3労働団体は難色を示しながらも総評の補強見解に譲歩し，これを受け総評幹事会は総評系民間5単産の先行参加を確認した。こうして1981年12月，民間先行による「統一準備会」が4団体加盟の39団体，380万人の参加で発足し，1982年5月には全電力を含む総評系の民間7単産が参加した。さらに第3陣として全造船機械（全日本造船機械労働組合）など3単産の参加が決定したのを受け，統一準備会は1982年12月，41民間単産，425万人で新組織の「全日本民間労働組合協議会」（全民労協）へと移行した。これにより，総評内の労戦統一論議は，民間先行の是非から，官公労を含む全的統一への具体的道筋に論点が移ることになった（『総評四十年史II』，607-612頁）。

当初は，公務員の首切りを意味した行政改革や政党間協力での「中道結集」ないし「自公民路線」を推進する同盟・民社党に対する不信感から，総評内では民間単産においても労戦統一は激しい対立を内包し，官公労もまだ健在であった。しかし1982年11月に誕生した中曽根政権下で，増税なき財政再建や行政改革，民間活力の活用を掲げる政府・財界による国鉄や電電公社の民営化キャンペーンが激化するにつれ，官公労の抵抗力は掘り崩されていった。総評は1983年7月の定期大会で槙枝・富塚体制を引き継いだ黒川・真柄体制の下，全的労戦統一の検討を本格化させた。1985年4月の電電公社と専売公社の民営化に伴い，全電通や全専売が民間単産となって全民労協に加盟すると，総評内部では，官公労が取り残されるという危機感が強まった。総評は1985年7月の定期大会で，労働3団体及び全民労協と，全的統一のための団体協議を開始することを決定した。1年後の1986年7月の総評大会は，1990年前後での全的統一実現の目標を決定したが，動労が総評による国労支援を批判して総評脱退と同盟・鉄労への同調を決めたため，総評は国鉄分割民営化反対闘争の柔軟化を打ち出さざるをえなくなった。また7月6日の衆参同日選挙で自民党が大勝，社会党が敗北し，中曽根政権が民活路線への自信を深めたことも，総評にとって逆風となった。また左翼系有力単産では国労が分割民営化闘争の柔軟化を拒否し，日教組は労戦統一問題で内部が紛糾し続けたが，総評最大の単産であった自治労は1986年8月末の大会で，全民労協を全的統一の協議における交渉相手として正式に認知

した(『総評四十年史II』, 613-619頁)。

　一方, 全民労協は1986年11月の総会で, 1987年11月の連合体移行の目標と, 1989年までに官公労も含めた全的統一を実現するよう努力する旨を確認した。中立労連は1987年9月に, 同盟は11月に, 新産別も1988年10月に解散し, 全民労協は1987年11月, 62単産, 555万人の参加で全日本民間労働組合連合会(連合)へと移行した。全的統一に向けた協議は1988年2月から総評, 官公労, 及び連合の間で開始され, 総評は1988年7月の定期大会で1989年の統一達成・総評解散を正式に決定した。その間, 幾つかの単産は分裂し, 共産党系反主流派が抜けた自治労と日教組は1988年8月と9月の大会で, 新連合への加盟を決定した。総評は1989年11月に解散し, 新「連合」(日本労働組合総連合会)が78単産, 800万人で結成された。また同日, 共産党系の全国労働組合総連合(全労連)も結成された。労働4団体は消滅したが, 総評センター, 旧同盟系の友愛会議, 及び中立連絡会議の3つの継承組織が新たに発足し, 不一致課題への取り組みなどを目的に,「一定期間」存続することになった(『総評四十年史II』, 621-625頁)。こうして労働団体の再編成は完成した。

　最後に, 労戦統一から取り残された下請け労働者の位置について触れておきたい。1981年7月, 敦賀市の日本原電敦賀発電所と, 原発企業の元請けの関電興業敦賀営業所でそれぞれ下請け, 孫請けとして働く作業員183人が全日本運輸一般労組関西地区生コン支部の原子力発電所分会, いわゆる「原発分会」を結成し, 原発下請け作業員初の労組結成となった。解雇や脅迫を避けるため, 組合員の名前は匿名にされた。分会は結成後間もなく, 日本原電と関電に対し, 団体交渉と, 労働条件に関する20項目の要求を認めるよう求めた。会社側は下請け労働者との直接の雇用契約関係がないとの理由でこれを拒否したほか, 分会を解散させるよう下請けや孫請けの会社に指示し, 暴力団による脅迫もあった(Tanaka 1988)。要求に対する会社側の無回答を受け, 1981年9月, 分会と, 分会が所属する「生コン支部」は, 日本原電(本社東京)と関電興業(本社大阪市)を相手取り, 福井県地方労働委員会に不当労働行為(労働組合法7条)の救済を申し立てた。

その間，1981年8月には原発分会の斉藤征二会長らが，広島で開かれた被爆36周年原水禁大会に出席し，核廃棄物の海洋投棄と労働者被曝に関する分科会で報告した。また1981年8月末には福島や茨城，静岡の原発現地を訪れる全国キャラバンを行い，下請け労働者と会合を持っている。さらに1983年7月には，原発下請け労働者の人権や労働条件を守るための初の全国組織「原発下請け労働者の権利を守る会」の結成総会が福井県敦賀市で開かれ，全国の原発立地県内の労組や反原発市民団体，学者や宗教団体など52団体から約230人が出席した。

こうした活動にもかかわらず，原発分会には2つの根本的な弱点があった。第1に，季節労働者の雇用は不安定であり，仕事を求めて各地の原発を渡り歩く傾向があり(「原発ジプシー」)，福井県を離れた労働者は原発分会と音信不通になってしまうことである。第2に，分会とその構成員は，原発労働の危険性を知りながらも，生計のために原発を基本的に受け入れていることにある。このため反原発運動グループとの連携には一定の限度があった。結局，下請け労働者の組織化はあまり広がらなかった。

労働界の再編により，民間大企業労組を主体とする同盟と，官公労を主体とする総評という中央労働団体の二元構造は，支配的な「連合」と共産党系少数派の「全労連」という非対称な構造に再編された。これに対し，原発労働における電力会社正社員と，被曝労働に従事する下請けの未組織季節工という二元構造は手つかずのままだったが，反原発運動を支えた旧総評系官公労は，反原発運動への関与を弱めていった。

3　社会党の「現実路線」への動揺

与野党伯仲から保守回帰へと政治状況が転じる最初の徴候が現れたのは，1979年4月8日の統一地方選挙であった。幾つかの県や全国各地の市長選挙で自公民の選挙協力が成立し，なかでも東京都知事選挙では自民・公明・民社の支援を受けた鈴木俊一が，社会・共産の支援を受けた太田薫・元総評議長を破り，当選した。また神奈川の長洲知事のように「革新首長」として出発した現職候補に対する自民党の相乗りも増える一方，大阪知事選では共

産党系の黒田了一が，社公民の3党選挙協力に自民党の相乗りを加えた対立候補に破れた。革新自治体の時代から総与党化の時代への移行が始まっていた。社会党は首長選挙で影響力を弱め，県議選でも大幅な議席減少に甘んじた。共産党は議席を増加させながらも，得票率は低下した。

　統一地方選挙での敗北にもかかわらず，飛鳥田社会党委員長は，政党間の多数派形成より党の主体性を重視する考えを変えなかった。しかし労戦統一論議を抱える総評は同じ5月，これより厳しい現状認識から，富塚事務局長が社会党のみを支持してきた方針を変える可能性を提起した。また1979年10月7日の衆院選に向け，公明・民社・社民連・新自由クラブの中道4政党間では，本格的な選挙協力が合意されたが，公明党からの選挙協力の打診に対し，社会党はやはり難色を示した(前田 1995, 169-171頁)。選挙の結果，自民党は公認候補の当選者248名と大敗し，保守系無所属の当選者を入党させてようやく衆議院の議席の過半数を確保した。自民党大敗の原因は，選挙中に大平首相が「一般消費税」の導入に意欲を示し，自民党支持層の商工業者などの反発を買ったことや，統一地方選挙後に行われたために，地方議員を中心とした自民党の選挙運動の実動部隊が疲弊していたことが指摘される(石川 2004)。しかし社会党も前回から17議席減の107議席に落ち込んだ。民社党と公明党は選挙後に無所属議員を加えるなどして議席を増やし，社民連は2議席を維持した。共産党は躍進した1972年総選挙の40議席から1976年総選挙で19議席に半減していたが，41議席に回復した。選挙前に保守色の強い議員が離党していた新自由クラブは前回18議席から4議席へと転落した。

　総選挙後，総評は社会党に公明党との政権協議に入るよう圧力をかけた。その結果，1979年11月には社公両党が政権協議を開始し，1980年1月10日に合意に達した。この「社公合意」では，その前文の「政治原則」において，「現状では」の但し書き付きながら，「共産党を政権協議の対象とはしない」ことが明記された。これによって社会党は従来の「全野党共闘路線」を放棄し，社公民路線に踏み出した。また見解の異なる基本政策のうち，日米安保条約や自衛隊については，公明党が社会党に譲歩する形で集約された。

第 5 章　保守回帰の下での紛争の激化と儀式化(1979-85)　177

　原発については，新増設の凍結などを主張した社会党と，容認の立場をとる公明党との間でまとまらなかった。合意文書の本文の「政策の大綱」は，政策手法を次のように抽象的に表現しただけである。「原子力発電は自主・民主・公開の原則を確立し，安全性の再点検を厳格に行い，その結果にもとづいて必要な改善と制度の改革を早急に行うとともに，建設については，民主的な手続きによる厳格な安全審査と環境アセスメントをもとに関係地域住民の合意を前提とする」。具体的な新増設の可否については，合意文書の「両党確認事項」として，「社会党は，原発の新増設について，当面凍結し，連合政権樹立の段階までに安全性の確認を行ってその可否を決めることとし，その決定時点で改めて協議したいとの見解を表明した。公明党はその協議について確認した」と両論併記の形で付記され，継続協議とされた(飯塚ほか1985，402-406 頁)。

　その間，民社党も 1979 年 11 月に公明党との政権協議を開始し，社公民の政権構想が社会党主導にならないよう牽制した。1979 年 12 月には一足先に公明党と民社党の間で「中道連合政権構想」が締結され，両党は自民党との連合政権を否定するとともに，実質的な安保是認で合意した。従って，両政権構想に公明党が加わっているとはいっても，基本政策上の隔たりは残った。また 1980 年 2 月の社会党定期大会では社会主義協会系の地方代議員を中心に，社公合意への批判も上がった。それでも 1980 年夏の参院選に向け，社公民 3 党は選挙協力の協議を開始し，5 月には参議院 5 地方区での 3 党選挙協力に合意した。また労働 4 団体間でも，選挙協力の合意が形成されていた。

　ところが参院選に先立ち，1980 年 5 月に社会党が不用意に提出した内閣不信任案が，自民党反主流派(福田派，三木派)の本会議欠席により，思いがけず可決され，大平首相が衆議院を解散したことから，6 月に衆参同日選挙が行われることになった。しかも大平首相が選挙運動中に心筋梗塞で倒れ，急死したことから，同情票を集めた自民党が大勝した。衆議院で自民党は公認候補だけで 284 人，36 議席増となり，新自由クラブも 12 人に回復した。保守系無所属の当選者も合わせると，「総保守」が 305 議席にも達した。これに対し，社会党は 107 議席を維持し，社民連も 1 議席増やしたが，公明は

24議席，共産は12議席，民社は3議席を減らした(石川2004)。参議院では自民党が11議席増の135議席となる一方，社会党や共産党が議席を減らした。選挙後，民社・公明両党は社会党に決定的な不信感を抱き，自民党との連携が基調となる。また社会党も1981年8月に飛鳥田委員長が社公合意の事実上の凍結を表明した。

　同時に，社会党の基本政策の現実路線化も停止した。1980年6月4日，飛鳥田委員長は自民党一党支配の打破のため反自民・非共産の野党勢力(社，公，民，新自ク，社民連，労働4団体)を結集する連合政権構想を神戸市で発表し，この中で安保・自衛隊や原発政策について，「社公合意」での社会党の立場より現状肯定の色彩を強めた姿勢を打ち出した。原発については，社公合意が建設について単に「関係地域住民の合意を前提」に決定するとしていたのに対し，新増設の凍結と稼働・建設の適否を関係住民の住民投票に委ねることとし，合意形成の具体的方法を特定した点で一歩踏み込んでいた[36]。

　社会党の柔軟化に対しては，反原発運動側から懸念が表明された。舛倉隆(福島県浪江町棚塩原発反対同盟委員長)の言葉がそれを代表している。「これまで通り社会党は原発反対を貫いてくれると信じている人は多いのです。自民党政権崩壊の日を想定して，社会党が連合政権樹立のために各党と政策調整を進めるのは当然のことです。しかし，戦争反対と原発反対の二つは，ぜひ守り通して欲しいのです」。こうした不安に対し社会党は，公明・民社との協力を進める選挙方針が，原発の運転と新増設を容認しないという従来の社会党の反原発政策に変更をもたらすわけではない旨，弁明した[37]。

　しかし1980年の衆参同日選挙後の社公民政権構想崩壊で，社会党の原発政策転換は停止した。また総評が大規模な組織動員をかけた公開ヒアリング闘争の高揚を背景に，県評や地方の社会党員の中に反原発運動がかなりの定着を見るようになった。そうした中，原子力施設立地計画に直面する社会党地方議員を中心に，1982年2月に結成されたのが原発対策全国連絡協議会(原対協)である。関係26道府県の社会党原発対策委員会で構成され，栗原透・高知県議が初代会長になった。結成の目的は反原発闘争の全国連携や支

援，情報交換の強化にあるとされたが，党内反原発派が単なる非公式の派閥ではなく，党の公式の機関として制度化された意味は大きい。しかし原対協はやがて，社会党の反原発闘争本部というより，党の原発政策見直しに対して拒否権を行使する集団としての側面を強めていく。

　そのきっかけは，1983年6月22日の参院選であった。これは前年8月に全国区を比例区に変えた公職選挙法改正後初の参院選でもあった。主要政党の総議席数は前回1980年選挙の結果と比べ，ほとんど大きな変動はなく，実質的には自民党の勝利となった。社会党は飛鳥田委員長が実質的な敗北の責任をとって退陣を表明し，1983年9月の党大会で，石橋正嗣が委員長に，田辺誠が書記長に選ばれた。石橋社会党は共産党との対決色を強め，公明党との関係改善を図るなど，社公民路線の復活を目指した。このためにまず，マルクス・レーニン主義的な綱領的文書「道」の見直しが行われた。すでに飛鳥田時代の1982年6月には『八〇年代の内外情勢の展望と社会党の路線』が，また1982年12月には『われわれのめざす社会主義の構想』が党大会で承認され，「道」の窮乏化革命論やソ連型社会主義志向が否定され，西欧型社会民主主義の追求が是認されていた。さらに1985年1月の党大会では，党の綱領と，綱領的文書の「道」を廃止はしないが歴史的文書として機能を停止させることが決定された。さらに1986年1月の党大会では，社会民主主義を明確には謳わないという左派への妥協を行いながらも，新しい綱領的文書「新宣言」を採択した(新川 1999，171-172頁)。

　綱領的文書の見直しと並行して，石橋社会党は，日米安保条約，自衛隊，朝鮮半島，及び原発の4基本政策における従来の急進的路線が社公民の政権協議の障害となりうることから，現実重視の方向に修正しようと試みた。そのために石橋は，委員長就任後に初めて行われた衆院選の結果を慎重に待った。1983年12月18日の衆院選は，10月の田中角栄に対するロッキード事件の1審有罪判決が出たのを機に，田中に対する議員辞職勧告決議案などをめぐって国会が紛糾，解散されたのを受けて行われた。結果は，自民党が公認候補者の当選だけでは過半数割れを起こすという敗北を喫する一方，公明党と民社党が票を伸ばし，共産党は微減した。若干の選挙区で公明党との選

挙協力に合意して選挙に臨んだ社会党は，惨敗した前回より6議席増となり，低レベルではあったが一応及第と見なされた（石川 2004）。

選挙直後の1984年1月，石橋委員長は自衛隊の法的地位に関する党の立場を，従来の単純な違憲論から「違憲だが合法」とする立場に改める考えを党機関誌『月刊社会党』で明らかにした。また1984年3月，石橋委員長は訪米を前に，社会党が韓国と交流する用意があり，従来の北朝鮮一辺倒の朝鮮半島政策を見直すことを表明した。ただ自衛隊の「違憲・合法論」は，左派の巻き返しを受け，「違憲・法的存在」という後退した表現で，1984年2月の党大会で承認された。また1986年初頭の石橋委員長の訪韓計画は，韓国政府からビザが下りず，実現しなかったが，その過程で実質的に韓国を国家として認知する発言を行っている（谷 1986b）。

対照的に，原発政策では現実路線への政策転換が完全に阻止された。党内原発論争の山場となったのは，1985年1月の党大会に向けた「中期社会経済政策」の策定である。これは，1979年に決定された「中期経済政策」の全面改定として，1980年代後半から約10年間を対象に策定することが1984年2月の党大会で決定され，社会党は改定作業を社会党系の学者で構成する平和経済計画会議（1961年設立）に諮問した。同会議は1984年11月17日，総論部分の基本的考え方を固め，社会党全国政審会長会議に報告した。報告の内容は石橋委員長就任以来の社会党の「現実路線」を具体化するものであり，実質5％の経済成長率によって完全就業と質量両面にわたる高度な福祉社会の実現を目指すというのが大筋であった。この「中期社会経済政策」において原発政策は重要な柱の一つとされ，その際，実質5％の経済成長の達成は，計画段階の原発建設を中止しても可能であるが，現在稼動中の原発は容認しなければならないとされた。原発政策の骨子は以下の通りであった[38]。

- 現在稼働中の原発は安全性の確保を前提に稼働は容認する。
- 建設中の原発は，このままのペースで完成させると需要を供給が上回ると予想されるので，完成時期を段階的に遅らせ，初期に建設された原発の耐用年数が切れたのを引き継ぐ形で稼働させる。
- 計画段階や新規の原発の建設は中止する。これは原子力が経済性の点

第 5 章　保守回帰の下での紛争の激化と儀式化(1979–85)

で有利とは言えなくなったことが根拠とされる。代わりに，より安価なエネルギーの開発を推進する。

こうした原発政策の内容が公表されると，全国 24 道府県に及ぶ反原発活動家や社会党の各道府県本部からの抗議が社会党本部へ殺到した。原対協会長の栗原透・高知県議は急遽上京し，石橋委員長らに従来の原発全面反対方針の再確認を迫った。党の原子力政策を担当する社会党科学技術政策委員会（大原亨委員長）も 11 月 21 日に委員会を開き，稼動中の原発の運転中止や建設中及び計画段階の原発の建設中止という方針を堅持し，中期的に必要な電力を石炭や液化天然ガスによる火力発電所の増設でまかなうとする提言をまとめ，島崎政策審議会長に提出した。こうした反発をなだめるため，党執行部は各都道府県本部に対し，原発反対の方針は撤回しておらず，原発政策の見直しはこれから議論するのだと弁明する通達を出した[39]。

一方，党内原発推進派は学者グループの報告を歓迎した。その急先鋒だった後藤茂代議士と松前達郎参院議員は，すでに雑誌『エネルギーフォーラム』1984 年 8 月号の「硬直化した社党『反原発』政策を見直せ」と題したインタビュー記事の中で，原子力発電を推進もしくは容認する発言をし，物議をかもしていた。原対協は 10 月 17 日，こうした発言に対し，原発反対方針の堅持，党機関以外での個人的見解の不公表などを石橋委員長に申し入れたばかりであった[40]。それから 1 カ月で，稼動中の原発を容認する学者グループの原案の骨子が出てきたため，反対派は危機感を強めたのである。

賛否両論が渦巻く中，社会党政策審議会と平和経済計画会議は「中期社会経済政策」の最終案を 12 月 4 日に田辺書記長に答申した。その原発政策の骨子は，計画中の原発は凍結，建設中の原発は再検討，稼動中の原発は運転を容認しつつ，「全面的な安全性確立のための研究を続ける」方針となり，反原発派に若干譲歩した形となった。また商業用の FBR や再処理工場の建設は認めず，「長期的には原子力発電に依存しないエネルギー供給を目指す」旨が追加され，太陽熱や風力などソフトエネルギーの開発を将来の目標として掲げた。また並行して原案作成が進められていた 1985 年度運動方針案も原案が同じ頃に固まったが，ここでは「安全性が確認されない現状において

は，原発，高速増殖炉，再処理工場，ウラン濃縮工場の建設，原子力船に反対する」という従来からの表現が踏襲された。しかし中期政策の考え方を踏まえ，稼動中の原発については，「一時停止し，安全性が確認されるまで運転再開を認めない」としていた表現を盛り込まず，事実上容認する含みを持たせた[41]。

しかし反原発派の反発は収まらなかった。原対協が12月12日に衆院第1議員会館で開いた臨時総会には原子力施設を抱える24道府県の活動家が参加し，石橋委員長に再度，原発全面反対方針の堅持を申し入れた。また同日，全国国民運動部長・原発担当者会議が党本部で開かれ，「反原発闘争の現場で支持者の間に動揺と不信が広まっている」などの声が相次ぎ，反原発闘争の継続・強化を確認し，上原国民運動局長が13日の中央執行委員会に報告することを決めた。やはり12日，中期政策の策定を進める政策審議会総合政策委員会も開かれ，党科学技術政策委員会と総合エネルギー政策委員会の有志議員12人が意見書を提出したが，後藤茂商工部会長ら原発推進派と，村山喜一総務局長ら反原発派の意見が対立し，調整がつかなかった[42]。

結局，中期政策の原発政策の最終案は，12月14日深夜，田辺書記長と島崎政策審議会長，及び森永企画調査局長の3者協議に委ねられ，15日にようやく最終案がまとめられた。その中で原発は「いまだにその安全性が確立されず，使用済み核燃料や廃棄物の処理についてもメドが立っておらず，人間の生命にかかわる危険性は依然として除去されていない」と位置づけられた。計画中の原発は全て凍結，建設中の原発は中止，稼動中の原発は「公的規制を強め，公開を求めるなど安全性を追求し，これが確認されないときは，運転を中止して再審査，再点検を行う」とされた。中期政策の修正と連動して，85年運動方針案も修正され，稼動中の原発を一時停止し，「安全性が確認されるまで運転再開を認めない」とする部分が復活した[43]。

しかし反原発派は納得しなかった。1985年1月17日から3日間開かれた第49回定期党大会では，原発問題が最大の焦点となり，反原発派の22県本部と，3県本部の一部議員有志は，原発全面反対の堅持を求める修正案を提出した。執行部は，原対協などと非公式協議を重ねた上で譲歩し，運動方針

案のうち，稼動中の原発の運転継続を容認した部分を削除した。また中期政策では「安全性を追求し，これが確認できない以上，運転を中止して再審査，再点検を行う」という文言に後退し，さらに執行部が「原発容認を意味しない」との補足見解を示すことで決着をつけることになった(飯塚ほか 1985, 438-439 頁；日本社会党政策審議会 1990, 816 頁)。

　このように党内で反原発派は原発政策の見直しの阻止に成功した。それには 3 つの要因が指摘できる(谷 1986a, 200-204 頁)。第 1 に，日米安保条約の是非も含め，他の 3 基本政策がどれも冷戦構造における体制選択の問題に関わっていたのに対し，原子力発電の是非は，反原発運動の初期は別として，次第に体制選択を超越する問題になってきていた。社会党内でも原発の賛否は，1970 年代後半にはすでに伝統的な左右派閥を横断する形になっていた。例えば，1977 年に社会党を離党した右派の江田三郎が結成した社会市民連合(後の社民連)は，反原発の立場をとり，原水禁の活動家(池山重朗)がそのエネルギー政策を担当していた(『朝日ジャーナル』1977, 164 頁)。また 1984 年の社会党の基本政策見直し論議では，江田派の流れをくんで 1980 年代に台頭した右派の政権構想研究会が原発への賛否で割れた。第 2 に，原発問題一点で熱心に活動する党員が特に地方で存在し，原対協を通じて社会党の原発容認の阻止に動いた。また第 3 に，原発問題をめぐって民間労組間でも態度や関心に大きな隔たりがあり，また労戦統一がまだ官公労を統合していない段階で，官公労と反原発闘争の関係もまだ残っていた。

　1985 年 1 月の党大会はこうして反原発派の勝利に終わったが，巻き返しを図る原発容認派は 1985 年 6 月上旬，後藤茂・社会党総合エネルギー政策委員会事務局長や松前達郎参院議員，佐藤観樹及び城地豊司の両衆院議員の呼びかけにより，中電浜岡原発の視察を行った。また全民労協も 1985 年 6 月下旬，資源エネルギー部会の政策担当者 25 人から成る視察団を東電福島第 2 原発に派遣し，これには総評系民間単産からも担当者が参加した。この視察団派遣は，1986 年に全民労協が政策制度提言を出す前提として，労戦統一の障害の一つとなっていた原発問題での意見相違を解消したいという意図があった。全民労協の「61-62 年度政策・制度要求と提言」は 1 年後の

1986年6月に開かれた第10回代表者会議で承認され，そこでは原発建設推進の方向が打ち出された。ただ同年4月のチェルノブイリ原発事故を受け，総評及び新産別系の単産代表から強い反対意見が出されたことに配慮し，国際レベルでの安全確保と，国内原発に対する安全管理の強化を求めていくという趣旨の特別見解が確認された。

しかし原発推進・反対両派の対立は1987年に全民労協が「連合」に移行した後もくすぶり続け，社会党内でも，特に毎年初頭に党大会で運動方針案を決定する際，繰り返されることになる。

第3節　電源多様化政策と再処理をめぐる利害調整

反原発の連合が解体傾向を強めたのに対し，支配的連合の間では政治経済情勢の変化に対応して，利害調整の必要が新たに生じていた。そのことは，相互に補完し合う三様の動きとして表面化した。第1の動きは，総合安全保障論の浮上である。安全保障を軍事面に限定せず，経済全般にわたる諸施策との関連で総合的に考える視点は第1次石油危機直前から登場していたが，石油危機後，例えば自民党は1976年12月の総選挙にあたり，「総合的安全保障体制の整備」を公約に掲げた(五十嵐 1982)。また第2次石油危機と相前後して発足した大平内閣は，総合安全保障の構想を政権の基本戦略として重視する立場をとり，鈴木内閣に至っては，1980年12月に「総合安全保障関係閣僚会議」まで発足させている[44]。

「総合安全保障」の最初の体系的な議論としては，総合研究開発機構(NIRA)が野村総合研究所に委託した「国際環境およびわが国の経済・社会の変化をふまえた総合戦略の展開」(1977年5月)があり，その基本的考え方は，「八〇年代の通産政策ビジョン」(1980年3月)や，「第二次臨時行政調査会の基本答申」(1982年7月)，及び「一九八〇年代経済社会の展望と指針」(1983年8月政府決定)に取り入れられた(山川 1986)。これらの文書では原子力の推進が重視され，特に「展望と指針」では，エネルギー政策に関して原子力が，供給安定性と経済性に優れた「準国産」エネルギーと位置づけられ，

その前提となる核燃料サイクルの国内自主確立が推進され，そのために原子力関連諸施設の立地促進のための地域政策が改めて強調された。

また1977年1月に誕生した米国のカーター政権が，同盟国に対する核不拡散政策を強化したことで，日本政府は原子力での対米自立化も試みる。1970年代後半，日本は軽水炉の燃料である濃縮ウランの全量を米国からの輸入に依存していたので，例えばウラン濃縮工場の国産化は，日本のエネルギー安全保障上の立場を強めるはずであった。国産技術開発に基づく動燃のウラン濃縮工場の実験プラントは1977年8月，岡山県人形峠で着工され，1982年3月に全面操業を開始した。続いて原型プラントも1985年6月に人形峠で着工され，1989年5月に全面操業に入った。さらに商業プラントは，電力9社の共同出資会社の日本原燃産業(1985年3月発足)が青森県六ヶ所村に建設し，1992年3月に運転を開始した。

ただ現実には，欧州諸国がウラン濃縮の商業事業に本格的に参入し，この挑戦を受けた米国も濃縮ウラン提供の条件を改善したため，日本の国産ウラン濃縮技術の開発は経済合理性を欠くことになる(伊原 1984)。にもかかわらず電力業界は，後述する再処理工場の場合とは異なり，ウラン濃縮工場を民営事業として受け入れることに難色を示さなかったが，これはウラン濃縮事業が金額的に小規模であったからだと言われる(吉岡 1999，164頁)。

しかしそれ以外の対米自立化政策は，そこに経済的意義を見出さない電力業界の協力が得られず，またレーガン政権期に米国原子力政策が軟化したため，実質的に挫折する。特に通産省が推進した軽水炉の完全国産化は，米国との共同開発(改良型軽水炉)を好む電力業界の前に後退した。通産省はまた，1975年から，電発を事業主体に，カナダからの重水炉(CANDU炉)導入を図ったが，電力業界の消極姿勢とともに，新型転換炉(ATR)を推進する科技庁・動燃及原子力産業界の抵抗の前に，挫折する。最終的に1979年8月，原子力委員会はCANDU炉が不要との立場を正式に打ち出した(吉岡 1999，180-183頁)。電発は，CANDU炉断念の対価として，ATR原型炉「ふげん」の次の段階として青森県大間町に建設されるはずだった実証炉の事業主体に指定されたが，電力業界は1995年，ATRの民営事業としての引き

受けを拒否し，大間の計画は軽水炉建設に変更された[45]。

　第2の動きは電源多様化政策である。これはナショナリズム的な総合安全保障論が理論的基盤となったものの，電源三法の拡充という手段で追求された。これは政府・電力業界ともに原子力開発を推進していくための財源上の限界に突き当たったためである(伊原 1984, 180-185頁)。その際，通産省は「石油代替エネルギー」として石炭利用拡大や石炭液化開発，原子力を推進するための新税導入や新特殊法人(NEDO：新エネルギー産業技術総合開発機構)設立を目指し，科技庁はもはや一般会計予算でまかないきれない巨額の原子力開発費(特に動燃のFBR)に特別会計を充当しようとした。また電力業界は2回の石油危機に伴う電力需要と電力販売量の低迷に直面して，原子力開発費用と電源立地対策費用への一層の国民負担を求めた。自民党と通産省は原発立地自治体からの地域振興策拡大の要求に応えていく必要があった。

　これら利害の一致点として，電源多様化政策は主に電源三法の改正やその施行令の改正などを通じて追求された。まず「電源開発促進対策特別会計法」は1980年5月に改正され，従来の発電所立地促進の特別会計は「電源立地勘定」とされるとともに，「石油代替エネルギー」の開発促進による電源構成の「多様化」を促すための「電源多様化勘定」が導入された。続いて「電源開発促進税法」が同月末に改正され，電源開発促進税が1000 kWh 当たり85円から300円に大幅に引き上げられ，増税分は全て多様化勘定に組み入れられた。これによって，原発の立地促進のために導入された制度に，原子力開発のための資金捻出という新たな政策目的が加えられ，科技庁グループも電源三法の恩恵に与ることができるようになった。実際，1980年代には，多様化勘定の予算の2/3は原子力開発に支出され，そのさらに半分は動燃のFBR開発に充てられた(清水 1991b)(図5-1)。

　同時に，立地対策も拡充された。電源開発促進税は1983年5月に全体で1000 kWh 当たり445円に引き上げられ，うち立地勘定分は75円引き上げられた。また1981年7〜8月には「特別会計法」施行令が改正され，「水力発電施設周辺地域交付金」，「電力移出県等交付金」及び「原子力発電施設等

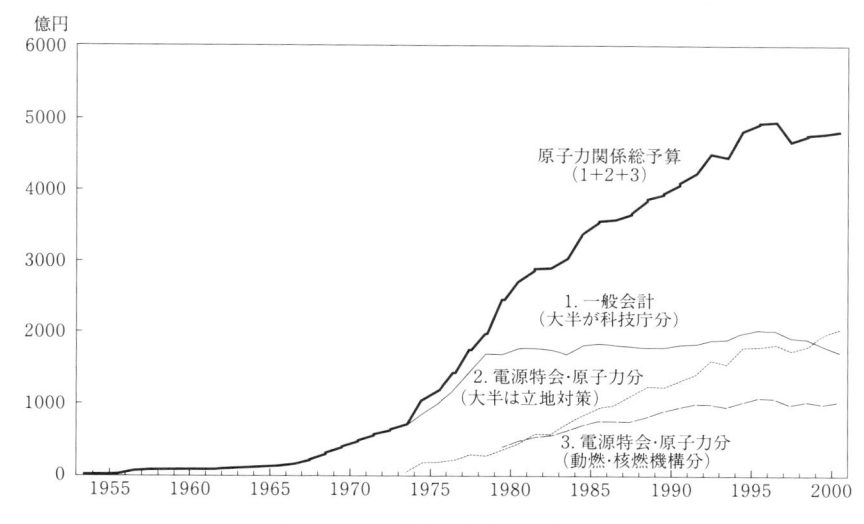

第 5 章　保守回帰の下での紛争の激化と儀式化(1979-85)　　187

図 5-1　原子力関係予算の推移

出典：原子力資料情報室編『原子力市民年鑑 2002』，281 頁の数字をもとに作成。

周辺地域交付金」が創設された。特に後 2 者は合わせて「電源立地特別交付金」と呼ばれ，「電力流出」に対する原発立地県の不満に対処したものである[46]。立地点で生産された電力の大半は，現地では消費されずに電力大消費地の大都市や工業地帯を抱える都府県に「流出」し，しかも 1980 年代後半に消費税が導入されるまで，電力消費にかけられていた電気税（市町村税）は大消費地の自治体の財政を潤すだけだった。そこで「電力移出県等交付金」は，電力の域外流出が比較的多い道県に，移出電力量の大きさに応じて支給されることになった。また「周辺地域交付金」の制度では，「原子力立地給付金」が原子力施設の立地する道県に交付され，道県は立地地域での雇用確保事業に充てるか，当該地域での電気料金の割引に充てるかを選択できる。後者の場合にはさらに，通産省の外郭団体の日本立地センターを経由して，交付金を電力会社が受け取り，割引分を地元住民に給付し，立地の恩恵を実感してもらう[47]。

　最大の交付金である「電源立地促進対策交付金」の運用に関する「発電用

施設周辺地域整備法」については，その施行令や規則の改正が頻繁に行われ，①交付の対象になる「発電用施設」の種類の拡大，②交付金の増額と期限延長，及び③使途となる公共用施設の範囲の拡大が不断に行われた。例えば原子力関連の「発電用施設」は，当初の商用炉や再処理施設，研究用原子炉から，1978年以降の度重なる法施行令改正によって，ほとんどあらゆる種類の核燃料サイクル施設へ対象が拡大した。

　支配的連合内の利害調整を伴う第3の動きは，商業用原発事業の継続のために避けられなくなってきた使用済核燃料の再処理や核廃棄物の処分計画の具体化である。日本の原子力政策に再処理工場の国内建設計画が浮上するのは1960年に遡る。1959年1月に原子力委員会に設置された再処理専門部会は1960年5月，1日350kg程度の使用済核燃料を取り扱う再処理パイロットプラントの建設を勧告した。これを受け原子力委員会の1961年2月8日改定の長計は，1960年代後半の建設方針を示した。しかしその後，再処理専門部会は海外動向調査などに基づき，外国では再処理技術がすでに実用段階に達したと判断し，1962年4月，日量0.7～1tの実用規模の再処理工場を外国からの技術導入に基づいて，1968年頃までに建設することを原子力委員会に報告した。しかし原子力委員会は商業ベースでの再処理事業は時期尚早と見て，1964年6月，建設資金は政府出資，プルトニウムは政府買い上げという方針を発表した。ところが大蔵省はこれに難色を示す。東海原発の建設決定に際し，「原子力発電は実用化の段階にある」との認識がとられた前例があり，これに照らすと，原発に付随する施設と位置づけられた再処理工場も実用段階の施設のはずであるという論理だった。そこで原子力委員会は，設計までは政府出資だが建設は借入金でまかなうこととし，プルトニウム買い上げも断念した(吉岡 1995c，176-177頁)。

　こうした費用負担の原則に基づき，最初の再処理工場の建設は進められた。詳細設計は1966年2月，フランスのサン・ゴバン・ヌクレール(SGN)社が，建設はSGN及び下請けの日本揮発油が1970年12月に受注した。立地点は東海村に決まり，また事業主体の原燃公社は1967年に廃止され，動燃へ改組された。漁協や周辺市町村の反対運動もあったが(第3章)，1974年11月

の動燃と茨城県漁連との漁業補償契約締結で解決した。工場建設は1971年6月に着工，1974年10月に完成した。1974年10月からは化学試験が開始され，1975年9月から1977年3月まではウラン試験が行われた。後は使用済核燃料を実際に用いてプルトニウムを化学的に分離抽出するホット試験を残すのみとなった(吉岡 1995c, 177-178頁)。

ところが米国カーター政権は1977年4月，自国の商業用再処理とFBR商業化の無期限延期を含む原子力政策を発表し，同盟国にも同調を求めてきた。日本に対しては，日米原子力協定(1968年7月10日改定)に基づいて東海再処理工場のホット試験に待ったをかけた。協定の8条C項は，米国製濃縮ウランに由来する使用済核燃料を日本が再処理する場合，工場の運転は日本の自主的判断ではなく日米の共同決定に基づいて決める旨，規定していた。そこで1977年4月から9月まで日米間で交渉が行われ，プルトニウムを単体として抽出してウランと混ぜるのではなく，ウランとプルトニウムの混合溶液から直接，混合酸化物(MOX)燃料を製造する方法を採用すること，ただしその技術が完成するまでは暫定的に，2年間99tまでの制限付きで，東海再処理工場の運転を認めることで合意が成立した(吉岡 1995c, 179頁)。

しかしやがて米国の核不拡散政策は日本や諸外国の抵抗により後退を余儀なくされ，レーガン政権期に入ると再び緩和される。こうして東海再処理工場は外圧をしのいだが，技術的困難は解消できなかった。ホット試験(1977年9月～1980年2月)を経て，1981年1月から本格運転に入ったものの，強酸性の溶液で溶解槽に穴が開くなどの故障が続出し，きわめて低い稼働率にとどまった。1977年から1988年度までの12年間の累計で392tの使用済核燃料しか再処理できず，年間210tという設計値の2年分にも満たなかった。経済面でも毎年300億円以上の赤字を出した(吉岡 1995c, 179-180頁)。

こうした東海再処理工場の失敗を目にする前から，日本の原子力推進者は再処理事業の本格化に消極的だった。原爆製造のため核燃料関係の事業から開始した英米仏ソと異なり，日本では欧米で開発された原子炉の購入から原子力政策が始まったため，原子力産業の中心となったのは化学業界ではなく，重電機業界であった。また強い発言力を持ってきた電力業界も，経済的リス

クの大きい核燃料関係の研究開発には一貫して消極的だった（伊原 1984，208-210頁）。原子力委員会もこうした姿勢を追認し，1967年4月の長計には，第2の再処理工場を国内に建設する必要性があり，民間主体による建設が望ましい旨を記しているにすぎなかった（吉岡 1995c，186，180-181頁；原産 2002）。

　再処理民営化への最初の布石が打たれたのは第1次石油危機後である。法律上，原発を設置しようとする電力会社は，使用済核燃料の処分方法を原発設置許可申請書に書き添えねばならないが，電力会社は従来，当時建設中だった東海再処理工場で全量を再処理する旨記し，設置許可を受けていた。しかし東海工場の設計上の年間処理能力は210tにすぎず，また1972年の長期計画では，再処理の国内実施が原則とされていたので，第2再処理工場の建設計画がない限り，全国の建設中の原発十数基から出た使用済核燃料（1基当たり年間20～30t発生）全量の再処理は不可能であった。この矛盾を社会党が追及する構えを見せたため，慌てた科技庁は「設置許可申請書の使用済核燃料の処分方法に関する項目は，実現可能な内容でなくてはならない」旨を電力業界に伝えた。電力業界は再処理が国の特殊法人の動燃と原研にしか法律上許されていない点を指摘し，本音では海外再処理委託で逃げ切る意向であった。しかし科技庁は当時まだ握っていた原発建設の許認可権限（総理府科技庁の決定に基づき，公式には総理大臣が設置許可を出す）を盾に，民間の再処理会社設立を暗に促した。そこで電力業界は1974年5月の電力社長会の席上，再処理事業に本腰を入れて取り組む姿勢を見せるため，「濃縮・再処理準備会」の設置を決定した（伊原 1984，212-214頁）。

　しかし電力業界が海外再処理委託先の開拓に乗り出すと，今度は通産省が，「第2再処理工場を放ったらかして海外依存にまた走ろうとする」のでは，日本輸出入銀行の融資を出せないと突っぱねた。その結果，1975年7月，電力業界は再び電力社長会で再処理事業への積極姿勢を表明せざるをえなくなる。科技庁は駄目押しとして民間による再処理事業を法的に可能にするための法案作成を始める。その過程で1976年4月，原子力委員会が発足させた核燃料サイクル懇談会は9月，「第二再処理工場の建設・運転は電力業界を中心とする民間が主体となって行う方針で，その建設の準備を進める」，

「国は関係法規，各種基準等の整備，用地取得等に対する協力，建設資金に対する低利融資等所要の対策を検討する」旨の報告書を提出した(伊原 1984, 217-220頁)。政府は1977年10月，国会に原子炉等規制法の一部改正案，いわゆる再処理民営化法案を提出，その国会では不成立に終わったが，1979年6月，遂に可決成立させた。これを受け1980年3月，9電力と日本原電の電力10社が7割，金融業界及び製造業界が残り3割を出資する日本原燃サービスが設立され，1992年7月には姉妹会社の日本原燃産業と合併し，日本原燃となり現在に至る。

再処理の民営化で国(科技庁と通産省)が電力業界の抵抗を排して勝利を収めた背景には，上記のような経過に加え，国家の財政難が指摘される。「民営化は原子力開発があまりにも巨大化し，政府だけでは予算を負担し切れなくなった状況下で考案された，国策的プロジェクトの拡大再生産のための切り札であった」(吉岡 1995c，181頁)。電源三法の改正による電源多様化勘定の導入だけでは十分でなく，特に軽水炉の運転に付随する商業用施設と位置づけられた再処理工場の場合，民営化による受益者負担の論理が，他の原子力施設よりも強い説得力を持ったのである。

しかし電力業界は，国内民間再処理工場建設を引き受けることで，対価として海外再処理委託の本格化を許された。それ以前は，日本原電が東海及び敦賀原発の使用済核燃料に関して，1968年及び1971年に英国原子力公社(UKAEA)との間に再処理委託契約を結んでいただけだった。しかし電力各社は1977年9月にフランス核燃料公社コジェマ(COGEMA)社と，また1978年5月にはUKAEAから独立した英国核燃料会社(BNFL)との間で，相次いで再処理委託契約を結んだ。これにより1978年から年平均数百tの使用済核燃料が英仏へ向けて海上輸送されるようになった。1990年3月末までの契約量の総計は5700tにのぼり，含有されるプルトニウムは40tを超えると推定される。英仏の工場で分離抽出されたプルトニウムは1992年11月から1993年1月にかけての「あかつき丸」による輸送(総量1.4t)を皮切りに，約30回にわたり日本へ向けて返還されることになった。英仏との契約はその後も追加されており，輸送回数もそれだけ増加することになる

（吉岡 1995c，182 頁）。

　最後に，核廃棄物処分をめぐる政治過程について触れておこう。1976年10月8日，原子力委員会は核廃棄物についての方針を初めて打ち出した。高レベル放射性廃棄物については2000年頃までに見通しをつけるという表現で棚上げし，中低レベル廃棄物については陸地処分と海洋処分の双方を早急に実施するとの方針であった。しかし陸地処分の具体的方針の決定は先送りされ，本命視された海洋処分は1978年頃から試験的処分を開始することとされた。投棄の場所は北緯30度，東経147度の小笠原，八丈島の近海に絞られた。海洋処分の対象となる低レベル廃棄物は放射能に汚染されたビニールや衣服，紙などが主体であり，焼却減容処理された後，灰を200ℓドラム罐に詰めてセメント固化したものである。1000MW級大型原発1基から年間1000～2000本分発生し，1980年時点で総計13万本に達すると計算されていた。電力会社は発電所敷地内に平均約3万本収容できる倉庫をつくり，保管していたが，じきに収容能力を超えると予想し，海洋投棄を急いでいた（伊原 1984，280頁）。しかし国内の水産業界は投棄反対を政府に申し入れ，政府計画の実施は遅れた。しかし1979年には漁業関係者の態度が軟化の兆しを見せ始め，政府は海洋投棄の実現に向け，諸法規の改正や，海洋投棄を規制するロンドン条約（廃棄物の海洋投棄による海洋汚染の防止に関する条約）の批准を済ませた。その上で1979年10月，政府は深さ5000mの深海底に投棄する計画を発表した。

　ところが1980年2月，新聞報道で計画を知ったグアムや北マリアナ，パラオなど太平洋諸国の議会が，次々と反対を決議する。太平洋全域にわたる反対国際署名運動が展開され，夏の原水禁大会でも中心テーマとなった。その結果，1983年2月，ロンドンで開催されたロンドン条約第7回締約国会議は「科学的検討結果が得られるまで海洋投棄を見合わせる」とのスペインの提案を賛成多数で決議した（伊原 1984，282-285頁）。こうして低レベル廃棄物は陸地処分に限られることになり，処分場は，1984年4月に電事連が青森県に建設を公式に申し入れた六ヶ所村の核燃基地の一環として，建設されることになった。

第5章　保守回帰の下での紛争の激化と儀式化(1979-85)　193

　また高レベル核廃棄物についても1984年4月，動燃による北海道幌延町への「貯蔵工学センター」立地計画が明るみに出た。北海道知事で社会党の横路孝弘は計画反対を表明，1985年9月には動燃による立地環境調査の協力要請に対し，拒否を回答した。これに対し自民党が多数を握る道議会は立地環境調査促進決議を可決したが，1987年春の統一地方選挙で自民党は大敗し，推進派は劣勢に転じた。1990年7月20日，道議会は設置反対を決議した(吉岡 1999, 202頁)。結局，「貯蔵工学センター」計画は1998年，不祥事続きの動燃によって白紙撤回された。動燃の継承組織の核燃料サイクル開発機構(核燃機構)はその後，「深地層研究センター」の名称で再び幌延立地を推進し，自民党との協力関係を深める堀達也知事も2000年秋に計画を容認した。2003年4月の知事選で自民・公明の推す北海道経済産業局出身の高橋はるみが当選すると，核燃機構は同年7月に着工した。

　　　ま　と　め

　1979年3月の米国TMI原発事故の発生と，1980年からの公開ヒアリングの実施は，反原発運動を勢いづかせた。共産党・原水協も原子力への批判色を強め，原水禁の立場に接近したため，むしろ同盟・核禁会議の頑なな原子力推進姿勢の方が突出するようになった。しかしこうした状況を追い風に，総評が組織的に支援した公開ヒアリング阻止闘争は，政府による原子力行政改革の空虚さを「暴露」するには十分な役割を果たしたが，具体的成果は残すことができず，政府はヒアリングの形骸化と反原発運動に対する警備の強化で応じた。また労組を超えた広範な市民への動員拡大にもつながらなかった。

　また長期的には，第2次石油危機後の不況を背景にして具体化した労働団体の統一は，総評ブロックによる反原発闘争支援を掘り崩すことになった。労働界の再編によって，労使協調路線の民間大企業労組を主体とする同盟と，体制批判的な官公労を主体とする総評という二元対立は解消されたが，電力会社正社員と被曝労働に従事する下請けの未組織季節工という二元構造は解

消されなかった。また社会党においても，社公民路線の推進に伴い，原発問題は特に民社党との対立の焦点となり，石橋委員長の時代から政策の「現実主義的」方向への修正が再三試みられるようになる。

このように運動の具体的成果は乏しく，動員基盤も衰退に向かったため，支配的連合は新しい政治経済情勢への適応を，確立された利害調整様式の枠内で容易に処理することができた。米国の核不拡散政策の強化や，第2次石油危機という国際情勢，「総合安全保障」論の台頭を背景にして，原子力の一層の推進を内容とする「電源多様化政策」が追求されるようになった。しかし多様化政策の一環として国が追求した原子力分野での対米自立化政策は，そこに経済的メリットを見出さない電力業界の消極姿勢の前に，実質的に挫折する。ここでも，実用化に程遠い技術開発事業は国費でまかなう限りで民間に黙認されるという，第3の利害調整様式が確認できる。むしろ2回の石油危機を経た経済成長の低迷や財政上の限界を背景に，多様化政策は主に電源三法の拡充という手段で追求された。特に科技庁は，FBR開発を中心に，一般会計予算ではまかないきれなくなった巨額の原子力開発費に充当するための「電源多様化勘定」を獲得した。これもまた，原発事業への過大な費用負担を社会化するという第2の利害調整様式と合致する。同時に，「電源立地勘定」として増額された立地対策費では，受益勢力としての自治体への一層の譲歩として，原発立地県からの電力流出問題に対処するための「特別交付金」が創設された。

これに対し，この時期に計画が具体化へと本格的に動き出した第2再処理工場建設の事例は，利潤の期待される事業分野は民間に委ねるという第1の利害調整様式と合致するように見える。しかし商業炉の付随施設であるという大蔵省の見解はあったものの，再処理事業は不採算部門であり，電力業界は消極的だった。にもかかわらず，通常は強力な拒否権を持つ電力業界が国内再処理工場建設の費用負担を求める国からの圧力に抗し切れなかった理由は，「核燃料サイクル連鎖の論理」から説明できる。使用済核燃料は再処理しなければ，そのまま高レベル核廃棄物として処分しなければならなくなるので，その中間貯蔵か最終処分のための施設を建設しなくてはならなくなる。

しかしこれには目途が立たないので，先送りの策として再処理が選択されることになる。ところが再処理の国内実施原則があり，また原発設置許可申請書にも原発事業の継続に十分な国内再処理能力を明記する必要があった。また石油危機後の財政難の時代，巨額の再処理工場建設費用を国家のみでまかなうことは困難であったので，科技庁も通産省も国は一丸となって強い姿勢で臨んだ。電源多様化勘定による費用負担の社会化にも限界があった。こうして，商業用原発事業を続けていくためにも，その受益者としての民間資本による再処理工場建設は避けがたくなり，六ヶ所村への立地が決まったのである。代償として電力業界は海外再処理委託の本格化を許された。

1）　2次冷却系の給水ポンプの故障で増大した1次冷却水の温度と圧力を下げるため，1次系の加圧器の圧力逃し弁が開いた。しかしこの弁が開いたまま固着したため，1次冷却水が流出して炉心の空炊きが進行，これに機器の故障や操作員のミスが加わり，炉心溶融に至った。
2）　大飯原発のほかにも，11月には関電高浜原発2号炉で95tもの1次冷却水が漏れる事故が，また12月には九電玄海原発1号炉で加圧器の圧力逃し弁が開放固着状態になるなど，TMI事故をほうふつとさせる故障が次々と日本のPWRで発生した。
3）　「中央で公開討論会　科技庁方針　地元と二本立てに」七五6七五〇2，「（解説）原発公聴会のあり方　実りない"言いっ放し"」七六6六二六1。柏崎原発の場合，公聴会開催に関する原子力委員会の4要件には該当しなかったが，「建設予定地点に断層があるなど，地盤に関して不安を訴える専門家も出たため」，地元が公聴会開催を要望する方向に動き出したのを受け，科技庁・原子力委員会が公聴会開催を決めたのである。
4）　「原発建設シンポジウム開催　住民の反対強く？　当面，協力は困難　学術会議原子力特別委が方針」七六2七六六6。
5）　「柏崎原発公聴会なし」七六6六一二6。
6）　「なぜ荒れる原発シンポジウム」読売七九11九九五1。『国民政治年鑑』80年版，779-785頁。
7）　「原発学術シンポに反対し討論集会」七九11九六七9，「根本的に違う　反対派の発想」七九11九九9。
8）　この増設計画はすでに1978年3月，TMI事故の1年前に電調審を通過した後，手続が遅れていたが，通産省は1979年11月に「第1次」安全審査にゴーサインを出し，そのことを根拠に通産省主催の第1次ヒアリングは開催不要とされていた。ただ，第2次ヒアリングの方も通産省が1次審査の結果を説明し，住民の質問や意見に対し回答や見解を述べる形になっていた。

9）「原発　新規着手へ動き　柏崎刈羽　12月にヒアリング」八〇 10 八〇三 5。
10）「震源域の安全問う　浜岡原発公開ヒアリング　厳戒下に抗議デモ」八一 3 七四五 1。
11）「形式ばかりが先行　耐震論議あとまわし　反対派シンポも低調」八一 3 七五九 1。
12）社会党の調査団は 4 月 25 日に現地入りし，反原発派の科学者である久米三四郎や小出裕章，高木仁三郎が同行した（『国民政治年鑑』82 年版，744-746 頁）。
13）「公開ヒアリングは当面，慎重に対処　通産相表明」八一 4 九四三 6。
14）「傍聴申し込み 12 倍　原電敦賀処分聴聞会」八一 6 七三 10，「地元住民締め出し　敦賀原発公聴会　『利害関係はない』」八一 6 三九二 4。
15）「形式だけの聴聞会　原電処分　意見陳述たった三分　停止六ヶ月を"甘受"」「反原発派を締め出し」八一 6 四五五 1，2。
16）「公開ヒアリング近づく巻原発　推進派　区長パワー頼む　チラシ配布・決起集会」「町内会動員に『隣組復活』の声」八一 8 六六六 1。
17）「原発促進を大会決議へ　新潟地方同盟」八一 7 八五八 3。
18）「『世論』工作で綱引き　新潟・巻原発　あす公開ヒアリング」「賛成派　自民を軸に大攻勢」八一 8 八九〇 1，「推進派，補償を柱に　巻原発の公開ヒアリング　反対派，拒否し抗議デモ」八一 8 八九五五 4，「工作の跡ありあり　陳述人など"動員"　組織あげ大量応募」八一 8 九六九 1。
19）「反対派　息長い柔軟戦術に」八一 8 八九〇 1。「推進派も反対派も『世論』という多数派を引きつけようと，住民一人ひとりへの働きかけをしているのが今回の際立った特徴だ」。
20）「原発公聴会の改革など要望　立地の市町村」八二 6 七九五 5。
21）「原発の第二次公開ヒアリング　文書で意見聴取　原子力安全委原案」八二 11 三一五 5。
22）「文書方式受け入れ　全原協　原発二次ヒアリング」八二 11 九〇九 1，「原発第 2 次ヒアリング　まず東電柏崎・刈羽 2，5 号」「安全委，文書方式導入を決定」八二 11 九六一 4。
23）「原発公開ヒアリング　島根で新方式成立」「自由討論など合意　県評，初参加へ踏み切る」八三 3 五九五 1，2，「原発公聴会　"島根方式"を確認」八三 3 六五八 1。合意項目について詳しくは『反原発新聞Ⅰ』，274 頁参照。
24）柏崎の反対派主要 3 組織（守る会連合，柏崎原発反対同盟，柏崎地区労）もまた，住民の自己決定権を保障すべきとの立場から，ヒアリング参加の方針に反対した。「『建設の是非は住民が決定』の条件なしに，住民の意向をどのように代弁するのか。原発に不安を感じる住民は，電力や賛成派と，反対派から，二重に疎外されてしまう」（『反原発新聞Ⅰ』，273 頁）。
25）「陳述者の六割　反原発派から　『島根』ヒアリング」八三 5 一七九 8，「あす開催　反対派初参加の原発ヒアリング　島根」八三 5 三六五 10，「島根原発ヒアリング　反対派が初参加　安全審査書めぐり混乱」八三 5 四三五 1，「亀裂の深さ，まざまざ

『新方式』でも衝突」八三 5 四五〇 2,「島根原発ヒアリング 反対派,次々に質問 議論かみ合わず初日幕」八三 5 四七四 3,「"官僚答弁"に不満の声出る 島根原発ヒアリング」八三 5 四七七 6,「最後までかみ合わず 島根原発ヒアリング 二日間の日程終了」八三 5 四九一 3,「改めて反原発運動 小田川岩雄・島根県評事務局長の話」八三 5 四九一 7。

26) 「直接対話ついに中止 原発公開ヒアリング大幅後退 文書で意見聴取 『柏崎刈羽』増設」八四 10 一一六五 1。1983 年 11 月の柏崎 2,5 号機の第 2 次ヒアリングで行われた文書「プラス」方式では,原子力安全委員会が,一般の傍聴は認めなかったものの,意見の郵送者を新潟県庁に集め「地元意見を聴く会」を補完的に開いた。

27) 警察の思惑には,反原発運動を治安の攪乱要因として重視し始めた面と,警察の関与領域(権限・予算・組織人員)拡大の機会を原発問題に見出した面の両方がある(西尾 1988)。

28) それ以前,例えば昭和 54 年版では反原発闘争は反火発闘争と合わせ,「公害闘争」の項で扱われており,反むつ闘争はさらに別項で扱われていた。

29) 例えば 1988 年 2 月,愛媛県松山市の四国電力愛媛支店の入居するビル前の路上で,伊方 2 号機の出力調整試験反対のステッカーを歩道橋や道路標識の支柱に貼っていた主婦が,県野外広告物条例違反・軽犯罪法違反の現行犯で警察に逮捕されている。

30) 「原水協 『反原発』傾斜強める 内外住民運動とも連帯」八〇 10 二八九 5。

31) 「原発問題は取り扱わず 原水禁世界大会」七九 7 一〇九一 1,「核兵器廃絶求め東京宣言 原水禁国際会議 原発と SALT には触れず」七九 8 七三 8。

32) 「まず安全性確保を 総評,原発で"軌道修正"」七九 11 三一五 6。具体的には,①原発関係地域の県評や地区労と連携し,地元住民の立場から実態調査をする,②現場労働者の安全問題に積極的に取り組み,関連労働者の組織化も進める,③原子力基本法に謳われた公開の原則に制限をつける産業界の動きに断固反対する,④安全性が確立されるまで原発モラトリアム(建設凍結)の署名運動に取り組む,⑤避難訓練の実施や安全対策の拡充を求める地元住民の要求を支持し,原発企業や自治体に働きかける,⑥原発問題のシンポジウムを来年 1 月か 2 月に開催するという方針が示された。

33) 「反原発闘争 柔軟路線を富塚氏否定」七九 12 三 9,「反原発闘争の強化打ち出す 総評地区労会議」七九 12 三九 10。闘争方針案には,①政府と各電力会社へ原発運転・建設の中止の申し入れ,②政党,労働,民主団体の参加による反原発公開シンポジウムの開催,③ 1980 年 1 月にも福島県下で開かれる予定の第 2 次公開ヒアリングの実力阻止,④原発下請け労働者の被曝問題に対処するための労災相談所を総評内に設置,などが含まれていた。

34) 「総評は『硬軟両様』(反原発闘争)」八〇 10 六三九 7。

35) 朝日新聞八一 10 七〇八 8。市民運動グループはさらに 159 名の連名で「労戦統一を憂慮する」声明を発表し,統一準備の白紙化を求めた。

36) 「社党,『緊急政府』を提唱 安保・原発 より柔軟に」八〇 6 一四五 4,「解説 公明との協議進展か 『現状肯定』強めた社党政権構想 民社とは依然距離残す」八

〇6一四六1。

37)「政策点検2　原発『票にならぬ』と敬遠　社党,選挙協力へ思惑も」「社会党様子孫の健康は売れぬ　社党は反対を守り通せ　福島　舛倉隆さん(浪江町棚塩原発反対同盟委員長)」「舛倉隆様　社会党政策審議会長　武藤山治」八〇6一四6 1。こうした不安に対し,原発反対福井県民会議での実績が買われ,社会党福井県本部書記長に抜てきされた小木曽美和子は,社公合意で「新増設分の安全性を点検,その可否を決め,連合政権樹立の際に改めて社公で協議する」となったことについて,原発の安全性が確認されることはないから新増設凍結の方針は実際には変わらないと説明している。しかし原発が票につながらないことも現実であった。例えば1979年の統一地方選挙ではTMI事故の直後だったが,福井県議選で社会党系の反原発の指導者たちは軒並み落選した。1980年の衆院選でも,福井の選挙戦で,どの党の候補者もほとんど原発に言及しなかった。

38)「社党,中期社会経済政策の概要」「原発は現状維持」八四11六七六1,「『建設中』は完成延期　社党　原発政策で打ち出す」八四11七〇八5。

39)「原発見直し　大揺れニュー社党　反対派の抗議殺到　『影響は覚悟』と推進派連合論絡み,なお曲折」八四11九〇六1, 2。

40)「幹部の原発容認発言　社党への不信感招く　石橋委員長に申し入れ」八四10六六五9。

41)「原発など現実重視　社党学者グループ　中期政策案固める」八四12四一1,「社党中期社会経済政策の原案(概要)」八四12四二1,「稼動中の原発は容認　社党が最終態度　安全面では批判色」八四12一五二1。

42)「社党内なお反原発の声強く　活動家・国会議員有志ら続々」八四12四七八3。

43)「原発政策社党結論　運転継続は容認　『建設中』は中止求める」八四12六〇一1,「苦しい妥協の産物　原発政策社党結論　党内　なお反発も」八四12六〇二1。

44)　総合安全保障論の一般的背景には,エズラ・ヴォーゲルの『ジャパン・アズ・ナンバー・ワン』(1979年に日本版刊行)に共鳴した日本での経済ナショナリズムの台頭も指摘できる。

45)　科技庁は,CANDU炉導入が,やはり重水炉である動燃のATRを重複投資として中止に追い込むことを恐れた。科技庁やATR開発に参加してきた日立などの原子力業界は,FBR開発が遅れる中,やはりプルトニウムを燃料とするATRの開発継続が,東海再処理工場運転開始に対する米国の締め付けをかわす論拠になると主張した(伊原 1984)。ATR実証炉の事業主体が電発に移管されたことについて吉岡(1999,160頁)は,科技庁グループから電力・通産連合への移管であるとともに,研究開発機関(動燃)から現業機関(電発)への移管であり,また電力業界が実証炉建設費用の3割の負担を約束した点から,準民営化に相当すると言う。しかし同時に,電力業界はATRとCANDU炉の両方に冷淡だったので,CANDU炉論争が通産省対科技庁の政府内論争にすぎなかったとも言う。吉岡の議論には二元体制論と民間優位論の混同がある。むしろ将来展望が暗く,民間の負担を増やすだけのATR実証炉や新炉型の

導入，及び商業炉市場への電発の侵入に民間は反発したと解釈する方が適当だろう。
46) 水力発電所の建設優遇も原発推進と無縁ではない。揚水型水力発電所は原発の設備過剰が生んだ夜間の余剰電力の捨て場として機能し，原発の増設に不可欠の施設と化しているからである。
47)「特別会計」の電源立地勘定には「原子力発電安全対策等交付金・補助金・委託費」という補完的な項目もあり，1980年代以降，「電源開発促進対策特別会計法」の施行令などの数年ごとの改正により，次々と新たな種類が永久運動のように追加されている。

第6章　反原発「ニュー・ウェーブ」の時代（1986-91）

第1節　ソ連原発事故と新しい動員基盤の形成

　1986年4月26日未明，旧ソ連ウクライナ共和国のチェルノブイリ原発4号炉が大惨事を引き起こした。この型の原子炉，RBMK-1000型は，ソ連が独自に開発した軍用プルトニウム生産炉を発電炉へ転用したもので，黒鉛を減速材に，軽水を冷却材に，天然ウランを燃料に用い，ソ連では標準的な発電用原子炉であった。チャンネル炉と呼ばれる細長い燃料集合体のユニットごとに，原子炉を運転したままで交換できるため，設備利用率が高いという利点があったが，暴走事故につながりやすい性質も持っていた[1]。

　こうした設計上の問題点に加え，4号炉では，保守点検に入る前の最も大量の放射能を内蔵している時期に，停電事故対策として追加された改良を実証する実験が行われた[2]。しかし電力供給上の要請と，実験実施上の措置との間で命令上の混乱があり，これに人為ミスが重なる。多くの安全装置をはずしたまま，一時下げすぎてしまった出力を実験のため急上昇させたところ，原子炉が暴走し，炉心が爆発したのである。脆弱な構造だった原子炉建屋を突き破って，広島型原爆に換算して約1100発分に相当する炉内の核分裂生成物，いわゆる死の灰の1割程度が外部に放出され，また原子炉内部では火災が発生して炉心溶融を起こし，放射能を漏洩し続けた。さらに溶け出した核燃料が原子炉のコンクリート基部を突き抜けて，その下にあるプールの水と接すれば，水蒸気爆発を起こす可能性もあった。このためソ連当局は人海

戦術で決死の消化活動を行わせ、5月上旬までに火災だけは消し止めた（広瀬・藤田 2000）。

しかし、事故発生から数日間で少なくとも三十数名が死亡したほか、数百人が重症の急性放射線障害で病院に運び込まれた。また4号炉をコンクリートの「石棺」で囲い込む建設作業や周辺地域の除染作業に動員された兵士など数十万人のうち、多くが障害を負い、事故後10年以上を経た2000年頃までに5万人が死亡、その多くは前途に絶望しての自殺だと言われる。また原子炉の半径数百 km にわたる地域が高濃度に汚染されたことから、数十万人が移住を余儀なくされた。事故がソ連邦崩壊前に起きたため、事故の概要は正確に調査されず、また情報も操作や秘匿を受けたため、これらの数字は永久に推定の域を越えることはないが、事故が凄まじい被害を人間や自然環境にもたらしたことは確かである。死の灰は、風に乗って広くヨーロッパ全土に運ばれ、風向きや降雨の如何によって比較的高濃度の汚染地帯（ホットスポット）を無数につくり出したほか、遠く日本や米国にも到達した。酪農を中心とするヨーロッパの農業は大打撃を受けた。

もちろん日本に直接到達した死の灰の量は、ヨーロッパに比べてはるかに少なかったが、原発の過酷事故が実際に起きたという事実は重かった。しかし1986年4月30日、事故の概要も判明していない段階で、原子力安全委員会の御園生圭輔委員長は、事故に関する談話を発表し、「当該発電所から環境に放出された放射性物質によるわが国の国民の健康に対する影響はないものと考える」と述べ、「ソ連独自で開発した黒鉛減速軽水冷却型炉で、わが国に設置されている原子炉とは構造等が異なる」ことを強調した。また前日の4月29日に科技庁長官を本部長として日本政府が設置した放射能対策本部は、6月6日、日本国内への放射能影響調査の結果、放射能レベルが十分に低くなったとして早くも「安全宣言」を出した。さらに、原子力安全委員会が5月13日に設置した「ソ連原子力発電所事故調査特別委員会」は1987年5月28日の最終報告書で、日本の原発の安全性が現状においても十分確保されており、現行の安全規則や慣行、原子力防災体制を変更する必要はないと結論づけた。その間、総合エネルギー調査会は1986年7月18日、2030

年に日本では原発が約140基にまで増設される「見通し」を発表した(笹本 1999, 279-283頁)。電調審は1986年10月と12月，及び1987年3月に各1基の原発計画着手を承認した。

しかし市民の不安は払拭されず，根拠を示さずに安全性を強調する当局への不信感が強まった。汚染食品の流通規制に比較的早く対策をとった西欧諸国とは異なり，日本の厚生省は事故後半年以上を経た1986年11月にようやく，食品1kg当たり370ベクレルという輸入食品に関する暫定規準を決め，この値を超えた食品の輸入を認めない方針を打ち出した。この暫定規準を超える放射能が，1987年1月9日のトルコ産のヘーゼルナッツを皮切りに，2月にかけて次々と欧州やその隣接諸国からの輸入食品から検出されたことが明るみに出ると，厚生省はそうした輸入食品を輸出国に送り返すよう輸入業者に指示した。しかし国の暫定規準の妥当性や，膨大な量の輸入食品のごく一部を抜き取り検査するだけの国の輸入食品検査体制について，特に子供を持つ女性の間で不安が強まった。そこで原子力資料情報室が1987年11月に放射能汚染食品測定室を開設するなど，市民団体や研究者が食品の放射能を政府発表とは独立に調査する動きが高まった(笹本 1999, 285頁；高木・渡辺 1990, 14頁)。

そうした中で1987年4月に出版された広瀬隆の『危険な話』(八月書館)や，子供に安全な食べ物を与えられない母親の苦悩を基調に原発の危険性をわかりやすく書いた甘蔗珠恵子の『まだ，まにあうのなら』(地湧社，1987年7月)は広く読まれた(笹本 1999, 285頁；田島 1999, 969-970頁)。1987年を通じて，都市部を中心に全国各地で主婦層の新しい反原発グループが多数形成されていった。

チェルノブイリ後の日本の反原発運動はどのような特質を持っていたのか。このことを理解するために，通時的及び国際的比較という，いわば縦と横の二様の比較という視角をとってみる。まず縦の比較として，1979年3月のスリーマイル島(TMI)事故の場合と比較してみよう。結論から先に言うと，TMI事故の動員効果は，素早く反応したが短期的であり，市民層への広がりも限られていた。まず抗議行動の増加を見てみよう。図6-1は日本の反原

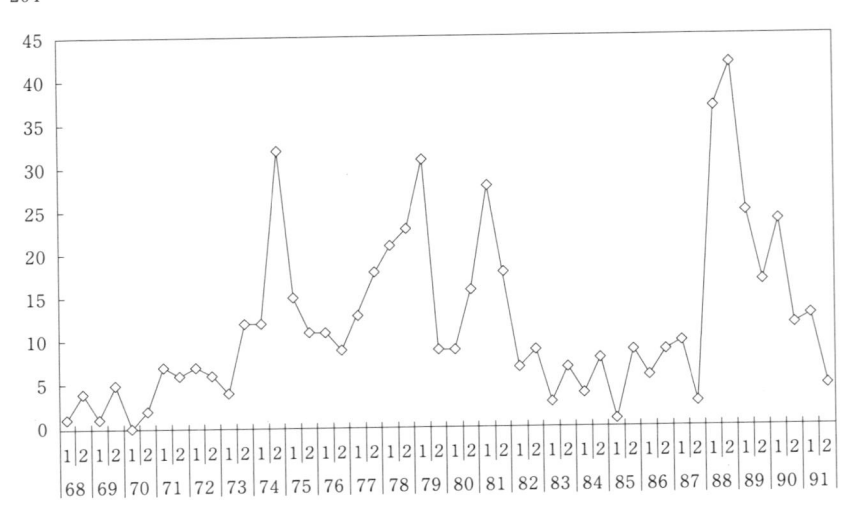

図 6-1　日本の反原発抗議行動の発生件数(半期ごと)

表 6-1　事故関連抗議行動の発生件数の推移

	75	76	77	78	79	80	81	82	83	84	85	86	87	88	89	90	91	
国内原発の事故・安全性		2			9		7						1	2	5	8	7	41
伊方2号出力試験														17				17
スリーマイル島事故					16													16
チェルノブイリ事故												1	7				1	9
R-DAN・災害訓練													1	3	2	1		7
安全問題全般	1				1								1					3
人形峠ウラン残土														1				1
合計	1	2	0	0	26	0	7	0	0	0	0	2	8	24	7	9	8	94

発抗議行動の半期ごとの発生件数を，また表 6-1 は事故関連抗議行動の発生件数を示している。日本では 1979 年の抗議行動の 45％は事故関連であり，うち 6 割が米国原発事故の発生に即応した 3〜4 月の行動，残りの大半は大飯原発 1 号炉の事故(4 月)及び運転再開に抗議する行動だった。1979 年の

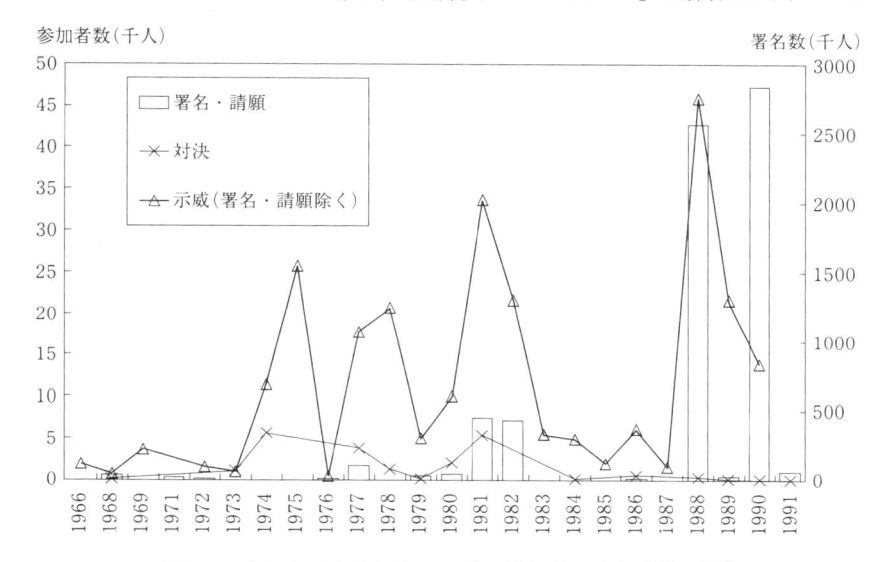

第 6 章　反原発「ニュー・ウェーブ」の時代(1986-91)　　205

図 6-2　非在来型抗議（署名，示威，対決型）の参加者数の推移
注：1967 年と 1970 年はデータがなく，グラフからは割愛した。

　TMI 事故に対する反応の素早さは，活発な動員基盤がすでに存在していたためである。しかし抗議行動は 1979 年後半には早くも急減している。また 1979 年はデモや集会，対決型の行動，署名運動のいずれにおいても参加者が少なく（図 6-2），抗議行動の件数の増加にもかかわらず，それが活動家中心で，動員に広がりがなかったことを示している。

　もっとも，TMI 事故の効果は，1981〜82 年の抗議行動や参加者の増加の伏線となったと言えなくはない。ただ直接には，この時期の示威型抗議の増加は公開ヒアリング闘争に，また署名運動の参加者の増加は太平洋への核廃棄物投棄計画に反対するキャンペーンに負っており，どちらも労組動員型の抗議運動であった。

　TMI 事故の短期的かつ限定的な効果は，朝日新聞の原発世論調査（図 6-3）にも表れている。これ以上の「原発推進に賛成」の者は，1978 年 12 月の 55％（「反対」は 23％）から，TMI 事故 2 カ月後の 1979 年 6 月に 50％へ若干減少したが（「反対」は 29％へ上昇），半年後の 1979 年 12 月にはかえって

図6-3 日本の原発世論調査

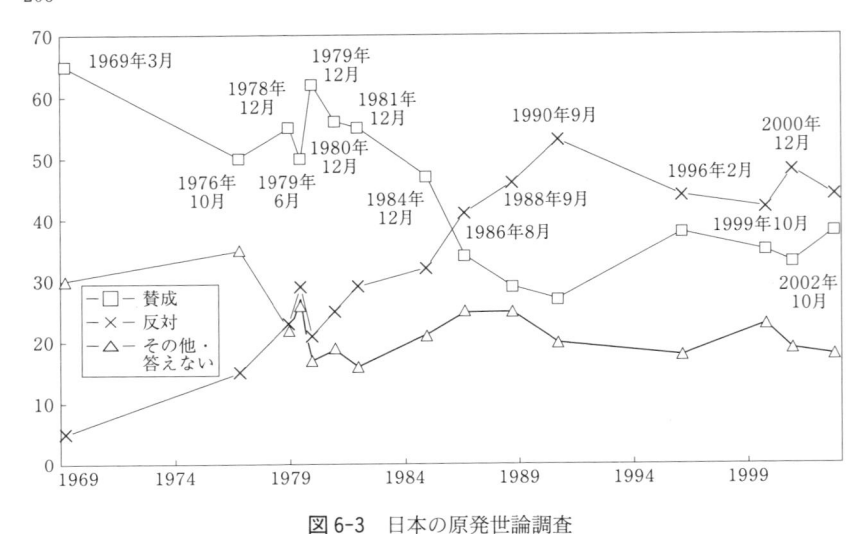

1969年(原子力の積極推進に賛成か反対か)と1976年(原子力開発はもっとする方がよいか,やめる方がよいか)は総理府,1978年以降は朝日新聞の世論調査(「あなたは,これからのエネルギー源として原子力発電を推進することに賛成ですか,反対ですか」)。

62%へと上昇している(「反対」は21%へ減少)[3]。

「TMI効果」が一時的で限定的だった原因としては,第1に,第2次石油危機が政情不安定な中東原油への依存を印象づけたこと,第2に,米国事故による放射能汚染が日本に及ばず,危機感の増大に結びつかなかったことが考えられる。後者に関連して,TMI事故の原因が米国型軽水炉の構造的欠陥ではなく,運転員の人為ミスであるという図式で,原発推進派が世論を誘導しようとした事実も指摘されねばならない。ただ日本の原発も軽水炉なので,安全性の再点検は余儀なくされている。また1979年6月の朝日新聞世論調査では,「日本でも住民が避難するような事故が起きると思う」と答えた者が2/3を占め,「起きないと思う」(16%)及び「わからない・その他」(17%)を圧倒した。しかし「起きると思う」と答えた者の約半数(48%)は原発推進に賛成で,反対の者(34%)を上回った(柴田・友清 1999, 56頁)。つまり日本の原発での事故発生の可能性を認めることは,少なくとも短期的には原発反対世論の増加に結びつかなかったと言える。

第 3 に，技術の進歩に対する楽観主義がまだ支配的だったことも指摘されている(柴田・友清 1999)。1979 年 6 月の世論調査で，「今後，原子力発電は，技術と管理しだいで安全なものにできると思いますか。それとも，人の手には負えない危険性があると思いますか」という質問に対し，「安全なものにできる」と答えた者が 52％を占め，「手に負えない危険性」があると思う者(33％)を大きく上回った。

TMI 事故の場合と比較して，1986 年 4 月のソ連原発事故への反応は鈍かった。事故後 1 周年を経て，ようやく新しい草の根の反原発グループが無数に形成され始めるが，この動きが抗議行動の増加として表面化してくるのは，1988 年春から，伊方原発 2 号炉の出力調整試験という具体的な動員の焦点が浮上してからのことである。以後，泊や六ヶ所村など，動員の増加を刺激しやすい新設地点での立地闘争が激化したほか，都市部の市民による行動や，都市の運動と立地点の運動とを結びつける形態の運動が登場し，担い手が量的・質的に拡大した。このようにチェルノブイリ事故の動員効果は，遅発性ではあったが幅広い市民層へ波及し，抗議の形態も多様化させるものであった。

こうした議論を朝日新聞世論調査の結果ともつき合わせてみよう。1980 年代前半に徐々に増加してきた原発反対世論は，1986 年 8 月の調査で遂に賛成派を凌駕し，1990 年 9 月の調査で 50％を超えるまで，一貫して増え続ける。その後，原発問題が政治課題の後景に退くにつれ，反対世論は漸減していくが，1996 年 2 月，1999 年 10 月，2000 年 12 月の 3 回の調査でいずれも 40％台を維持している[4]。「チェルノブイリ効果」は世論においても反対派の優位をもたらすほどに広い市民層に波及し，また持続的であると言えよう。ではその原因は TMI 事故との比較ではどのように説明できるだろうか。

第 1 に，チェルノブイリ事故後には石油危機が起きなかったことが指摘できる。かなり後になって，イラクのクウェート侵攻に伴う 1990 年夏から 1991 年春にかけての湾岸危機が起きたが，2 度の石油危機に比べると原油価格の持続的な上昇をもたらさなかった。ただ，湾岸危機は日本政治の関心を原発問題から奪い，動員の衰退に拍車をかけたとは言える。

第2に，ソ連から日本の国土に直接到達した放射能は限られていたが，輸入食品汚染の形で市民生活に波及してきた。日本には核実験の放射性降下物による食料品の汚染でパニックが起き，原水爆禁止運動が，町内会など伝統的な組織や，保守から革新までの全政党を包含する「国民運動」に発展した経験がある。また，チェルノブイリ原発事故の原因を日本政府はソ連独特の原子炉の構造や運転員の人為的ミスに帰す世論対応を行い，日本の原発の安全性総点検や防災対策の見直し，輸入食品の検査体制の強化に消極的な姿勢をとったが，説得力に欠けていた。

　第3に，チェルノブイリ原発事故後の1986年8月に行われた朝日新聞世論調査では，原子力発電が技術と管理次第で「安全なものにできる」と答えた者が37％，「手に負えない」と考える者が47％となり，TMI事故のときとは比率が逆転した。1988年9月にはそれぞれ32％と56％に差が拡大し，この比率は高速増殖炉(FBR)「もんじゅ」事故後の1996年2月の調査でも，ほぼ同じ35％と56％で，「手に負えない」と考える者の優位が固定化した(柴田・友清 1999, 57-58, 75-76頁)。1990年代後半の相次ぐ原子力事故や，それへの不適切な対応を通じて，原子力行政や原子力企業に対する不信感は再生産された。

　これまでTMI事故との比較で，日本での「チェルノブイリ効果」の特質を検討してきた。ではドイツとの比較は日本の運動のどのような特質を浮き彫りにするだろうか。ドイツでは1975年のヴュール原発敷地占拠の成功により，急進的な直接行動が全国各地の反原発運動に拡大し，1976年から1977年にかけ，ブロックドルフやグローンデなどの地点で警察との暴力的衝突にまで発展した。政権与党だった社会民主党(SPD)や自由民主党，労組の内部にも反原発派が形成されるなど，原発問題が最も重要な政治争点にまでなり，原発の建設が事実上の凍結状態に陥った。TMI事故の3日後には10万人の参加した，ドイツ史上2番目に大きい反原発デモが行われた。世論調査機関エムニートの調査(図6-4)によると，1979年のTMI事故は，原発反対派を優位にするほど，広範な世論への影響は大きかった。

　ただその後，西ドイツ経済は日本経済に比べ，第2次石油危機の影響を大

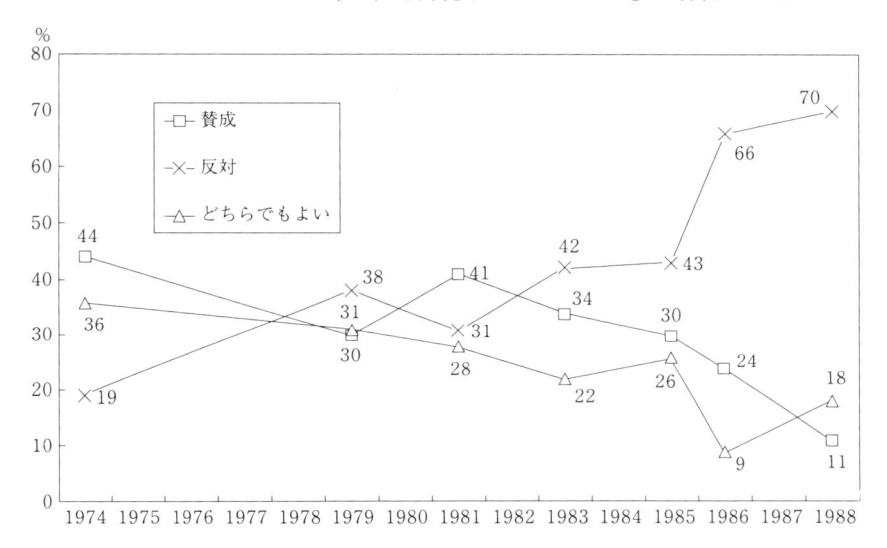

図 6-4 エムニート(Emnid)社の西ドイツ原発世論調査
「あなたは原則的に原子力発電所の建設に賛成ですか、反対ですか、それともどちらでも構いませんか」。

きく受け、原発推進派は巻き返しに転じ、1982年には結果的に西ドイツ最後となる3基の新規原子炉の発注が行われた。しかし原発反対世論は1983年に再び優勢となり、1986年に激増している。原子力問題への全般的関心が再び高まり始めた原因は、1982年頃に始まるバイエルン州ヴァッカースドルフの再処理工場立地闘争が1985年頃から激化したことにある。こうして反原発運動は復活してきていたので、チェルノブイリ原発事故に即応して1986年の前半期に動員が爆発的に伸びたとされている(Koopmans 1995; Rucht 1998)(図6-5)。

ドイツの「チェルノブイリ効果」に関するこうした所説は、クリージらが、フランスやオランダとの比較によって裏づけている。フランスではすでに1981年、新しく誕生したミッテランの社会党政権が、当選前の公約を大幅に後退させ、保守政権下の原子力政策の執行を一部縮小しただけで基本的に継続する方針を決め、社会党からの支援に期待し依存してきた反原発運動に

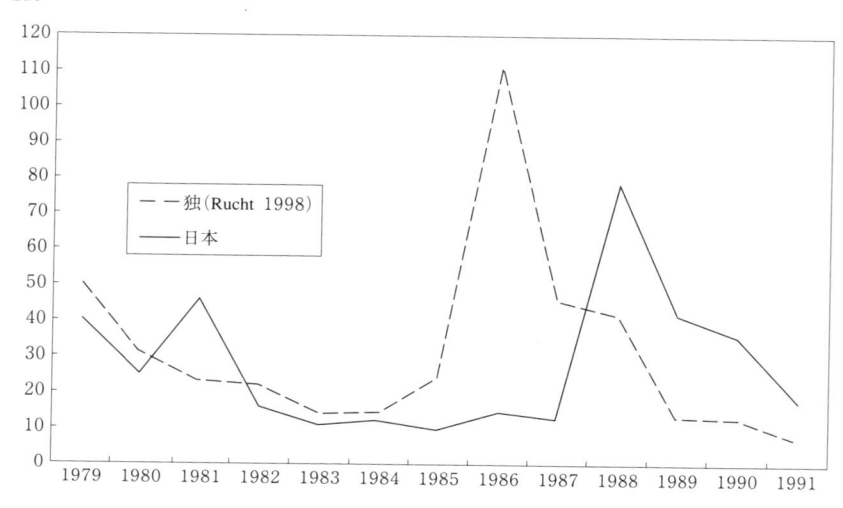

図6-5 反原発抗議の発生件数のドイツとの比較

決定的な打撃を与えた。以後フランスでは，1990年代を通して緑の党が徐々に足場を固めていくまで，原子力批判が政治の場で全く代表されない状態が続く。またオランダでは1970年代後半から1980年代初頭にかけ，国内の原発増設や，オランダ国境付近のドイツのカルカーに計画されたFBR建設に反対して，反原発運動が成長したが，オランダ政府が原発増設を実質的に凍結し，カルカーFBRの建設も低迷したので，1980年代半ばには広範な参加者を動員できるほどの具体的な目標を失った。このためチェルノブイリ原発事故が起きても反原発運動は活発化せず，国内でまだ運転していた2基の原発の閉鎖は1990年代に，主に政党間の連合政治の枠内で決定されることになった (Duyvendak 1995; Kriesi et al. 1995)。

　同様に，日本の反原発運動もチェルノブイリ事故の発生時には停滞期にあった。ところが日本では，ドイツより2年遅れで動員が爆発的に伸びた。この謎を解く鍵としてはまず，運動の政治的機会構造の変化が指摘できる。日本では労働団体統一論の具体化や社会党の政策転換の動きに応じて，反原発運動の動員基盤が弱まっており，1986年の時点ではソ連原発事故に即応した抗議行動は盛り上がらなかった。ところがその後，1986年夏の土井社会

党委員長誕生に伴って社会党への期待が集まり，運動の政治的機会構造が再び開放的になった。ただし抗議運動への労組の動員力は低下していた。

政治的機会構造よりも重要な要因は，農地や食料の汚染をめぐるヨーロッパでのパニックが報道されてはいたものの，多数の市民が1987年からの輸入食品汚染の発覚を通じ，初めて当事者性を実感したことである[5]。その過程で，日本の原発も事故と無縁ではありえないことを，講演会や著作を通じ，熱心に説いて回ったのが作家の広瀬隆であった。さらに，伊方原発出力調整試験や泊原発の運転開始，六ヶ所村の核燃料再処理工場建設など，抗議行動の具体的な目標が1988年頃から浮上してきたことが指摘できる。

これまで述べてきた要因は短期的なものであったが，比較的長期的に水面下で進行した要因としては2点指摘できる。第1に，生協活動などに関わっていた高学歴の主婦層の台頭という社会変動が挙げられる（長谷川 1991）。食品汚染の問題は，こうした主婦層の不安に強く共鳴した。朝日新聞世論調査によると，女性はすでに1979年6月の調査で「原発推進に賛成」が43％，「反対」が33％となっており，男性の「賛成」60％，「反対」23％と比べ，賛成派の優位は小さかった。これが1984年12月の調査では早くも女性の反対派の比率が優勢となり（賛成35％に対し反対が38％），ほとんど変化のなかった男性（賛成60％，反対25％）と対照的となった。1986年8月の世論調査になると，男女間格差は一段と際立った。男性では賛成が47％へ減少，反対が33％へ増加したものの，依然として賛成が上回った。これに対し，女性は賛成23％に対し反対48％と，反対派が賛成派の2倍以上の比率に増加した。続く1988年9月の調査では遂に男性でも反対派（41％）が賛成派（38％）をわずかに上回ったが，1996年2月調査では再び賛成派の優位が戻っている（賛成50％，反対38％）。これに対し女性の方は1986年，1988年，1996年と反対・賛成の比率はほとんど変わっておらず，反対派が約50％，賛成派が25％前後で固定化している（柴田・友清 1999，87頁）。

また世代別に見ると，女性の反対派は，1986年調査において，30代後半が57％と最も高く，20代前半と後半，及び30代前半も反対が50％以上であった。それに対し男性では反対派がやはり30代後半（44％）と20代前半

(36%)で最も高かったものの,賛成派が20代後半で最も高く(60%),40代(51%)よりも高かった。また同じ1986年調査で,日本での大事故の不安を感じていたのは男性63%に対し,女性が71%と上回り,また原発を技術と管理次第で安全なものにできると考える人は男性50%に対し女性が27%と大幅に下回った。反対に,原発には人の手に負えない危険があると考える人は女性が男性を上回った(53%対40%)。従って反原発の新しい波における典型的な反対派像は,女性では20代から30代,特に30代後半の戦後生まれの団塊世代であった。男性の方は団塊世代と学生層がやや共鳴したが,脇役にとどまった。

　第2に,1980年代前半を通して緩慢に進行した,科学技術の進歩に対する懐疑的な世論の台頭も背景にあった。これは,原発事故が技術次第で克服できるかどうかについて,1979年と1986年の2大事故の間に懐疑的な見解が少数派から多数派に転換したことの伏線となった。1981年12月と1984年12月の朝日新聞世論調査では,「科学技術がどんどん進むことに何か不安を感じる」と答えた者が50%から60%に増加していた(柴田・友清 1999, 69-70頁)。そうした科学技術全般に対する懐疑の広がりは,高度経済成長を達成し,2度の石油危機を乗り越え,安定成長から景気の回復,さらにバブル経済に向かう中で,追いつき型の経済成長の時代は終わったという意識が浸透したことと無縁ではないだろう。そうした社会経済的条件下で,物質主義的な価値観から脱物質主義的な価値観への転換が日本でも遅ればせながら進行していたと見ることもできる。

　原子力に固有の過剰感としては,故障の多かった日本の原発の稼働率が1980年代半ば頃に向上し,原発増設も進んだ結果,原発設備容量の過剰が問題になり始めていたことが指摘できる。電力過剰にもかかわらず,電気料金は国際的には最も高い水準にあった。こうした中で,設備過剰を解消するため電力会社が出力調整試験を行わざるをえなくなったことは,「もうこれ以上の原発はいらない」という主張に説得力を与えたのである。

　以上のことから,表面的には衰退期にあるようにも見えた日本の反原発運動が,チェルノブイリ事故から2年近く遅れて,どうして復活し,最盛期を

迎えることができたのかが説明可能になる。西欧の反原発運動は，1960年代から1970年代初頭にかけて進行した産業構造の脱工業化，新中間層の台頭，高等教育の普及，脱物質主義的価値観の比重の増大という社会変動を背景に，市民運動や新左翼学生運動を主な動員基盤として成長した。これに対し日本では，高度経済成長だけでは脱物質主義が十分に浸透せず，1980年代半ばに近代化の限界に対する意識が浸透するのを待たねばならなかった。さらに男性就業者に比べて市民運動に時間を割く余裕のある高学歴の主婦層が台頭し，新しい動員潜在力が形成された。そこへチェルノブイリ原発事故が発生した。その余波として1987年初頭から表面化した輸入食品汚染の影響が，子供を持つ主婦の不安と共鳴し，草の根市民グループの結成や，生協運動の活発化をもたらし，新しい動員の担い手となったのであろう。

　もちろん，ドイツでもチェルノブイリ事故後に母親の反原発運動が新たに出現したが，反原発運動が本質的な変容を遂げたわけではなかった。対照的に日本では，反原発運動が時間をかけて本質的に変化し，最盛期を迎えた。クランダマンスの概念を借りると，既存の動員基盤に即応した「アクション動員」よりも，説得と組織化を通じた動員基盤の新たな形成に基づく「コンセンサス動員」の面が強かったと言える(Klandermans 1988)。

第2節　原発反対運動の多様化

1　非暴力直接行動

　欧米型の「新しい社会運動」における最も代表的な抗議形式は，非暴力直接行動と呼ばれるものである。こうした行動はヘンリー・デイヴィッド・ソローやガンジー，クェーカー教徒の平和主義など，長い歴史的起源を持つが，新しい社会運動に対して，より直接の影響を及ぼしたのは米国黒人の公民権運動による市民的不服従であった。しかしファンダム(Vandamme 2000)によると，公民権運動の市民的不服従では，差別的で不当な法律に抗して違法な行動に訴えるのに対し，新しい社会運動においては，市民的生活領域に重大

な帰結を招きかねない事業計画が，それ自体では不当と言えない代議制民主主義の手続に則って進められることを止めるため，やむをえず非暴力的な非常手段（「市民的介入」）に訴えることに特徴がある．その際，当事者を自認する人々（必ずしも住民に限定されない）が要求しているのは，市民的生活領域における自己決定権である．

　日本の社会運動全体においては，非暴力直接行動は，例えばべ平連など反戦平和市民運動で試みられた．外国の新しい社会運動における非暴力直接行動の実践を日本に紹介し，根づかせようとする意識的な努力は，1970年代前半から行われるようになった．1972年夏，キリスト教徒のグループによって「社会変革のための非暴力トレーニング・セミナー」が日本で初めて開かれ，その参加者を中心に1974年に「非暴力行動準備会」が発足する．その中心メンバーの1人であった阿木は，1973年に渡米して1年半にわたって非暴力トレーニングを受けたが，1976年からの8カ月に及ぶ2回目の滞米中の1977年4月，ニューハンプシャー州シーブルック原発反対派による原発敷地占拠に参加している．これは1975年4月〜6月のスイス・カイザーアウグスト原発敷地占拠と同様，1975年2月〜11月の西ドイツ・ヴュール原発敷地占拠に触発された試みとも言われる（Rucht 1988；砂田 1978）．1年余をかけて全米各地で実施された非暴力トレーニング・ワークショップの積み重ねという周到な準備に基づいており，人々は花や若木を手にして歌を唄いながら座り込みをした．多数の女性のほか，老人や身障者も含む全米各地から集まった2000人以上の人々が参加し，1414人が逮捕された．これほど多数の人々が非暴力に徹した行動を実践したことに全米のマスコミの関心が集まり，運動は広範な人々からの支援を受けるとともに，非暴力の敷地占拠は全米各地の環境運動や反原発運動に採用されるようになった．阿木は1977年末，シーブルックの非暴力占拠の記録映画を携えて帰国し，自主講座の原子力グループとともに日本語版を作成，原発既設点や予定地を含む全国各地で上映会を開いた（阿木 2000）．ただ，こうした敷地占拠は日本の住民運動の中に根づかなかった．

　都市型の市民運動の中に一定程度定着したのは祭典型のキャンペーンであ

る。1977年から東京の反原発運動諸団体の間で10月の恒例行事となった「反原子力週間」や，1981年7月に高知県窪川町の原発立地予定地で「文化運動の場として反原発運動を推進する」ために開かれた反原発フェスティバルといったものが挙げられる。後者に際しては東京から「反原発の船」と称する海上キャラバンが組織され，船内でコンサートなどが展開された。そうした海上キャラバンは，北米やオセアニアで1970年代前半からグリーンピースが核実験や捕鯨に反対して始めていたキャンペーンに原型を見ることができる。日本の反原発運動では1978年秋，原子力船「むつ」佐世保入港反対闘争の一環として行われた「むつ廃船・三里塚廃港人民の船」が最初であり，九州各地の三里塚闘争に連帯する会や，水俣病患者連絡会，諫早の自然を守る会(山口弘文事務局長)などの市民団体が主催した。また1985年10月には，幌延の核廃棄物施設計画に反対するため，北海道の反原発市民団体や札幌地区労が主催した「反核道民の船」が800人を乗せ北海道苫小牧港を出港，東京に着くと有楽町マリオン前で道内直送の低温殺菌牛乳とじゃがいもセット2000袋余りを通行人に無料配布する象徴的街頭行動を行い，「北海道の自然の味を核廃棄物から守って」と訴えた[6]。こうした流れの中で，海上キャラバンを専門的に行うNGOとして1983年に設立されたのがピースボートであり，1989年春には全国の原発を見て回る日本一周クルーズを企画している(『反原発新聞II』，160頁)[7]。

　こうした穏健な象徴的行動に比べ，敷地占拠のように違法な行動は，マス・メディアを通じた世論の支持の動員なしには，警察による弾圧を招きやすく，また参加者の周到な訓練や非暴力に徹する意識的な努力なしには，暴力的衝突にも発展しうる。また必ずしも違法ではなくとも，電気料金支払い拒否のような行為は，電気を止められ，あるいは訴訟を起こされるなど，参加者が生活上・経済上の不利益を覚悟せねばならない[8]。しかしだからこそ，この種の行動は，非暴力直接行動が政治文化の中に根づいてきたかどうかを測る試金石ともなる。

　ダムや空港の建設予定地に団結小屋を建てて立てこもるような抗議形態自体は，日本でも1960年代から見られた。その代表的な例は筑後川に計画さ

れた下筌ダムの建設予定地に地権者を中心とした住民運動がバラックの「蜂の巣城」を建てて繰り広げた反対闘争(1961-64 年)や, 成田空港反対闘争(1966 年～)である。どちらの闘争も地権者や農業者の住民が担い手となり, 少なくとも一時期, 旧左翼勢力や新左翼学生運動が支援に加わっており, その限りで西欧の 1970 年代の反原発や反軍事基地の闘争における敷地占拠と似ていなくもない。しかし「蜂の巣城」の場合, 地方名士的な地権者がまさに「城主」として私財をつぎ込んで展開した闘争という性格が強く, また三里塚闘争の場合は, 例えばドイツのブロックドルフ反原発闘争での敷地占拠に似, 教条的な新左翼セクトの介入や警察の強硬な対応によって非暴力主義が成り立たなかった。反原発運動においても, 例えば第 4 章で見た柏崎原発闘争では攪乱型の直接行動が裁判闘争とともに中心的な闘争手段となったが, 労組の組織的な動員が目立ち, 女性を含む広範な市民層の大量参加による自治を求める行動とは隔たりがあった。

　日本の反原発運動で敷地占拠型に近い形態の非暴力直接行動が開花するのはチェルノブイリ原発事故後の時代, 1988 年 1 月及び 2 月の伊方原発 2 号炉出力調整試験反対行動においてである。出力調整試験は, 日本の原発立地が「成功」しすぎて原発設備容量が過大になったことに対する電力会社の苦肉の策であった。電力需要は, 季節によって大きく変動するのは言うまでもなく, 1 日の間でも昼夜で大きく変動する。しかし原発は本来, 頻繁に出力を上下させて運転すると燃料棒への負担が高くなるなど安全上問題があるので, 定格出力の 100％での常時運転を想定して設計されている。このため昼間の変動部分(ミドルロード)を主に火力発電が, 夏の急激な需要増加(ピークロード)は水力発電が, 深夜最小電力以下の安定した部分(ベースロード)を原発が分担している。従って需要が落ち込む夜間電力の消費を大幅に底上げしない限り, 原発の建設は頭打ちとなる。そこで電力会社は, 電力需要に合わせて原発の出力を抑えて運転する可能性を探ろうとした。

　出力調整試験は東電がすでに 1980 年以降, 福島第 1, 第 2 原発の 5 基の原子炉で行っており, また関電は 1986 年から 1987 年にかけ, 敦賀湾の 4 基の原発で行っていた。四国電力の伊方原発では PWR を採用している電力 5

社(四電,関電,九電,北電,日本原電)と三菱重工が共同で研究を進め,すでに1987年10月に1回目の試験を実施していた。これに対し,低出力での運転がチェルノブイリ原発事故を誘発した状況と共通しているという議論が特に作家の広瀬隆の講演会を通じて,反原発運動内に浸透していく。伊方原発での第2回目の出力調整試験が1988年2月に実施される予定であることが伝わると,広瀬隆の講演会の主催を契機に1987年6月に大分県別府市で小原良子ら主婦によって結成された「グループ・原発なしで暮らしたい」や,作家の松下竜一を中心とするグループ「原発なしで暮らしたい九州共同行動」(中島真一郎事務局長)の呼びかけで,1988年1月25日に四国通産局や四電本社がある香川県高松市で出力調整試験の中止を求める集会が開かれ,全国から1000人が参加した。「この集会は,従来の政党や労働組合の動員による組織だったものではなく,カネや太鼓,獅子舞や龍踊り,思い思いの派手な衣装やぬいぐるみをまとった女性や子供が主体という型破りのものであった。この集会を取材した『朝日ジャーナル』が,『この突然現れた反原発ニュー・ウェーブの人びと』と報道した(『朝日ジャーナル』1988年2月5日,94頁)ところから,『ニュー・ウェーブ』という言葉が定着することになった」(高田 1990, 133頁)。

　四電本社までのデモは1500人に膨らみ,うち200人が四電本社別館の会議室に入り,四電原子力部長らに出力調整試験の中止を求めて交渉を行った。交渉の進展がないまま,試験の実施を固持した四電側が会議室を退去した後,反対派交渉団は会議室で一夜を明かした。翌26日正午までに機動隊が別館内に入り,退去を勧告,反対派交渉団は自主的に退去し,外で待つ反対派とともに抗議集会を開いた(『反原発新聞II』,109頁)。

　1988年2月に行われた2回目の「高松行動」では11日,バリケードが築かれた高松市四電本社前で「原発サラバ記念日全国の集い」と題する集会に,全国から草の根グループを中心に522団体,約5000人が集結,うち200人は「原発止めてもええじゃないか」と合唱しながら徹夜した。翌12日午前中にはダイ・インに1000人が参加し,機動隊に排除された。

　その間,伊方原発現地では古くからの反対派である伊方原発反対八西連絡

協議会の呼びかけで十数名が座り込みを行った。また1987年12月7日から開始された出力調整試験反対署名運動は，「従来の反原発グループを超えて，共同購入，八百屋，有機農業，リサイクル，自然保護，消費者，女性，第三世界などをテーマにするグループ」が賛同し，第2回の高松行動までの約2カ月間に100万人の署名を集めた。反対派は署名を携え1988年2月29日，東京都の通産省資源エネルギー庁に渡そうと試みた。その際，200人が通産省のビルを取り囲んで集会も開いたが，通産省は退去命令を出し，丸の内署の機動隊が排除，中学生ら2人を建造物侵入の現行犯で逮捕した(『反原発新聞II』，113頁)。

　以上が「高松行動」及び前後の経過である。この行動は，原発敷地占拠ではなかったが，かなり似た特徴を示している。出力調整試験を阻止するために，数千人という日本にしては大量の参加者が，原発現地で非暴力の抗議行動を繰り広げたこと，参加者の大半が政党や労組など既存の党派的組織とは無関係の市民，特に域外からの女性を中心に構成され，「当事者」の範囲が広く捉えられていたことである。また「高松行動」の行動原則として高田 (1990，153頁)が整理した4点——「この行動は，参加者の一人一人の意志と責任において実施されるものであること」「参加者は，一人一人当事者として何人も対等な位置にいること」「行動全体を指揮・統率する団体や個人は存在しないこと」「行動のスタイルは非暴力であること」——は，ドイツでヴュール原発やゴアレーベンにおける核廃棄物施設の予定地の占拠者が実践した，草の根民主主義的な行動原則と共通するものがある(Vandamme 2000)。

　しかしながら，ドイツでの敷地占拠は，立地闘争の過程で行われ，市民的介入による原子力施設の立地手続の凍結は，連鎖的に各地の原発建設の凍結へと発展しかねず，その意味で原子力政策全体の問い直しを迫る大きな政治的効果を及ぼした。これに対し，すでに運転中の原発で電力会社の判断で実施された出力調整試験は，たとえ中止されても原子力政策の見直しや，伊方原発の通常運転の中止を促すことが期待できなかった。電力会社は，従来とは規模と構成の異なる反原発運動の爆発に，最初は狼狽したが，次第に目立たない対策で過剰設備の問題に対処するようになる。すなわち原発定期検査

の時期の調整,夜間電力消費の開拓,夜間電力の捨て場としての揚水発電所の建設,火力発電所の休止,新規原発計画の延期などである。高松行動以後,人間の鎖などの非暴力直接行動が各地で行われたが,具体的な立地闘争と結びついた形での非暴力直接行動は定着せず,象徴的・遊戯的な直接行動は,参加者個人の自己表出自体が目的となり,内向性を強めていった。

また,そうした非暴力直接行動に,数千人規模の市民が参加することもまれだった。労組や生協など動員力のある組織も直接行動に対して次第に冷淡になる[9]。「ニュー・ウェーブ」の時代を通して,デモや集会,非暴力の対決型行動など,非在来型の抗議行動は,1981年のピークより若干動員数を増やしたにすぎない。これに対し,むしろ,署名運動は,かつての年間50万人規模から270万人規模へと参加者を著しく増やした(図6-2)。

ヴュールを典型とするドイツでの敷地占拠の成功例は,裁判闘争と効果的に連携していた。こうした行動には弾圧も予想されるので,裁判所が刑事訴訟で逮捕者を無罪にし,あるいは行政訴訟の過程で原発立地手続を一時的にせよ凍結する可能性がなければ,参加者個人にとってのリスクが大きすぎる。ところが日本では裁判所がそのような判断を下す可能性はきわめて低い。行政に対するチェック機能を果たさない司法という日本の政治構造的特徴は,非暴力直接行動という運動戦術の成算も著しく抑制しているのである。

2 自助運動

行政や営利企業が本来すべきなのに適正に果たしていない,あるいは行政や営利企業にまかせておけない,そのような課題を自発的に遂行しようとするのが,自助運動である。政治的決定過程への直接の介入を主たる目的とはしていないが,自発的な課題の遂行自体が,政治的告発の性格を持ちうる。核燃料輸送監視運動のように,チェルノブイリ原発事故以前から存在し,事故後に全国的に活発化したものもあるが,同事故被災者の救援運動のように,多くは事故後に次々と表面に出てきた[10]。ここでは,日本の原発にも事故が起きることへの懸念から,全国に放射能検知器を設置して市民が監視し,また自主災害訓練を行っていこうとする放射能災害警報ネットワーク(Radiation Disaster Alert Net, R-DAN)の運動に,焦点を当てる。

　1986年5月,「新しい生き方を求める人びとの"もう一つの"大学」をスローガンに,協同組合方式で横浜市に設立された学校「共学舎」において,無農薬農業に取り組んでいた学生の間で,チェルノブイリ事故後の公的機関への不信から,ガイガーカウンターを求める声が上がった。それを聞いた家坂哲男学長が,全造船機械労組の東芝アンペックス分会に属する技術者の都筑健に相談,これに共学舎の学生や生協関係の主婦のほか,反原発派の物理学者である理化学研究所の槌田敦と慶応大学の藤田祐幸が加わり,放射能検知器の開発に取り組む構想が生まれた。

　東芝アンペックス(株)は1982年に活発な組合活動を嫌う親会社によって解散させられたが,組合は工場存続と解雇撤回を求めて粘り強く闘いながら,組合員の生活と闘争を支えるため,工場内で自主生産を続け,最終的には生産設備の譲渡を東芝から勝ち取った。その間,組合は原発推進派の電機労連(中立労連加盟)を離れ,全造船(総評系)の分会として再出発していた。東芝アンペックスではハイテク製品の開発を行っており,なかでも医療目的で人体に微量の放射性同位元素(アイソトープ)を直接入れて浸透状態を調べる検査の安全性を確保するため,アイソトープ含有量検査機器を開発していた。また槌田はすでに「モレター」という放射能検知器を試作しており,1982年頃から柏崎原発周辺を中心に数台設置していたが,高価格や性能の安定性,量産化,小型化の点で難があった。そこでこの「モレター」をベースに東芝アンペックスの技術者たちが開発を行った。検知器の完成したのを受け,8月6日のヒロシマデーに共学舎で集会が開かれ,R-DAN運動が始まった。事務局は東芝アンペックス分会(横浜市)に置かれた(都筑1988;『反原発新聞II』,54頁)[11]。

　R-DAN運動の目的は,「測定」ではなく「検知」にある。市民による「測定」であれば,政府や企業の公式発表を後追いするだけとなり,当局による情報操作を防げない。むしろ政府や企業の機先を制し,「原発や核燃工場や原潜などの事故による放射能災害をすばやくキャッチして,政府の情報操作を許さず,災害時対策も自ら守るようにすすめるためのネットワークで

あり，その共通の道具としての市民の武器」が「検知器」なのである。また，こうした目的のためには，単に放射能検知器を配布して終わるのではなく，検知器を持った全国各地のグループが相互連絡を取り合い，日常的かつ体系的に取ったデータを照合し合い，また検知器の日常的な保守管理の徹底を通じて，政府や電力会社からの反撃に耐えうる信頼性の高いデータを蓄積していくことも必要になる(都筑 1988, 75-77頁)。

しかし，R-DAN運動にはそうした客観的データの蓄積といった硬派の志向だけでなく，非暴力直接行動の遊戯的精神も感じられる。初期の運動論としては，「"なんでも，どこでも調べてやろう"の精神と，ハイキング趣向も満足させて」，病院放射線科や軍事基地周辺，原発などのある「不安・疑惑地域」の「検知散歩」や核燃料運搬などの追跡が推奨されている(都筑 1988, 75頁)。1988年7月には福井県小浜市でR-DAN全国集会が開かれ，全国から検知器を片手に80名が参加し，付近の大飯原発を船上観察するツアーも行っている。

1台8万円のR-DAN器の普及は，最初は緩慢としていたが，1988年の高松行動以後，個人やグループによる購入が急速に伸び，同年夏までに全国で350台に達した。また原発現地に放射線検知器を送るためのカンパも呼びかけられた。その間，R-DANの地方ブロック組織も形成された。「原発推進側との鋭い対立を余儀なくされている現状では，全国のR-DAN所有者や組織を公表するわけにはゆかぬので，異常時の問い合わせが，事務局に集中すると連絡網は完全にマヒする」と予想されたからである(都筑 1988, 78頁)。

こうした組織化に伴い，市民による独自の防災連絡網も形成され，模擬避難訓練を行うようになった。チェルノブイリ事故後も政府や都道府県当局は防災対策を見直さず，また住民ぐるみの訓練を実施すると原発が危険だという印象を強めることを懸念し，原発立地点で住民の避難を伴わない形式的な防災訓練(例えば1986年11月の柏崎原発)を繰り返していた。そこで1988年7月末，福井市，敦賀市と滋賀県の反原発4団体は敦賀市で，住民の避難訓練実施に消極的な福井県や敦賀市への抗議の意思を込め，自主避難訓練を

行った(『反原発新聞II』, 135頁)。1989年11月には，近畿や北陸地方で，県境を越えた初めての広域的な自主災害訓練として，100台の放射線検知器による電話連絡訓練が，近畿や北陸9府県のグループによって企画され，敦賀半島の原発で事故発生との想定で，東京，神奈川，栃木も含む17都府県の市民グループが参加した(『反原発新聞II』, 164, 233頁)。1990年6月には第6回の訓練が，伊方原発の事故を想定して行われ，四国4県も含め，全国で42グループ，484人が参加した。こうした市民による動きは道や県の当局も無視できなくなり，例えば1988年10月，日本では初めて多数の住民を参加させた原発事故訓練が，泊原発の試運転を2日後に控えていた北海道の泊村で実施された[12]。

動員構造としては，R-DAN運動は，東芝アンペックス分会の労働運動と神奈川の市民運動との連携から始まった。共学舎のようなオルタナティヴな自助運動や，批判的科学者との連携も重要な役割を果たしていた。同時に，運動の全国的拡大に伴い，都筑が自ら述べるように「原発現地で粘り強くたたかい続けた運動と，都市部の市民・主婦層を中心とした運動のドッキング点」にもなった。さらに東芝アンペックス分会からは1993年，ワーカーズコープ(労働者協同組合)の経営方式をとるエコテックという会社も独立している。都筑が社長になり，自然エネルギー関連の製品などを製造し，販売している(ドーア 1994)。

3 署名・請願運動

チェルノブイリ事故2周年を記念して1988年4月24日，日本の反原発運動で空前絶後の2万人という参加者を集めた「反原発全国集会'88」において，原子力資料情報室の代表・高木仁三郎を事務局長とする集会実行委員会によって，「脱原発法」の制定を求める署名・国会請願運動が提案された。その提案は次のような趣旨であった(『反原発新聞II』, 124頁)。「原発と核燃料サイクルの全面的廃止をかちとるために，イタリアのような国民投票への期待が高まっています。日本では国民投票という制度が法的に保証されていないので，現在の法制度の枠内で実質的な国民投票を実施するために，(中略)

第6章 反原発「ニュー・ウェーブ」の時代(1986-91)　223

議論を喚起したいと考えます」「まず市民の手で原発廃止のための法案要綱をつくり，(中略)法案制定を求める全国的な国会請願，署名活動にとりくみ，これを背景に全政党に法律実現に向けて呼びかけを行う。そして，賛同する国会議員の手により法案を作成し，国会に提案し，その可決成立を目指す」。

このように，国会請願による脱原発法の制定は，イタリアやスウェーデンといった諸外国では制度化されている国民投票の代用物として位置づけられていた。『反原発新聞』を編集する反原発運動全国連絡会の西尾漠はオーストリアを引き合いに出している。「一九七八年には，国会を二分する大政党のいずれも原発反対ではなかったオーストリア国会が，国民投票の結果，全会一致で原発禁止法を可決した例もある。(中略)投票は政府によって提起されたもので，社会党政府は，運転が認められると信じていた。最大野党の国民党が，原発には賛成と言いながら，運転入りには慎重さを求めると表明した。社会党内にも反対グループが生まれた。それでも，国民投票にかければ運転容認が多数を得ると，政府は信じた。結果は，意外だった」「しかしひとたび世論が示されるや，政治家たちの対応は素早い。一二月一五日には，原発禁止法の成立を見るのである」(西尾 1989, 29頁)。

こうした趣旨で行われたキャンペーンは，1989年1月に開始され，1990年4月27日には署名251万8000人を集めて請願を行い，1991年4月26日にも76万5000人の署名を携えて2回目の請願を行った(『反原発新聞II』，267頁)[13]。第1次請願の場合，衆議院で45人(社会党41，社民連2，公明党1，無所属1)，参議院では41人(社会党40，二院クラブ1)の紹介議員を得た。しかし結果は，いずれも脱原発法案は衆議院の科学技術委員会，参議院の科学技術特別委員会で不採択とされ，合計300万人以上の署名は無駄になってしまった。従ってこのキャンペーンは失敗に終わったわけであるが，その意義はどのように評価されるべきだろうか。

高田(1990)が批判するように，署名運動は「署名の数のみを目指す運動」，「政党や労働組合，生協等の組織に依存した上からの動員型の署名運動」に陥りやすく，特に請願は趣旨に賛同する議員(当時は大半が社会党)に「脱原発法」案を議員立法の形で提出してもらう必要がある。ただ，重要なのは，

組織動員が草の根の運動を窒息させたかどうかよりも，むしろ原発推進派の政党（自民党・民社党）の内部や支持母体に楔を打ち込み，対立軸を流動化させることが，量を目指す署名運動で達成可能だったかにある。現実には，脱原発法案自体も「脱原発」を謳いながら，具体的な対案を提示したのではなく，実質的には「原発廃止法案」であった。国会で多数派を占める自民党が原発推進では揺るがず，逆に野党が原発推進派・慎重派・反対派と割れている中，法案への賛否は従来の原発賛否の構図に沿って現れるはずだった。

だとすれば，従来の対立軸を横断する内容の法案にするか，それとも請願の代わりに，「実質的な国民投票」を自主管理による市民投票のような形で実施する方法もありえた。後者のような提案は，あるグループから1988年7月の集会に出されていたが，十分には検討されなかったようである。日本に国民投票の制度がないからといって，なぜ署名・請願という手段を選択するのか，議論が尽くされなかったのではないだろうか。大規模な署名運動は，動員された草の根活動家を疲労困憊させ，運動の衰退を助長したと言えるかもしれない(高田 1990, 90頁) [14]。

ただ脱原発法案を従来の対立軸を横断する内容にする選択肢は，1980年代にはまだ現実的ではなかっただろう。しかし1990年代後半以降，地方では住民投票条例，中央では自然エネルギー促進法案の推進という形で，従来の原発反対・賛成の構図を横断する形での社会的・政治的連合の形成が試みられている。また，ニュー・ウェーブ時代の署名・請願キャンペーンの多くが，法律や条例の制定を目指していたことは評価されるべきであり，1996年に巻町で遂に突破口を開くことになる住民投票条例運動につながる意義を持っている。さらに労組依存型の運動路線の限界を市民活動家に見せつけ，戦略的転換を促したという意味でも評価できよう。

4　脱原発ミニ政党と参院選

一部の活動家は，原発推進派の議員も抱える社会党の原発に対する態度に不信感を抱き，脱原発を最優先課題に掲げたミニ政党を結成して，1989年7月の参院選に独自候補を擁立した(松下 1989, 116頁)。まず，高知県を起点に

1983年に全国組織として結成された「みどりの党」は，1989年1月，幾つかの環境運動のグループと「みどりのネットワーク」を東京で結成した。また徳島の市民運動家の呼びかけで，1989年3月に「ネットワーク・いのち」が結成された。さらに愛知県の自然食レストラン経営者らが1989年1月から全国を回って賛同者を募って結成した「原発いらない人びと」は，比例区の独自候補擁立に加え，都内の主婦を中心に結成された「脱原発選挙・東京ネットワーク」の代表者を東京選挙区の候補者として公認した。前2者のグループは6月に合流して「みどりといのちのネットワーク」を結成した。これとは別に，環境問題全般と女性問題を争点に掲げ，歌手の山本コウタローが1989年5月末に「ちきゅうクラブ」を結成した（高田1990，172-173頁）。

　しかし現実の参院選の結果は惨敗だった。得票数は「ちきゅうクラブ」「原発いらない人びと」「みどりといのちのネットワーク」の3グループを合わせても64万7000票余で，比例区の当選最低ライン（第50位）の98万4412票に達しなかった。東京選挙区の候補者の得票数も3万4773票で第8位にとどまった。得票率で比例区の3グループ合計1.20％，東京選挙区で0.7％にすぎない。しかも「ちきゅうクラブ」が3グループ中，最も得票数が多かったのは，山本コウタローの知名度によるところが大きいだろう（高田1990，173頁）。

　では脱原発ミニ政党の敗因はどこにあったのか。一般に，緑の党が確立するには3つの条件が関係してくると言われる（Richardson and Rootes 1995）。すなわち新しい小政党の参入を規制する選挙制度の特徴，有権者の環境意識の高揚，及び環境政党と競合する既成政党の対応である。

　まず選挙制度であるが，1982年に参議院選挙全国区に導入された比例代表制は，議席獲得に必要なハードルが比較的低い。1989年院選の比例区で各1議席獲得した税金党と二院クラブの相対得票率は2.10％と2.23％だった。比例代表制を基本とするドイツの連邦議会の選挙制度が得票率5％という高い障壁を設けていることと比べ，かなり低い。こうした参入の容易さが，脱原発ミニ諸政党の挑戦の前提を成していた。ただ，ドイツの比較的高い議席獲得要件は，激しい派閥対立を内包する緑の党を，選挙では結束させる誘

因になっているとも指摘されている。しかし先述した通り，1989年の参院選で乱立した脱原発ミニ政党全部を合わせても，当選可能な得票率には遠く及ばなかった。従って惨敗の原因はほかに求めなくてはならない。

次に環境意識はどうか。1988年の朝日新聞世論調査では原子力の「これ以上の推進」に反対の意見が多数を占めていた。また脱原発法署名運動に応じる市民が300万人程度は存在した。ただ，原子力の推進の是非だけを取り出して世に問えば，反対意見が多数でも，選挙では他の政治争点との競争が避けられない。脱原発が他の新しい社会運動の争点を吸収して，旧来の保守対革新の「物質主義的な政治」に対し，新たな対立軸を突きつけるほどの勢いがなければ，脱原発は重要な社会問題ではあるが，選挙では重要度の低い争点にとどまるだろう。

ドイツの場合，すでに1970年代後半の段階で，反原発運動が高揚し，その際，原発問題は産業社会システム全体の問題として捉えられるようになり，新左翼諸党派や多様な新しい社会運動のグループが新たな政治主体としてまとまる展望を示した。また反原発運動の高揚が他の環境課題に取り組む運動を刺激した。こうして台頭したエコロジー運動の動員基盤は1980年代初頭の新しい反核平和運動にも活用された。このような全国的かつ包括的な抗議サイクルの高揚の中，脱産業社会的な争点を重視する新たな政治的対抗軸が形成され，緑の党の台頭に追い風となった。

これに匹敵する抗議サイクルが日本にあったとすれば，公害反対運動や空港反対闘争，ヴェトナム反戦運動が高揚した1960年代末から1970年代前半までの時期であろう。もちろんこの時期は，保守対革新の対抗軸が強く，新たな対抗軸が台頭する条件は備わっていなかった。これに対し，1980年代には脱産業社会的争点が共鳴を得る素地が存在したが，環境運動を含めた社会運動全般は1970年代後半から低迷していた。ただチェルノブイリ原発事故後の反原発運動は生協運動や，自然食・リサイクルなどに取り組む多様な自助型運動のネットワークに支えられており，運動はある程度の包括性を備えていた。脱原発ミニ政党が脱原発以外にも取り組む争点を掲げていたのは，こうした事情も反映している。しかし反原発運動の高揚は，自然保護運動を

含む環境運動全般や，平和運動の活発化をもたらしたわけではなかった。「脱原発」を核として多様な社会運動が連携し，新しい政党へとまとまるような状況はなかった。

しかし，脱原発政党に最も不利に働いたのは，既成政党との競合であろう。ドイツで緑の党が台頭する重要な契機をつくったのは，当時のSPD主導の政権である。左翼学生運動出身者の多い社会運動活動家の間では，テロリスト対策に伴う緊急事態立法などで，SPDに裏切られたという激しい怒りが広がった。また原発や空港，核兵器配備をめぐる立地闘争での経験を通じて，保守的な市民層の間でも反国家的態度を持つ人々が多数生まれた。このため草創期の緑の党はSPDとの連携可能性を排除する路線を貫き，社民党政権崩壊後，州レベルで社民党と連携して政策を実現する機会が生まれるようになってからも，連携の是非が緑の党内の派閥抗争における最大の論争点となった。

これに対し，日本の多くの社会運動にとって，社会党・総評ブロックは制度内政治における最大の支援者であり，共産党と友好関係を持つ運動グループもあった。1984年12月，1986年8月，1988年9月の3回の朝日新聞世論調査を通じて，どの政党支持層の間でも原子力推進への反対派が上昇傾向にあったが，それでも1988年に民社党支持層では推進派がやや優勢，自民党支持層で両派が拮抗していたのに対し，共産党，社会党，公明党支持層の間では反対派が1986年以降，いずれも多数派となっていた。1988年の時点では反対派は共産党支持層で最も高く(65%)，続いて社会党及び公明党支持層がほぼ同率となっていた(図6-6)。反原発運動からの期待は特に野党第一党の社会党に対して多く集まっており，「原発いらない人びと」の九州代表を引き受けた作家の松下竜一は，「今回はとりあえず社会党を勝たせる絶好のチャンスではないか，その邪魔をするのか。それにミニ政党から一人や二人の反原発議員を出してみても，ほとんど意味はない」という批判を反原発運動の仲間から受けた(松下 1989, 116頁)。一般市民レベルでは脱原発の単一争点政党の必要性を理解するのは一層難しかっただろう。

では社会党との協調路線は成果を上げたのか。次にそれを検証してみよう。

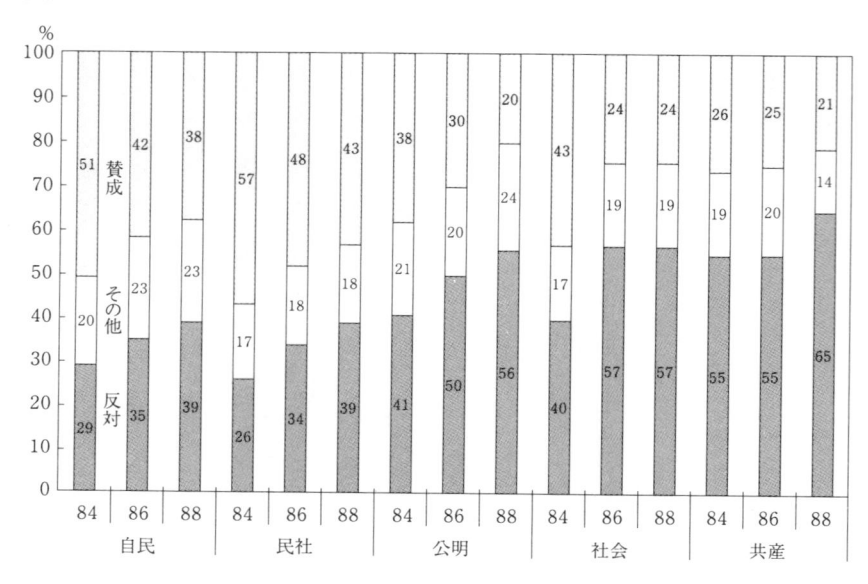

図 6-6　原発推進の賛否と政党支持

朝日新聞の調査(図 6-3 参照)。
出典：柴田・友清 1999。

第3節　土井社会党と選挙路線

　1986 年 1 月の「新宣言」採択にもかかわらず，1986 年 7 月の衆参同日選挙で社会党は，112 議席から 85 議席へと議席を激減させ，惨敗した。敗北の責任をとって辞任した石橋委員長の後任には，1986 年 9 月，日本の憲政史上初の女性党首として土井たか子が就任した。土井は社会党を国民に開かれた，市民との共同作業で政策をつくる党にすることや，女性の政治参加拡大を公約に掲げた。また消費税の導入への反対など，明快で筋の通った政治姿勢や，党内の特定派閥に属さなかったという経歴が，新鮮な印象を強めた。こうした土井の姿勢に共鳴して，従来社会党と縁の遠かった生協などの市民運動の関係者が社会党に引き寄せられ，それがさらに党のイメージを変えるという形で，社会党の支持を労働運動の外に大きく広げた。その結果，社会

党は思いがけない復活を享受したのである。

　市民運動の世界から女性候補者の発掘に努め，女性票を多く惹きつけた「土井社会党」の時代はまた，主婦層を担い手とした「ニュー・ウェーブ」の時代とも重なる。反原発運動の高揚は社会党に追い風となり，逆に反原発運動にとっても土井社会党の存在は追い風となった。特に1989年の参院選で当選した反原発派の社会党新人議員たちが，反原発運動への政界における支援者の中心となる。社会党と反原発運動の協調行動の焦点となったのは，こうした議員の助力をあてにした脱原発法国会請願運動や議員による国会質問，国政選挙や知事選での「脱原発候補」支援であった。

　従って石橋社会党が着手した原発政策の見直しは，事実上棚上げとなった。そのことは，社会党が健闘した1987年4月の統一地方選挙後における党内の基本政策見直し論議に早くも表れている。1987年8月21日，山口鶴男書記長は，日米安保・自衛隊・朝鮮半島・原発の4基本政策での現実路線を示す見解を公表したが，党内から強い批判を受けた。山口見解の再検討を委ねられた基本政策プロジェクト・チームは11月27日に「政策の懸案事項に関する報告」を作成し，朝鮮半島政策での柔軟化(韓国との交流自由化)以外は，山口見解の意図を否定した(日本社会党政策審議会 1990, 1252-1257頁)。原発政策では，エネルギー供給に原発が組み込まれている客観的事実を直視しつつも，「安楽死」させるための政策作業を深めるという趣旨だったのが，原発や核廃棄物施設の新規建設を認めず，できるだけ早く原発に依存しないエネルギー構造を実現することに変更された(新川 1999, 175頁)。

　基本政策見直し論議は，1988年度の社会党運動方針案の起草過程で再燃した。プロジェクト・チームが作成し，執行部が1988年1月に公表した運動方針案は，野党連合政権実現のため，「必要な妥協を恐れず，現実的な進歩と改革を進める」ことを強調し，党内論議の的となっている基本政策についても現実路線を推進していこうとした。なかでも原発については，新設は認めないが稼働中のものは脱原発のエネルギー転換まで安全性のチェックを厳しくするなどして当面容認し，燃料電池など原発に代わるエネルギー源の開発を推進する方針を打ち出した。しかし党内左派からの巻き返しに遭い，

特に原発政策は左右両派の調整がつかず，結局1月21日に決まった運動方針案では左派の主張に沿う形になった[15]。1988年2月の党大会では，採択された運動方針案のみならず，土井委員長自らが大会冒頭挨拶で，安保・自衛隊・原発での政策変更を否定した（新川 1999，176頁）。

こうして土井社会党が反原発政策を堅持する中，1988年春の「高松行動」を契機に，反原発運動が全国的に高揚すると，労組や公明党の間でも原発容認姿勢が動揺を見せる。全民労協から1987年に移行した民間連合の1988年5月の政策・制度要求中央討論会では，電機労連など原発容認の大労組代表が居並ぶ資源・エネルギー部会において，原発推進を基調とした「政策・制度要求」の執行部原案が提起されたが，全電力や日放労（日本放送労働組合）など一部労組の代表から脱原発論や慎重論が噴出したため，「避難体制の整備」や「安全基準の整備」の表現が原案に追加された[16]。

また，社会党右派に強い影響力を持っていた全電通は1986年の大会で既存原発容認の方針を打ち出し，社会党にも政策転換を求めていた。後に新「連合」の会長となる山岸章委員長は，社公民路線を推進する立場から，1987年1月に土井委員長下で初めて開かれる社会党大会を前に，基本政策の現実主義的見直しを求める意見書を社会党に提出し，これに応えたのが先述の山口書記長の見解であった（新川 1999，186頁）。しかし全電通は1988年5月，欧州各国が脱原発政策に転じ，日本でも主婦など一般市民の間で反原発運動が拡大する状況を踏まえ，7月の定期大会にかける1988年度運動方針案では，既存原発の容認姿勢は変えないものの，従来のように社会党に反原発政策の見直しを強く迫らないとの態度に後退した。全電通幹部らは「西欧の社会民主主義政党も政権の命運をかけて原発推進に動いたが，チェルノブイリ以後は脱原発一色。今や声高に原発推進を言う状況ではなくなった」と説明した[17]。

公明党も原発推進に慎重な姿勢をとるようになった。創価学会の青年婦人部で反原発の意見が強まってきたためである。公明党の矢野委員長は1988年5月，滋賀県での党県議団総会において，安全性の確保と住民の合意が得られれば原発の設置を認めるという従来の党の立場を見直す必要があると問

題提起した．これを受け公明党は6月，原発の安全性を再検討し，新しいエネルギー供給システムの研究を進めるための「原発問題研究会」を党内に設置した．公明党はまた1988年11月30日の党全国大会で，従来の原発建設容認政策を見直し，将来は原子力発電に依存しない体制を目指すこと，また当面は原発の安全性をより一層確保することを内容とする「脱原発」政策を決定した[18]．

しかし民間「連合」や公明党と対照的に，旧同盟系の電力労連は，従来の強硬な原発推進姿勢を堅持し，原発宣伝活動を強化した．また新「連合」への合流を控えていた総評官公労系の労組の間では，自治労を中心に，反原発運動への支援を活発化させる労組もあった．従って脱原発政策を社公民の政権構想の枠内で追求していくのは依然困難であった．

社会・公明・民社・社民連の4野党は1989年4月7日の京都での党首会談で，連合政権を目指すことで一致する．これを受け，まずリクルート事件や消費税導入，バブル経済の下での異常な地価高騰に対応した共同の緊急政策についての合意が形成され，5月4日に「新しい政治をめざして」という文書にまとめられた．続いて連合政権の基本政策での合意を目指す協議も開始され，5月31日には「新しい日本の設計図」と題する文書に概要がまとめられたが，安保や自衛隊，原発，朝鮮半島に関する4つの懸案は一致に至らなかった（日本社会党政策審議会 1990，1261-1280頁）．真柄（1998，195頁）が言うように，野党連合政権構想が目指したはずの「社会民主主義」とは本来，国民経済の再分配に関する経済の構想であり，また自民党長期政権に伴う弊害の解消が連合政権の第一義的な目的だったはずである．ところが特に民社党は，これら連合政権では棚上げにするほかはない，いわば付随的争点に関する社会党の「非現実的」政策の転換を執拗に求め，社会党内でも呼応する動きが再燃した．しかし社会党の主体性の維持を求める声が土井執行部の下で強まる中，特に原発政策では，チェルノブイリ原発事故と反原発運動の高揚という新しい現実を踏まえないような政策転換は，無理な話であった．

政策転換の困難は，1989年7月23日の参院選挙によって，さらに強まった．この選挙で社会党は比例区で20名，選挙区で26名の合計46名の当選

を果たし,自民党の36名を大きく上回った。その勝因は,自民党が消費税導入やリクルート疑惑,宇野首相の女性問題で苦境に立たされたこと,また社会党が土井人気に加え,生協など市民運動界から抜擢した女性活動家など女性候補を比例区の名簿上位に置くことで女性票の掘り起こしに成功したことにあった。公認・推薦を合わせた女性の当選者数は15名にのぼった(新川 1999, 176頁)。社会党の大勝や,市民運動出身の新人議員の当選は,社会党内で主体性維持を求める声を一層強めた。

　そのことを印象づけたのは1989年9月に土井委員長が発表した「土井ビジョン」である。参院選の結果を受けた参議院での与野党逆転という状況下で,1989年8月9日の参議院における第1回の首班指名選挙では,野党が結束して土井に投票し,土井委員長が海部俊樹自民党総裁の票を上回った。野党間の良好な関係を確認した山口書記長は8月21日,「連合政権政策の基本」に関する構想を発表,この中で,経済政策は「市場経済の枠組みを基本」とし,日米安保条約は「外交の継続性に立って維持」,自衛隊は「防衛費の対GNP比1%枠を厳守しつつ,シビリアンコントロールを確立」すること,また「エネルギー源の一定比率を占めていることを認識」するという表現で稼働中の原発を事実上容認する姿勢を明らかにした(新川 1999, 176-177頁)。この基本線に従い,土井委員長は9月10日の全国政策研究集会の場で,「新しい政治への挑戦」と題する提言,いわゆる「土井ビジョン」を発表することになった。ところが草案作成の過程で「左バネ」が再び働き,発表された「土井ビジョン」は結局,現実主義への批判を再確認するものとなった(真柄 1998, 193-194頁)。原子力については,以下のように表現されている。「チェルノブイリやスリーマイル島の原発事故,放射性廃棄物の処理問題等に全世界の人びとが不安におののいている時,原発を増設することが国民の生命・健康そして環境に重大な結果をもたらすことがないでしょうか」(日本社会党政策審議会 1990, 1284-1289頁)。これ自体はまっとうな情勢認識だったが,民社・公明両党の反発を招き,連合政権構想は崩壊に向かい始めた。

　それでも公明党は1989年10月30日,日米安保・自衛隊・朝鮮半島・原発の4大不一致課題において,民社党よりは社会党との共通点が多い連合政

権構想「石田見解」を発表した。原発については，代替エネルギーの実用化の目途がつくまで，厳格な安全性のチェックを前提に，原発依存の現実を認め，将来的に脱原発を目指すという路線を表明した[19]。

4野党間の協力も断続的に行われ，消費税廃止法案の共同提案や，連合政権協議，さらに1990年2月の衆院選に向けた選挙協力が行われた。とりわけ選挙協力は，1989年11月の総評解散を受けて発足した新「連合」によって，総評・社会党及び友愛会議(1987年に解散した同盟の機能を一部継承)・民社党という系列を越え，公明党や社民連も含めて行われた。しかし選挙の結果，大きく議席を減らした公明・民社両党は，136議席を獲得した社会党の「一人勝ち」への反発から社公民連合構想への意欲を減退させた(新川1999, 177頁)。また自民党は，議席数は減らしたものの得票数は回復させ，海部政権下での党勢持ち直しを印象づけた。社会党は政権交代を実現する政治状況を作り出すのに失敗したのである。

さらに1990年8月2日に勃発した湾岸危機をきっかけに政府が国連平和協力法案を提起すると，人的貢献の必要性を認める公明・民社両党と，経済貢献に限定する立場をとった社会党との対立が強まった。加えて1991年1月30日から2月1日まで開かれた社会党第56回大会で，消費税や原発の廃止，安保条約解消といった原則主義の文言で溢れた運動方針が決定されたことは，社公民路線を推進してきた全電通や全逓など旧総評系有力民間労組の社会党離れを促した。その結果，1991年4月の統一地方選挙では，東京都知事選挙で労組の支援を得られなかった社会党推進候補が惨敗したのを始め，道府県議会選挙や市議会選挙でも社会党は議席を減らした(新川1999, 177-178頁)。

この統一地方選挙敗北を受け，社会党は1991年5月，右派の田辺誠副委員長を責任者とする党改革委員会を設置し，同委員会は6月20日，「政治の改革と日本社会党の責任」と題する報告書を中央執行委員会に提出する。そこでは「連合」との密接な関係の樹立や社会民主主義勢力の総結集(社民結集)，日米安保・自衛隊・エネルギー政策での現実の直視が謳われた。これを受け6月24日，土井委員長以下執行部は総辞職し，さらに7月末の第57

回臨時党大会では田辺が社会党委員長に選出された。田辺は石橋執行部では書記長として「新宣言」の作成に関わり，現実政党化・社公民路線を推進する第一人者であった。しかし現実には，田辺社会党は湾岸戦争を契機として強まった党内の「左バネ」を統制できなかった。第57回党大会にかけられた「党改革案」は地方代議員の突き上げに遭って原則主義的方向に修正を余儀なくされ，例えば原子力に関しては，新規原発や核廃棄物処理処分施設の建設を認めないという趣旨が原案に挿入された。

　さらに1992年6月，自民・公明・民社3党が提出したPKO（国連平和維持活動）法案の参議院での採決で社会党は牛歩戦術をとり，また衆議院では党所属全議員の辞職願いを衆院議長に提出した。しかしこうしたスタンドプレーは有権者から好意的な評価を受けなかった。1992年7月26日の参院選では，自民党が勝利を収め，民社党と共産党が低迷したが，社会党は前回より24議席減の惨敗となった。野党の勝者は公明党と，5月に細川護熙が結成し，初の選挙で4人を当選させた日本新党であった。参院選での敗北に加え，田辺が親しい関係にあった自民党の実力者，金丸信が，1992年8月に発覚した佐川急便事件の中心人物に浮上したことで，田辺は12月，就任からわずか1年5カ月で辞任表明を余儀なくされた（新川 1999，179-182頁）。

　以上見てきたように，社会党は土井委員長の就任によって，女性有権者の政治的関心を高め，市民運動との関係も深め，反原発運動からの期待も集めた。しかし原子力をめぐる政党間の対立軸はさほど変化せず，脱原発実現に向けた新たな政治的連合は構築されなかった。このため脱原発法の国会請願や，1988年の泊原発道民投票条例の直接請求のように，署名運動を出発点としながらも議会政党の協力を不可欠としたキャンペーンは挫折した。同様に，社会党の道府県知事やその候補を応援して原発の運転開始や核燃料サイクル基地に反対姿勢を表明させる戦略も，道民投票条例に対する横路社会党知事の消極姿勢や，1991年の青森県知事選挙における社共統一候補の敗北などによって，限界が明白となった。従って社会党と共闘して脱原発の政治的多数派を形成しようとする戦略も失敗に終わったのである。

第4節 「原発 PR 大作戦」

　この時期の政府及び電力業界の対応は，主婦層にまで反対の輪が広がったことへの危機感から，情報管理と原子力広報の強化に終始した。電力業界は日本の原発の安全性を訴える宣伝活動を強化し，電力会社が開いた地元説明会は，個別訪問も含め，1986年7月までに約1万7000回，1987年3月末までに約2万4000回に達した。また1988年4月末，電事連と各電力会社は朝日・毎日・読売・日経・産経の全国新聞5紙を始め，主要ブロック紙，県レベルの地方紙など計33紙に一斉に原発の安全性を訴える全面広告を掲載した。1回の掲載料は5紙の合計で約1億円，33紙全体で2億円にものぼったが，電事連は月に1度のペースで広告を打ち始めた(山口 1988, 230-232頁)。

　電力会社の動きは，国の後押しも受けていた。1988年4月21日，科技庁は原子力広報に関し，長官と科学審議官，及び原子力局長ら最高幹部と，電力業界首脳(東電社長と関電会長)及び原産首脳(三菱重工社長，東芝社長ら)との異例のトップ会談を開いている。科技庁長官はまた4月26日の閣議で，反原発運動に対して政府が一丸となって対処することを関係閣僚に要請し，同意を得た。また通産省は5月，「原子力広報推進本部」を設置し，通産大臣も電力9社の社長ら電力業界首脳と東京で異例の会合を行い，原発の安全運転と広報活動の充実を要請した。通産大臣は反原発運動について「都市部を中心として盛り上がりを見せており，従来の立地地点を中心とする運動とは異なっている。運動に加わっている人の大半は，必ずしも専門的な知識を有しているわけではなく，『原発は危険だ』『電気は余っている』という一部の意見に影響された面が大きい」との見方を示し，「この状況を放置すれば，原子力発電に対する国民の信頼を損ない，わが国の安定・低廉なエネルギー供給に支障をきたすおそれがある」と述べた。しかし対応策については通産，電力業界ともに，事故防止策には触れず，広報の強化が中心で，それも「これまでの広報が，カタカナや漢字が多く，わかりにくかった」とし，無知な運動参加者という発想に基づいていた。通産省はさらに1988年7月，資源

エネルギー庁内に広報推進室を設け，また10月には全国9通産局・支局に「原子力広報推進室」を設置した。原発と行政面でのつながりの薄かった通産局を「原発への理解を市民に求める窓口」と位置づけ，各地域での原発PRを強化していく方針であった[20]。

一般向け広報活動は新聞のほか，テレビやラジオ，雑誌などのメディアも動員して大規模に展開された。並行して重点が置かれたのは第1に，記者対策である。例えば1988年5月から6月にかけ，通産省や科技庁，東電は，社会部や科学部の記者が詰めている記者クラブや論説・解説委員クラブ，科学部長会などを対象に懇談会を頻繁に開催した。電力会社の首脳と記者とのマンツーマンの懇談(山口 1988，230-231頁)も行われた。さらに青森県南部の地方紙「デーリー東北」の企画記事に電事連などが1986年及び1987年に計1600万円の「協力金」を拠出したこともあった(鎌田 1996，234-247頁)。

第2に，住民対象の無料見学ツアーがある。関電は1988年5月から6月にかけ，民宿利用の1泊2日で自己負担は昼食のみというバス旅行を38回実施し，近畿6府県の住民のべ1400人に原発を見学させている[21]。また反原発運動の影響が及び，動揺が見られるようになった電力会社の社員やその家族も，1988年春から見学旅行の対象に加えられた。

第3に，反対運動の分断を図るため，運動の指導者と目された作家の広瀬隆を攻撃するキャンペーンが展開された。まず広瀬隆らの主張に具体的に反論した想定問答集とビデオが作成され，これを使った社内勉強会が開催された。また科技庁の全面的な支援の下，科技庁の外郭団体である日本原子力文化振興財団は1988年7月，広瀬隆の著書『危険な話』に対する反論を集めた『危険な話の誤り』と題する小冊子を2000部，9月には『危険な話の誤りパート2』を3000部，11月には『危険な話の誤り　その3』を4000部印刷し，全国の原発立地市町村やマスコミ関係者などに配った。

原子力広報活動の強化は，電源開発特別会計予算においても，1988年以降の爆発的な広報予算の伸びとして，顕著に表れている(図6-7)。その一方で，原発の安全対策総点検や事故対策の整備など，実質のある対応策はほとんど示されなかった。大きな争点となった六ヶ所村の核燃料サイクル基地の

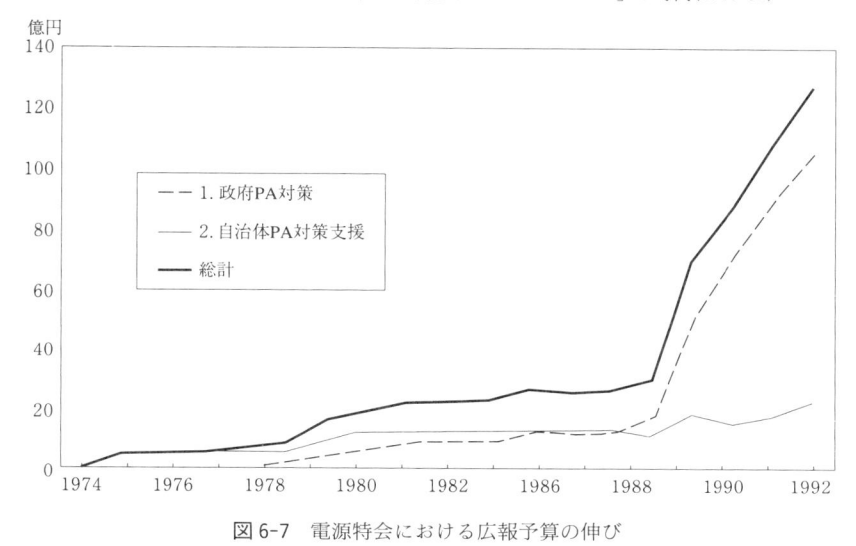

第6章 反原発「ニュー・ウェーブ」の時代(1986-91)　237

図 6-7　電源特会における広報予算の伸び

『原子力ポケットブック』、『産業立地』の「電源立地促進対策について」、『電源開発の概要』、『原子力年鑑』に基づいて作成。政府PA対策は電源立地推進調整等委託費(通産省)と核燃料サイクル関係推進調整等委託費(科技庁ほか)の合計。自治体PA対策支援は原子力広報研修施設整備費補助金(通産省・科技庁)と広報・安全等対策交付金(通産省)の合計。

立地手続も、反対運動を無視して着々と進められた。ただ、1988年3月以来、1994年春まで、電調審による原発計画着手承認は約6年にわたって滞り、長期計画における原発開発目標も、87長計及び94長計では、依然過大だとはいえ、これまでの実績の延長線上に近い程度には下方修正された(81頁図3-1、82頁図3-2)。その限りでは、運動の具体的効果がなかったわけではないが、政府の公式の政策転換はなされなかった。

　　ま　と　め

　衰退傾向にあった反原発運動は、チェルノブイリ原発事故後、予期せぬ活況を呈した。1979年のTMI原発事故の頃と異なり、石油危機が並行して起こらず、放射能の影響も遅ればせながら輸入食品汚染の形で日本国内に及んできた。食品の放射能汚染の問題は、1950年代の原水爆禁止運動以来、強

い動員潜在力を持っており，子供を持つ主婦層の不安に共鳴した。この頃はまた，脱物質主義的な価値観が，2度の石油危機の克服と景気回復，さらにバブル経済に向かう中で，大衆レベルに浸透してきていた。同時に，比較的高学歴の主婦層の台頭も見られ，時間的余裕を活用して生協活動や市民運動に積極的に参加するようになり，新しい反原発運動の中心的な担い手となった。1980年代前半を通して，原発の一層の推進に反対の意見が次第に増加し，女性の間では早くも1984年末に，男性の間では1988年に反対派が多数派に転じた。加えて，社会党は新しい女性党首の下，女性票の掘り起こしと生協運動などからの女性候補者の発掘に努め，基本政策の現実路線化にもブレーキをかけたため，反原発運動に追い風となった。

　この頃の日本の運動を西欧の反原発運動と比べて見ると，ドイツではTMI原発事故のかなり前から原発問題が全国的な注目を集め，反対派も一度多数派になっていた。1985年半ばに反原発運動は，再処理工場の立地問題をめぐって再び活発化しており，チェルノブイリ原発事故に即応して急激に動員を増やした。これに対し日本では，反原発運動の旧来の動員基盤が衰退傾向にあったが，新たな動員基盤の形成が水面下で進行し，チェルノブイリ原発事故から約2年遅れで表面化したのである。

　この「ニュー・ウェーブ」表面化の契機は，伊方原発の出力調整試験に反対する1988年春の「高松行動」である。無党派の市民，特に女性が，数千人規模で域外から参加して象徴的な抗議行動を繰り広げ，反原発運動全体にはずみをつけた点で，ドイツのヴュールなどの敷地占拠に通じるものがあった。また，市民による放射能の監視や自主避難訓練を行うR-DAN運動は，立地点の運動と都市部の市民運動，労働運動，批判的科学者を結びつける実践例となった。

　しかし全体として運動は，原子力政策全般の見直しを迫るほどの具体的な成果を上げられなかった。脱原発法国会請願運動は，政界における従来の原発反対・賛成の構図を崩すことはできなかった。また，脱産業主義的争点への感受性を示し，その政策的実現を図ることと，構造腐敗に喘ぐ自民党政権に代わりうる野党勢力を結集するという課題はかみ合っておらず，社会党は

第6章　反原発「ニュー・ウェーブ」の時代(1986-91)

どちらの課題の実現にも道筋をつけられなかった。しかし独立の脱原発政党を立ち上げる動きも1989年参院選で挫折した。旧西ドイツでは1970年代の反原発運動の高揚がエコロジー運動全体の台頭や，1980年代初頭の平和運動の動員に寄与し，全国的・包括的な抗議サイクルの高揚の中で，脱産業社会的な争点を統合した新たな政治的対抗軸が形成された。同時に，原子力の推進など現実路線をとる強力な社会民主党の左の政治空間が空いており，この党との緊張関係の中から緑の党が登場してきた。これに対し日本では原子力批判派が社会党を中心に既成野党の支持層に分散し，原発問題には脱産業主義的な争点全般を統合して新たな対立軸をつくり出すほどの力がなかった。

運動戦術の面では，社会党や労組との提携もまだかなり残っており，その限界が運動参加者の具体的経験を通じて実感される過程が進行した。他方で住民投票条例運動など，1990年代の運動につながる傾向も生み出された。しかし抗議運動の広範な動員は，「ニュー・ウェーブ」を最後に消滅していく。支配的連合の対応は世論対策に終始し，電調審による原発計画の承認は滞ったものの，原子力政策の転換は見られなかった。

1）　出力増加により炉心を通過する冷却水中の気泡が増えると，軽水減速軽水冷却炉なら軽水の中性子減速機能が低下して出力が落ちるが，RBMK炉では逆に出力が高まる（いわゆる正の反応度係数を持つ）ため，暴走するリスクが高かった。また制御棒も挿入してからすぐには効かないという設計上の欠陥もあった。

2）　何らかの原因で原子炉の運転が停止し，発電所内が停電になった場合，非常用のディーゼル発電機が立ち上がるまでに約40秒の空白が生じる。それまでの間，緊急炉心冷却装置（ECCS）などに電気を供給してシステムの安全性を維持するため，タービンが完全に停止するまでの慣性力によって必要な電力を生み出すような改良が施された。この改良が実際に機能するかどうかを実証するための実験であった。

3）　朝日新聞の原発世論調査は，①質問が一義的であり，②同じ質問を一貫して繰り返しており，③原子力問題にとって重要な事件の節目ごとに行われている点で優れている。ただ総理府の世論調査でも，1969年と1976年の調査は原子力の推進と反対に選択肢を単純に区分しており，朝日新聞の調査と比較可能であるので，ここで採用した。しかし総理府の1975，1977，1980，1981，及び1983年の調査は，「積極推進」と曖昧な選択肢「現状維持」を入れており，さらに1987年及び1990年の調査では「現状維持」に代えて「慎重推進」と「増やさない」という選択肢を導入した。総理府は反対世論が増える傾向を示すと，選択肢を代えてわかりにくくしてきたようにも

見える。このため、これらの年の総理府調査はここでは採用しない。
4) 1996年と1999年の調査はそれぞれFBRもんじゅの事故とJCO核燃料加工工場の事故の後に行われただけに、「平常時」より反対世論の増加が上乗せされているとも言える。しかしこの条件は1979年6月と1986年の調査でも同じである。長期的傾向を見てみると、1980年代前半から1990年まで反対世論は一貫して増加傾向にあり、以後は漸減傾向にはあるものの、かなり安定した傾向が見て取れる。
5) 1988年の高松行動を主導した主婦(小原良子)は、チェルノブイリ原発事故発生当時はそのニュースを知らず、1年後に広瀬隆の講演会を聞いて初めて事の重大さを認識したと告白している(『反原発新聞II』、115頁)。ただ、1986年8月の朝日新聞世論調査によると、ソ連の原発事故を「知っている」と答えた人は、93%にのぼり、1979年のTMI原発事故直後の世論調査で事故を「知っている」と答えた人が8割であったことと比較しても、関心は高かった(八六8―一〇九1―1)。従って大半の主婦層は、ソ連原発事故を文字通り「知らなかった」というより、それが自分たちの生活に直接影響を及ぼす事件になるとは知らなかったということだろう。
6) 「『反核道民の船』あす出発」八五10二七七9、「幌延の核廃施設に反対 『道民の船』東京へ」八五10四三五6。
7) 海上と並んで陸上のキャラバンも、「ニュー・ウェーブ」の時代には目立った。例えば1988年10月、神奈川県の反原発グループや原水禁が「核燃料輸送追跡バスツアー」を企画し、神奈川・埼玉・群馬の反原発グループのメンバー50人が神奈川県横須賀市の核燃料成形加工会社、日本ニュクリア・フュエル(JNF)社前から、柏崎原発行きの核燃料輸送トラックをバスなど2台で追跡・監視した。「核燃料の輸送を追跡」八八10九二二6。また1989年4月には、北海道泊村から「脱原発移動資料館」と称する長期間のキャラバンが開始された。これは、元々は1988年10月の泊原発試運転に際した抗議行動の中で、原発敷地内にムラサキシキブの苗木とスノウドロップの球根を持って入り込み、植え始めるという非暴力直接行動を試み、逮捕された2人の若者を中心に、十数名の若者によって開始された(阿木2000、225-226頁)。トラックに原発の資料やパネルを積んで資料展を開きながら、1991年に活動を休止するまで3年間にわたって日本各地を移動した(『反原発新聞III』、122、191頁)。「4月から全国巡回 脱原発移動資料館 北海道・江別市の若者」八九2六三二8。
8) 電気料金支払い拒否の例としては、「原爆の図」で有名な画家、丸木位里・俊夫妻の試みがある。1989年4月、丸木夫妻は埼玉県東松山市の自宅及び隣接の丸木美術館について、原発稼働分の電気料支払いを拒否し、東電から5月に送電を止められた。しかし夫妻の行動に賛同する埼玉県内の市民グループや個人が、原子力に頼らない発電装置を丸木美術館に寄贈するための募金を全国の500人から総額500万円集める。1990年8月6日の原爆の日、丸木美術館で太陽光発電機が初の電気を灯した(『反原発新聞II』、236頁)。「原発分電気料支払いを拒否 丸木画伯夫妻」八九4―一四―〇7、「丸木美術館の電気 東京電力が止める」八九5五三四2、「丸木美術館へ自然力利用の『発電装置を』 埼玉で支援の会」八九7―一四四〇5。

第 6 章　反原発「ニュー・ウェーブ」の時代(1986-91)　241

9)　体制内共闘者は一般に，穏健な運動形態を好む(Kriesi et al. 1995)。
10)　この時期には，電力会社の反原発株主運動も活発化している(高田 1990)。これは株主総会という制約の多い制度化された場で活動するが，電力会社を監視し，また財務状況など他の方法では得られない企業内情報を取得することで，運動全体に貢献している。
11)　「100 台の放射能監視網　"手作り検知機"　全国に」八七 4 一〇八二。
12)　「泊原発で防災訓練　500 人近い住民も加わる」八八 10 六八一 1，「反対派 30 人ももみ合いも」八八 10 六九一 1。人口 3 万 4 千人のうち，参加住民は 470 人にとどまるなど，訓練は原発反対派から見て問題が多かったが，R-DAN 運動の政治的効果を証する実例ではある。
13)　この第 2 次請願の記事は朝日新聞縮刷版に見当たらず，データには反映されていない。脱原発法はすでに朝日新聞にとってニュース・バリューを失っていたということか。いずれにせよ，データの欠陥には間違いない。
14)　新しい反原発運動の衰退の要因としては，具体的な目標を達成できなかったことや(吉岡 1999)，湾岸危機勃発による原子力問題への関心の退潮(「湾岸戦争と原発事故(経済気象台)」九一 2 九六三 1)，公共的課題よりも私生活の危機に反応する「ニュー・ウェーブ」の価値志向に内在する限界(長谷川 1999，329-330 頁)も指摘されている。
15)　「反増税で総選挙狙う　稼働中の原発認める　社党運動方針案」八八 1 二四〇 1，「『統一名簿』はやや後退　左派に配慮，反原発残す」八八 1 八七二 1。
16)　「脱原発路線へ方向転換論も」八八 5 五三九 8。
17)　「『反原発』の見直し　社会党に迫らない　全電通」八八 5 九九九 10。
18)　「原発容認にブレーキ　公明党や全電通・『連合』　ソ連の事故で様変わり」八八 6 八二四 7。「脱原発政策を了承　安全性確保に 6 条件提案」読売八八 11 一三九三 7。
19)　「公明，連合政権協議へ　『石田見解』社党に理念の転換迫る　『脱原発』など民社と距離」八九 10 一五七一 9。
20)　「通産省が PR 要請　原発推進，業界首脳に」八八 5 三九三 1，「通産局でも原子力広報　9 カ所に推進室設置」八八 10 一一 5。
21)　「『反原発』運動に対抗　関西電力 4 千人無料招待の見学旅行」「東京電力でも毎年見学旅行　モニターらを招待」八八 5 八六七 1，7。関電とは異なり，東電は一般公募せずに毎年 5 月と 10 月，モニターや地域の自治会役員らを招いて原発見学会を開いており，1988 年も 5 月から 6 月初めにかけ約 3500 人を招待していた。

第7章　対立軸の再編(1992-2004)

第1節　政界再編と原子力行政改革

1　政界再編の効果

　1992年から日本の政界は本格的な再編に向かった。海部政権期の自民党の党勢持ち直しを経て，1991年11月には宮沢内閣が発足，1992年7月の参院選では自民党が勝利し，社会党が大敗した。その一方で，1992年8月には東京佐川急便事件が発覚し，渦中の金丸信が10月，国会議員と経世会(竹下派)会長を辞任した。経世会会長の後任に小渕恵三が就任したことへの反発から，小沢一郎を中心とするグループが羽田孜を会長とする羽田派を12月に結成し，自民党最大派閥の竹下派(旧田中派)は分裂した。その間，1992年5月には自民党衆院議員・熊本県知事を歴任した細川護熙が日本新党を結成し，7月の参院選では比例区で4議席を獲得した。さらに1993年3月に金丸が逮捕され，4月には自民党及び社会・公明両党がそれぞれ提出した政治改革関連法案の審議が開始された。しかし宮沢喜一首相が国会会期中での法案実現に消極的な姿勢を見せたため，野党から提出された内閣不信任決議案は6月18日，自民党内からも羽田派などの賛成や欠席を得て，衆院本会議で可決された。宮沢首相は衆議院を解散したが，自民党の政治改革推進本部長だった武村正義らは離党を表明し，6月21日に「新党さきがけ」を結成した。翌日には羽田派所属議員が自民党を離党し，6月23日に「新生党」を結成した。

解散を受け 1993 年 7 月 18 日に行われた衆院選では，223 議席を獲得した自民党が第 1 党にとどまりながらも議会過半数を下回った。従来の野党は公明党が若干議席を増やし，共産党，民社党，社民連が現状を維持したが，社会党が 70 議席へ半減する惨敗を喫した。これに対し，保守の新党は，日本新党が 35 議席を獲得したほか，新生党と新党さきがけが自民党からの分裂時の勢力に上積みし，特に新生党は 55 議席で野党第 2 党となった。すでに 6 月下旬から政治改革の実現を目的とした「非自民連立政権」を目指すことで一致していた新生党と社会・公明・民社・社民連に，判断を保留していた日本新党と新党さきがけが加わり，さらに参議院の民主改革連合という小会派の参加を見て，7 月末，細川を首班とする非自民・非共産の連立政権樹立が合意された。8 月 6 日，特別国会で細川は首相に選出され，また土井元社会党委員長が日本政治史上初の女性の衆院議長となった。細川内閣は 8 月 9 日に発足した。

　連立与党は，各々定数 250 議席の小選挙区と比例区が並立した衆院選挙制度案を含む政治改革法案を 9 月の臨時国会へ提出した。11 月に衆院を通過した同法案は，1994 年 1 月 21 日には参院本会議での採決にかけられたが，社会党左派を中心とする社会党議員 17 名が小政党に不利な選挙制度だとして反対票を投じたため，否決された。両院の議決が異なったため開かれた両院協議会は決裂したが，土井衆院議長の斡旋で開かれた細川首相と河野洋平自民党総裁とのトップ会談で妥協が成立し，1 月 29 日に政治改革法案は衆参両院で可決された (小野 1998)。同法案の選挙制度は小選挙区 300，比例代表 200 の並立制となるとともに，比例区は全国 11 ブロックに細分化され，社会党左派の意図に反して，小政党に一段と不利となった。

　連立与党間の唯一共通の目標だった政治改革法案の成立は，与党間の結束を掘り崩すこととなった。細川首相は 1994 年 2 月に税率 7％の「国民福祉税」構想を唐突に打ち出して社会党の反発を招き，撤回した。その後浮上した自らの金権疑惑を釈明できなかった責任をとり，細川首相は 4 月に辞任する。新生党と公明党の主導下で後継首相の選定と政権協議が進められたが，疎外されるようになった新党さきがけは閣外協力に転じたため，新生党の羽

田党首を首相とする新たな非自民・非共産連立政権は7党・会派の参加となる。さらに小沢一郎の主導で新生党が，日本新党や民社党など5党・会派で，社会党に代わる衆議院内の与党最大会派を目指す「改新」を立ち上げたため，社会党が反発して連立政権を離脱する。少数政権になった羽田内閣は6月23日，自民党による内閣不信任決議案提出を受け，わずか2カ月で総辞職に追い込まれた。この機会を捉えた自民党は新党さきがけと社会党左派を懐柔し，1994年6月30日，村山富市・社会党委員長を首班とする3党連立政権を発足させ，政権に復帰した。

　こうした1993年前後の政界再編は，原子力をめぐる政治にはどのような影響を及ぼしたのか。すでに1991年頃までに反原発運動は沈静化し，原発問題への関心も低下していた。その後に世論の関心を吸収した政治改革問題は，こうした傾向を一層強めたとは言える。

　政界再編の過程で社会党が示した動きも，反原発運動の旧来の基盤を弱めた。1993年1月，社会党は山花貞夫を委員長に，赤松広隆を書記長とする新執行部を選出し，この体制で1986年の綱領的文書「新宣言」を「創造的に発展させ，社会民主主義の方向を鮮明にする」ための「93年宣言」作成に取り組んだ。その過程で，原発を含む基本4政策の「現実主義化」が再び試みられた。「93年宣言」は1993年6月7日の作成委員会で最終案が確定したが，その後，自民党の分裂，衆議院の解散総選挙，及び細川連立内閣発足という政局の急展開の中に埋没し，結局「幻の宣言」となった。衆院選で惨敗した社会党は，1993年8月の細川内閣発足後1カ月で，新執行部を選出せざるをえなくなり，1993年9月の党大会で村山富市が委員長に，久保亘が書記長に就任した。

　基本政策の現実主義化は，政局への緊急を要する対応から，従来の機関中心主義を飛び越え，上意下達でなし崩し的に進められた。1993年7月29日の非自民「連立政権樹立に関する合意事項」は，「わが国憲法の理念及び精神を尊重し，外交及び防衛等国の基本施策について，これまでの政策を継承」することを盛り込んだ。また自民・社会・さきがけの3党連立内閣発足後，村山首相は1994年7月18日，衆参両院での所信表明演説で，「安保の

堅持，必要最小限の防衛力の整備」を認める見解を明らかにした。続いて社会党中執は7月28日に村山見解を追認する方針を，「当面する政局にのぞむわが党の基本姿勢」としてまとめる。その際，自衛隊の合憲性を認め，日米安保条約の堅持やPKOへの積極的参加を打ち出すとともに，「日の丸」は国旗，「君が代」は国歌として認めた。原子力については，「稼動中の原発は，代替エネルギー確立までの過渡的エネルギーとして認める。建設中や更新を必要とする原発には，慎重に対処する」とされた(新川 1999, 183 頁；新川 1997；日本社会党史編纂委員会 1996, 1170 頁)。この「基本姿勢」は9月3日の社会党臨時全国大会で承認された。

　しかし，政界再編は否定的効果のみを反原発運動に及ぼしたわけではない。細川内閣で科技庁長官に就任した社民連の江田五月は，反原発グループと大臣室で何度も会見し(西尾 1993)，また1993年11月に江田長官が閣議で報告した『原子力白書』は，「情報公開への取組」という項目を取り入れ，初めて情報公開の必要性を前面に打ち出した(野村 1999, 957 頁)。さらに，長計の改定作業を進めていた原子力委員会の長期計画専門部会の基本分科会は江田長官の指示に基づき，1994年3月，国民の「ご意見を聴く会」を開き，原子力資料情報室代表の高木仁三郎ら脱原発派数名を含む27名の招聘人が意見を述べた(吉岡 1999, 243 頁)。並行して科技庁は同年3月，また通産省は7月，六ヶ所村の施設や原発に関わる文書の公開範囲を拡大した。

　ただ，情報公開の拡大や反対派との対話は，非自民連立政権の発足による追い風を受けてはいたが，その前から中央政府以外の主体が始めていたものである。例えば原産は1993年4月に開いた年次総会で，パネル討論を一般に公開し，原子力資料情報室の高木仁三郎代表も会場から発言して討論を呼びかけた。これを受け，原産と原子力資料情報室の共催で，1993年9月，シンポジウム「今なぜプルトニウムか」が大阪で開かれた(西尾 1993)。

　また情報公開については1993年3月12日，東北電力女川原発1，2号機の差し止め訴訟で仙台地裁が東北電力に命じた文書提出命令が注目される。東北電力の即時抗告は5月，仙台高裁に棄却されたため，東北電力は6月，従来ほとんど公開されてこなかった文書を仙台地裁に提出した。また核燃料

の輸送情報の公開を自治体に求める市民運動が 1980 年代末から強まっていたが，科技庁は 1992 年 4 月の通達で，電力会社や核物質に関わる事業者，核関連施設を抱える自治体に，輸送情報の全面非公開を求めている。これに対し宮城県情報公開審査会は 1994 年 3 月 30 日に出した答申において，女川原発 1 号機から搬出される使用済核燃料の輸送計画について，輸送終了前に搬出先などを公開し，輸送終了後に情報を全面的に公開すべきだと述べ，宮城県も同年 5 月 17 日，この答申に沿った決定を行った(野村 1999, 957 頁)[1]。

電調審による新規原発計画の承認は，1994 年 3 月の 1 基を例外として，1996 年夏までなかったのに対し，自民党主導政権が復活すると，新規計画の承認は再開され，橋本政権期に 3 基，小渕・森・小泉政権期に 5 基が承認された。従って自民党の下野は原発建設の停滞を長びかせたとは言えるが，他方で非自民連立政権や村山政権期に，エネルギー政策が国政の重要課題として真剣に論じられることもなかった。フランスの再処理工場で日本の原発の使用済核燃料から抽出したプルトニウムを日本に返還するため，輸送船「あかつき丸」が行った海上輸送に対し，1992 年末から 1993 年初頭にかけ，国際環境 NGO グリーンピースが大がかりな追跡キャンペーンを行ったが，原発問題への社会的関心はさほど高まらなかった。ただ 1993 年秋に日本海へのロシア海軍による核廃棄物不法投棄を暴露し，また 1995 年夏には南太平洋におけるフランス核実験反対運動を主導したことで，捕鯨問題での抵抗感が残る日本でも，グリーンピースは受け入れられるようになった。

2　原子力行政改革の既視感

こうした状況を一変させたのは 1995 年 12 月 8 日に発生した高速増殖炉 (FBR)「もんじゅ」のナトリウム漏れ・火災事故である。この事故では，周辺自治体への通報が遅れたばかりか，事業者の動燃が事故情報の意図的な秘匿と捏造を行ったことが発覚し，世論の強い批判を浴びた。その間，自民党の橋本龍太郎を首班とし，自民・社会・さきがけ 3 党連立の枠組みを継続する新内閣が 1996 年 1 月 11 日に発足したが，原子力行政は当面，低姿勢を余儀なくされた。

もんじゅ事故の1カ月半後の1996年1月23日，原発の集中する福島・新潟・福井3県の知事は連名で政府に対し「今後の原子力政策の進め方についての提言」を申し入れた。その要点は，核燃料サイクルやプルサーマル計画，バックエンド対策など今後の原子力政策の基本的方向について，改めて国民各界各層の幅広い議論・対話を行い，合意形成を図ること，またそのために原子力委員会は国民や地域の意見が十分反映されるような体制を整備し，同時に各種シンポジウムや公聴会などを各地で開催すること，その結果，必要なら早急に長計を見直すことである。原発集中立地県の知事からの申し入れは政府にとって軽視できない重みを持っていた。

　そこで橋本内閣期には原子力行政改革として幾つかの対応が示された。第1に，科技庁と通産省は1996年3月，「原子力政策に関する国民的合意の形成を目指して」と題する方針を発表し，その目玉として円卓会議の設置を打ち出した。これは「原子力政策に国民や地域の意見を幅広く反映させ，国民的合意の形成に資するための場」と位置づけられ，各界各層からの幅広い参加者の招聘，原子力委員の常時出席，出席者間の対話方式，地域における開催の検討，全面的な公開の5原則が示された。円卓会議は1996年4月から9月まで11回にわたり開かれ，また1998年9月から再開された。

　円卓会議は，会議の公開と，インターネット上を含む議事録の公開，招聘人に毎回若干名の原子力批判論者を加えた点が画期的だった（吉岡1999，245-247頁）。原子力批判論者は円卓会議への参加について賛否両論を示したが，運動全体としての統一的な参加やボイコットの方針は形成されず，招聘された個人の自由意思にまかされた。しかし，円卓会議は拘束力のある意思決定を下す権限は与えられず，将来のエネルギー・シナリオの選択肢を提示するといった具体性のある結論を導くこともなかった。招聘人は主に学者など専門家に限られ，また批判論者は議事運営から排除された。

　橋本内閣期には第2に，村山政権が1995年9月に決めていた，審議会などの原則公開方針を継承し，実施した。まず総合エネルギー調査会の原子力部会は，1996年6月から会議と議事録の公開を開始した。原子力委員会も同年9月，専門部会等の会議の公開や，議事録と会議資料等のインターネッ

トなどを通じた速やかな公開，及び部会の報告書策定に際し，国民意見を聴取する方針を打ち出す。原子力安全委員会も同年12月に同様の情報公開の方針を打ち出した。さらに原子力委員会や原子力安全委員会の本会議も公開されるようになった。

　これらの行政機関による情報公開方針では，専門部会や審議会のみならず，一般に公開性がさらに低い懇談会レベルでも会議や議事録を公開するようになったのが画期的であった(野村1999，957-958頁)。しかし実質的な意思決定がなされる小委員会や分科会，作業部会など下位レベルの会合はほとんどが非公開のままとされた。資料の公開も企業秘密や核拡散防止，核物質防護などの理由をつけて，白抜きだらけで行われることも多い。加えて，政策決定過程で聴取された国民意見をどのように審議会の報告書に反映させるのかについて，何ら公式の手続や規準が存在せず，意見の採否の権限や，報告書原案の作成，及び審議会の委員の人選は，審議会の事務局を務める担当官庁に握られており，ほとんどの審議会には原子力批判派が加えられていない(吉岡1999，249-250頁)。

　第3に，橋本内閣期には環境アセスメントの法制化が実現している。アセス法制化の試みは，1992年からの環境基本法制定の動きと連動して再浮上した。1993年5月の衆院環境委員会では，社会党の岩垂寿喜男代議士の質問に対し，宮沢喜一首相が環境アセスメントについて「法制化を含めての見直しが必要」と答弁した。1994年7月には環境庁，建設省，通産省，農水省など関係10省庁による「環境影響評価制度総合研究会」が設置され，1996年6月に法制化の必要性などを指摘する報告書を公表した。この報告書を受け1996年8月，橋本首相は中央環境審議会(中環審，中央公害対策審議会を改称)に，今後の環境アセスメント制度のあり方を諮問した。同年11月から12月にかけての原案作成作業は，発電所について電気事業法に基づく独自の法制化を主張する通産省との調整が難航した。しかし1997年2月，電気事業法に基づく通産省の関与を組み込む形で，発電所をアセス法の対象に加えた中環審の答申がようやくまとまり，総理大臣に提出された。1997年3月，自民党総務会と，与党3党による政策調整会議の同意を得て，アセ

ス法案と電気事業法改正案は閣議決定され，6月に参議院を通過して成立した。アセス法制化が自民・社会・さきがけ3党連立政権という比較的開放的な政治状況下で実現できたことは確かである。しかし通産省の関与は実質的に温存され，また環境庁はアセス法制化に伴って原発立地手続における意見表明の機会を与えられたものの，原発問題への介入に依然として消極的である。従ってアセス法制化は市民参加の拡大をもたらしてはいない。

以上見てきたように，円卓会議や情報公開など，橋本政権期，特に第1次橋本内閣期において打ち出された原子力行政の改革は，一定の象徴的な意義を持ってはいたが，政策決定過程における原子力批判の反映を保障するものではなかった。これら象徴的な危機管理が一通り打ち出された後，従来通りの原子力政策を維持しようとする動きが表面化していく。

まず総合エネルギー調査会の原子力部会は1996年6月に開始した審議の中間報告を1997年1月に公表し，その中で核燃料サイクルの推進を再確認するとともに，FBR開発の遅れへの対応として，軽水炉でプルトニウムを利用するプルサーマル計画の推進を提言した。これを受け原子力委員会は1997年1月末，「当面の核燃料サイクルの具体的施策について」という方針の中で，プルサーマルの促進と，再処理事業の推進を決定した。さらに2月，内閣は核燃料サイクル開発推進に関する閣議了解を行い，また原子力委員会はFBRについて検討するための懇談会を発足させた。これら一連の政策決定においては，もんじゅ事故を受けて原発集中立地3県知事が提言した，核燃料サイクル政策全体の再検討や，その際の国民的対話と合意形成は省略され，円卓会議の議論とも切り離された。また原子力委員会の専門部会に検討を委ねるという従来型の方式さえも割愛された(吉岡 1999，260-262頁)。

官庁の自信回復を支えたのは自民党の復調である。1996年9月27日，橋本首相は衆議院を解散し，翌28日には社会民主党(1996年1月に社会党から党名を変更)と，さきがけがそれぞれ分裂した。離党者の大半は民主党を結成し，鳩山由紀夫と菅直人を共同代表に選出した。しかし10月の衆院選で民主党は選挙前の勢力52議席を維持したにとどまり，社民党は15議席へ，さきがけは2議席へ転落した。羽田内閣期の旧連立与党(新生党，公明党，

民社党，日本新党)が中心となって 1994 年 12 月に結成した新進党は 156 議席で野党第 1 党となったものの，議席を減らし，選挙後に羽田元首相らが離党するなど，解党 (1997 年末) に向かい始めた。共産党も議席を増やしたとはいえ，選挙の勝者は 239 議席へ回復した自民党であった。選挙結果を受け 1996 年 11 月 7 日に第 2 次橋本内閣が発足したが，社民党とさきがけが閣外協力に転じた。自民党は 1997 年 9 月に衆議院で単独過半数を回復する。

しかし，原子力担当官庁の現状復帰への目論見は，再度の重大事故によって脅かされる。1997 年 3 月 11 日，動燃の東海再処理工場において，低レベル放射性廃液のアスファルト固化処理施設で火災が発生した。動燃は消化活動を行ったが，鎮火を確認しないまま中止したところ，爆発が起き，放射能が外部へ放出されたのである。この事故でも動燃の科技庁に対する虚偽報告が発覚した。動燃に対する国民世論の不信は回復不能なレベルに達し，国が動燃を通じて進めてきた核燃料サイクル関連事業の再検討を促す世論が強まってきた。

そこで原子力推進者は，改革を動燃の機構再編に矮小化させようとした。科技庁は 1997 年 4 月，科技庁長官の諮問機関として動燃改革検討委員会を設置したが，原子力批判派は参加させず，国民意見の聴取もしなかった。自民党の行政改革推進本部の作成した案に基づき，科技庁がまとめた動燃改革案をベースに，検討委員会は 8 月に報告書を提出した。これに従い，動燃は核燃料サイクル開発機構 (核燃機構) という新法人へと改組され，動燃の事業は，海外ウラン探鉱，ウラン濃縮研究開発，及び新型転換炉 (ATR) 開発といった，以前から廃止が予想されていたものだけが廃止され，「もんじゅ」事故で問われた FBR や再処理などの技術開発は，そのまま新法人に引き継がれた。動燃改革法案は 1998 年 5 月に国会で可決成立し，同年 10 月，核燃機構が発足した。

橋本政権期の政府対応の締め括りは，省庁再編である。橋本内閣は「構造改革」を旗印とし，特に行政改革については首相直属の「行政改革会議」を設置し，1997 年 9 月には，2001 年 1 月実施を目標として 22 省庁体制を 1 府 12 省庁へ改組するなどの方針を決定した。原子力行政との関係では，まず

環境庁は省へと格上げされ，放射能の監視・測定の権限を与えられることになった。また科技庁は文部省とともに文部科学省に統合され，その許認可権限は年々先細る研究開発段階の原子力施設に限られることになった。これに対し通産省は強力な「経済産業省」に再編され，傘下に新設される「原子力安全・保安院」が商業用原発のみならず，今や実用段階にあると位置づけられた核燃料サイクル諸施設(再処理工場，核燃料加工施設など)とFBR原型炉もんじゅ，ATRふげんに対する許認可権限を掌握した。こうした機構再編は，1970年代後半の原子力行政再編と連続性がある。

　第1に，1970年代に比べ，環境アセスメント法制化と，原発も対象事業にすることは，もはや通産省といえども阻止できない流れとなっていたが，原発立地に対するアセスメントの内容面において，環境庁(省)の役割の形骸化を確保することには成功した(長谷川 1997；諏訪 1997参照)。

　第2に，1970年代に原子力船「むつ」の「漂流事件」を機に原子力行政再編が行われ，商業用原発に対する科技庁の許認可権限が通産省に奪われたように，1990年代には一連の動燃不祥事を機に，実用段階の核燃料サイクル諸施設に対する科技庁の許認可権限が経済産業省に奪われることになった。

　第3に，1970年代にも議論されていた原子力行政における「推進」と「安全規制」を担う組織の分離は，1990年代の行政機構再編でも行われなかった。原子力安全委員会には依然として許認可権限は与えられず，同委員会の性格も国家行政組織法8条に基づく首相の諮問機関にとどまった[2]。しかし動燃不祥事やJCO臨界事故(後述)を機に再燃した原子力行政への国民の不信感は，「推進」と「安全規制」を同一省庁が担当しているという，「まさにこの構図に根ざしている」[3]。そうした国民からの批判を政府があえて無視したのは，原発立地の遅滞を招きかねないような行政改革は何としてでも阻止したいという通産省の頑なな意思が感じられる。

第2節　地方の反乱と対案形成

1　「原子力斜陽化症候群」と地方の反乱

　1995年以降の原子力政治過程における典型的な要素は，事故や業界不祥事といった原子力産業の「斜陽化症候群」(高木 2000)と呼ばれる事件の頻発と，国の原子力政策に対する県知事の抵抗の公然化，及び住民投票運動である。これらの要素が連関した政治過程の第1ラウンドは，1995年から1996年にかけて表面化した。前節で見たように，FBR「もんじゅ」の火災事故と，動燃による不適切な対応，及び原発の集中する3県の知事の提言である。相前後して進行したのが新潟県巻町における住民投票運動であった。

　戦後の地方制度改革では，住民が議会に対して首長や議員のリコールと条例の制定改廃の審議を求める直接請求制度が創設された。しかし住民が条例制定など特定案件の可否を住民投票によって直接決定する制度は導入されなかったので，住民投票の実施は，自主投票の形をとるか，住民投票条例を議会で制定させた上で，その条例に基づく投票を実施するしかない。このうち自主投票は，1972年，柏崎刈羽と志賀の両原発計画について，予定地の隣接地区で，世帯単位で実施された経験があるのみであった。

　しかし1980年代に入ると，住民投票条例の制定を求める動きが活発化する。その契機となったのは第5章で見た高知県窪川町の原発立地問題である。1982年の住民投票条例制定は全国的な関心を集め，以後，原発などの特定施設の立地に関わる争点や各種開発事業計画の是非を問う住民投票条例の制定を求め，地方議会に直接請求を行う住民運動が全国各地で活発化した。これらの直接請求のほとんどは議会で否決されたが，1988年には鳥取県米子市で大規模公共事業（農地造成を目的とした同県と島根県にまたがる中海の淡水化）について，また1993年には三重県南島町と宮崎県串間市でそれぞれ中電芦浜及び九電串間の原発計画について，住民投票条例が制定された。ただ，窪川町の場合も含め，これら4例では，住民投票条例が制定されるのと

前後して，事業の推進主体である県や電力会社が地域住民の多数の計画反対を見越し，計画の凍結を打ち出したため，住民投票は実施されずに終わった。これに対し，新潟県巻町の原発計画については，住民の自主投票をバネに住民投票条例が制定され，これに基づく投票が全国で初めて実施された。

　新潟市の南西 15 km，柏崎市の北東 40 km に位置する巻町では，海岸部の一画，角海浜への東北電力の原発建設計画が 1969 年 6 月に明るみに出た。それ以前から観光リゾート施設の建設と称して土地買収が始められており，1974 年には一部を除いて予定地の大半の買収が完了した。東北電力は 1971 年 5 月，4 号機までの大規模な計画を発表し，巻町議会は 1977 年 12 月，原発建設への同意を決議した。また 1970 年 1 月には建設反対を決議していた巻町漁協も，1978 年 2 月には条件闘争へと態度を転換し，1981 年 1 月に間瀬漁協（岩室村）とともに，合計 39 億 6000 万円の漁業補償協定を東北電力と締結した。翌年には他の 2 漁協も合計 7 億 9000 万円の補償で妥結した。これを受け 1981 年 8 月には通産省主催の第 1 次公開ヒアリングが開催され，同年 11 月には電調審で計画が承認され，同 12 月に国の電源開発基本計画への組み入れが閣議決定された。さらに 1982 年 1 月，東北電力は通産省に原子炉設置許可申請を出した（横田 1997，21-22 頁）。しかし，その後，買収できなかった反対派住民の所有地を避け，また電力需要の低迷に対応するため，東北電力は 1982 年 4 月までに計画を 1 号機のみに縮小した。しかしそれでも未買収地は残り，なかでも 2 つの寺が所有する墓地が残る町有地をめぐり，町長が仲介した買収交渉が 1985 年 2 月に決裂する。その間，安全審査手続は 1982 年 9 月に中断された。

　原発建設計画が停滞した要因には，地元保守政界が 2 人の代議士の系列に分かれており，1 期ごとに町長が交代してきたことも指摘される。その際，原発建設に慎重論を唱えた候補が町長に当選し，当選後に原発推進に変わると，次の選挙では新たな慎重派候補が当選するという形で，原発が政争の具にされた。保守の票がかなり均衡していたので原発反対の少数派住民の票がどちらに行くかで当選が決まるという構造があったようである。ところが 1993 年に，この均衡が崩れ始める。1993 年 6 月，巻町議会は原発の早期着

工を促す意見書を採択し，また1990年8月に再選された佐藤莞爾町長は，1994年8月の町長選挙では原発推進を公約して3選を果たし，原発推進の公約で当選した初の巻町長となった(横田 1997，23-24頁)。

しかしながら，先の町長選挙では，社会党など反原発グループの一部も推した原発慎重派の候補に加え，原発反対派の候補も予想外の健闘を見せ，両者の得票を合わせると佐藤町長の得票を上回っていた。また巻町の社会経済構造の変化に応じて，住民の意識も変化していた。1970年に33%を占めていた第1次産業従事者は，1990年には12%へと減少する一方，第3次産業従事者は42%から55%へと増加していた。かつての米作中心の農村から，新潟市や燕市，三条市などへの通勤者が増える都市近郊型の町に，また海水浴場や地ビール，ワイン製造などを目当てに多数の観光客が訪れる観光の町へと様変わりし，人口も増え続けて3万人を超え，町の財政状況も比較的良好であった(横田 1997，19-20，24頁)。

町長選挙後の1994年10月，老舗の造り酒屋を営む笹口孝明を会長に，「巻原発・住民投票を実行する会」が発足した。会は原発建設に対して中立の立場をとり，住民投票の実施に要求を絞った。会には従来は反原発運動に関与していなかった住民層が参加し，中心となったのは自営業者であったが，農家や主婦，公務員，会社員，僧侶も加わっていた(今井 2000)。「実行する会」は11月，町長に住民投票の実施を申し入れるとともに，町がやらないのなら自主管理で実施する旨を伝えた。また社会党・旧総評系や共産党系の団体，反対共有地主会，及び1990年代初頭に結成された女性中心のグループなど反原発6団体は，1994年11月末，「実行する会」と共闘するため，「住民投票で巻原発をとめる連絡会」を発足させた。

同年12月，社会党の町議が発議した原発町民投票条例案が，賛成5，反対15，棄権1で否決され，議会内で原発推進派が圧倒的優位を示すと，「実行する会」は自主管理での住民投票実現に向けて舵を切った。これに対し，原発推進派は区長を動員して投票に行かないよう住民を威嚇した。しかし町当局が公民館や町営体育館の貸し出しを拒否すると，「実行する会」は地方自治法違反を理由に行政訴訟を起こし，最終的には1995年10月に勝訴する。

また町の選挙管理委員会は投票箱などの備品を貸し出すなど，投票に協力した。1995年1月22日から2月5日までの15日間にわたって行われた自主管理の住民投票には有権者の約45％が参加し，うち95％，9854人が原発反対票を投じた。反対票は佐藤町長の3選時の得票を上回った。

　しかし，町長は従来の姿勢を変えず，1995年2月20日に臨時町議会を召集して，東北電力への町有地売却を可決すると言明した。しかし反原発派の「連絡会」が当日，議会のある役場内で抗議行動を行うと，町当局は機動隊による排除を要請せず，臨時議会は流会となった。その後，1995年4月に町議会選挙が行われ，住民投票派の3人の女性候補がトップ3で当選するなど，住民投票派が議員定数22のうち12議席の多数を占めた。ところが条例の制定を公約して当選した議員2人が公約を翻したため，条例案は6月の議会で否決されるかと思われたが，6月26日の採決では原発推進派議員のうちの1人が「間違えて」賛成票を投じたため，制定反対派の議長を除き，制定賛成11，反対10で可決された。

　この結果に対し，町長は最終的に，再議権を行使しなかった。しかし原発推進派は署名を集めて直接請求を9月に行い，住民投票を「条例施行日から90日以内に実施する」という規定から，「町長が議会の同意を得て実施する」という規定へと改変する，事実上の無期限延期を意味する条例改正案を議会に提案し，10月に可決させた。そこで「実行する会」は10月28日，町長のリコール運動を開始し，1万231人もの署名を集め，町選管に提出した。これを受け佐藤町長は，リコールの署名審査の結果を待たず，12月15日に辞職した。町長辞職に伴う町長選は1996年1月21日に実施された。直前の1995年12月8日に「もんじゅ」が火災事故を起こし，動燃による事故隠しが発覚するなど，原子力行政への批判が高まっていたため，原発推進派は候補者擁立を断念した。町長選では「実行する会」代表の笹口孝明が991票の対立候補に圧倒的な差をつけ，8569票を得て当選した。

　新町長の下，議会は1996年3月，8月4日の住民投票実施を可決した。これを受け，5月頃から原発賛成・反対両派によるキャンペーンとマスコミによる報道が過熱した。条例に基づく投票運動は，公職選挙法の適用を受け

ないことになり，戸別訪問や宣伝物の配布，テレビ・ラジオCMなどは自由に行われた。また各戸に配達される地元紙『新潟日報』朝刊には，ほぼ毎日のように賛成・反対両派の折り込みチラシが入れられた(今井 2000, 56頁)。また原発推進派は，4月に推進派住民団体を立ち上げて東電柏崎原発の見学ツアーを組織したほか，自民党や新進党，公明党などの支部組織や県議，町議の後援会を動員し，また東北電力や県建設業協会巻支部，町商工会などの経済団体を母体に投票運動を行った。なかでも東北電力は，社員80人を投入して町内全8000戸の個別訪問を行った。さらに通産省資源エネルギー庁も町内で6回もの連続講演会を開いた(横田 1997, 38頁)。

また5月，町は原発シンポジウムを開催した。賛成・反対両派が専門家と町民を1名ずつ指名し，専門家は40分間の講演を，町民代表は20分間の意見陳述を行い，その後に会場からの質疑に専門家が答えるという形式で行われた。司会役は巻町民と無関係の新潟市在住のフリーアナウンサーが務め，賛成派の専門家には科学ジャーナリストの中村政雄が，反対派の専門家には原子力資料情報室代表の高木仁三郎が，それぞれ指名された(今井 2000, 56-57頁)。

投票結果は，投票率88.29%，うち原発反対が60.85%，賛成が38.55%，無効票などが0.59%となり，有権者総数に占める比率も賛成34.04%に対し，反対が53.73%で過半数を占めた。投票結果を受け，原発計画は再び凍結状態に陥ったが，原発交付金による土木事業の誘導に腐心する保守派の町会議員は，その後も事あるごとに町長の町政運営を妨害し続けた。また1999年4月の町議選では住民投票派の当選者が9人の現状維持にとどまり，原発問題への態度を明らかにしない残りの議員はむしろ1人増えて13名となり，旧来通りの地域ボスが当選する構造も変わらなかった。1999年8月31日，笹口町長は2001年1月に予定された町長選に落選した場合に備え，「実行する会」のメンバーら23人の町民に原発の炉心予定地付近の町有地743 m^{2}を1500万円で売却した。巻町の条例によれば5000 m^{2}以内の町有地の売買は町議会に諮る必要はなく，町長の判断で決定できることになっていた。また売買契約書には購入者以外への転売や賃貸を禁じる条項が盛られ，誓約書も

交わされた。これに対し，原発推進派はかつて推進派の町長が随意契約で町有地を東北電力に売却した前例を差し置いて，笹口町長と町有地の購入者を相手取り，所有権移転登記の抹消を訴える訴訟を起こした。しかし2001年3月，新潟地裁はこの訴えを退けた。その間，町長は2000年1月，僅差で再選された。辛勝の背景には，町有地売却で町長批判が出たものの，9月末に発生したJCO臨界事故(後述)で原子力への不信感が再び強まり，町長の決断を評価する声も強まったことが指摘される(今井 2000, 66頁)。

　こうして巻原発計画は再び凍結状態に陥った。しかし政府はもんじゅ事故に応じた原子力政策の再検討を避け，結果的に事故・不祥事・知事の反乱・住民投票運動という連関過程が1999年から再び表面化した。この第2ラウンドの焦点となったのは，プルサーマル計画の是非であった。日本政府はFBRによるプルトニウム利用の実用化を原子力政策の究極目標として追求してきた。軽水炉が燃料とするウランには，資源量に限りがある。原子力が化石燃料に対して資源利用効率で優位に立てるとすれば，使用済核燃料の中に発生したプルトニウムを再処理工場で化学的に分離抽出し，それをウランと混合してMOX燃料に加工し，FBRで利用する道が確立してからのことである。

　ところがもんじゅ事故でFBR実用化の目途が立たなくなる一方，再処理によるプルトニウムの抽出は英仏への委託を通じて続き，日本のプルトニウム在庫量は増加し続け，核兵器材料になりうる物質を余分に保有しないという日本の国際公約に反する状態になった。しかしながら，電力業界は再処理工場建設を名目に，それに付随する施設として使用済核燃料の貯蔵プールや低レベル核廃棄物の施設の建設を青森県と六ヶ所村から確保していた。電力業界は，莫大な費用のかかる民間再処理工場の運転開始には本音では消極的であるが，建設中止を言い出せば，青森県による同意の基盤が崩壊してしまうため，再処理の停止を公式に打ち出すことはためらわれる。従って電力業界と政府との間で新たな利害調整が決着するまでは，従来の政策通り，再処理は続行されねばならず，これを正当化するためには，事実上挫折したFBR開発の旗は下ろせない。そこで政府は，本来はウラン燃料用に設計さ

れている軽水炉でMOX燃料を消費するプルサーマル計画の実施を電力業界に要請したのである。電力業界も国策への協力を了承し，立地自治体も基本的にこれを受け入れ，早ければ1999年中にも関電の高浜原発を皮切りにプルサーマル実施が各地で開始される予定であった。

しかし計画の綻びは外国からやってきた。1999年8月，日本がMOX燃料の加工を委託していた英国核燃料会社(BNFL)が，高浜3号機用MOX燃料のペレット外径検査データに不審な点のあることに気づいて調査を開始し，このことは内部告発によって9月14日，英国の新聞を通じて明るみに出た。その間，高浜4号機用のMOX燃料が7月に英国を出発し，10月1日に高浜原発に到着したが，3号機用だけでなく，4号機用燃料にもデータ捏造の可能性は否定できなかった。しかし関電は早くも9月24日，4号機用燃料には「不正なし」との「中間報告」を発表，通産省もこれを妥当と発表したのである。さらに関電は同趣旨の「最終報告」を11月1日に発表し，原子力安全委員会と通産省資源エネルギー庁もこれを妥当と認めた。

しかし英国政府の原子力施設検査局(NII)は11月8日，4号機用燃料データにも捏造の疑いがあることを指摘した書簡をロンドンの日本大使館に送付し，その内容はすぐに通産省にも伝えられたが，通産省はこれを公表せず，関電にも通告しなかった。その間，11月19日には福井県と関西の市民212人が，高浜4号機用MOX燃料の使用差し止め仮処分命令を求めて大阪地裁に提訴していた。その後12月15日，BNFLは関電に対し，4号機用燃料にもデータ捏造の疑いがあるので使用しないことを求めてきた。関電から報告を受けた福井県は12月16日，4号機用燃料を使用しないよう関電に申し入れ，また15日に公表されたNIIの書簡も証拠として裁判所に提出された。その結果12月16日，関電は4号機用燃料の使用中止を発表するに至り，プルサーマル計画の開始を延期したのである(グリーン・アクションほか 2000)[4]。

MOX燃料の不正疑惑発覚と時を同じくして発生したのがJCO臨界事故である。1999年9月30日，住友金属系の核燃料加工会社，JCOの東海村の再転換工場において，3名の作業員が比較的高濃縮のウラン粉末を高濃度の硝酸に溶かして溶液を作る作業を行っていた。これは最終的にはプルトニウ

ム溶液と混ぜて核燃機構のFBR実験炉「常陽」用のMOX燃料を製造するための準備作業だった。高濃縮の核分裂性物質は、ある一定の量や密度に集積すると、自然に核分裂連鎖反応が生じる「臨界」状態に達し、中性子を周囲に撒き散らす「臨界事故」を引き起こす危険性がある。このため高濃縮・高濃度のウラン溶液を扱う工程では、取扱量の管理と、高密度にならないように容器の形状や寸法を設計することが必要であった。しかしJCOの工場では、コスト削減を優先する経営方針の下、形状寸法管理のなされていない容器にバケツで規定量以上の溶液を一度に注いで撹拌するといった違法な作業方法が常態化していた。その結果1999年9月30日、臨界事故が発生し、作業員3名が急性放射線障害の重症を負い、うち1人は2カ月後に、もう1人は7カ月後に死亡した。またJCOの他の社員や労働者多数のほか、原子力事故であることを明かされずに駆けつけた消防署員や、自治体への通報の遅れから事故を数時間知らずに過ごした周辺住民、臨界を停止させるための危険な任務に従事した原研職員など、400〜700人が中性子線に被曝した。

　この事故により、原子力政策に対する国民の不信感は再び高まり、これまで原子力産業に依存してきた自治体でも、住民の間で原子力批判が表面化し、国策への協力を要請されていた県の当局も、原発立地やプルサーマルの受け入れの見直しを公然と表明するようになる。

　県レベルの最初の決定的な動きとして、2000年2月22日、三重県の北川正恭知事は、中電芦浜原発計画の白紙撤回を求める考えを県議会で表明した。これを受け、中電は36年余り膠着状態にあった同計画を撤回し、通産省も同日、2010年までに原発を最大20基増設するとしていた1994年の「長期エネルギー需給見通し」に基づく方針を、断念せざるをえなくなった。2000年4月には、「見通し」を改定するため10年ぶりに開かれた総合エネルギー調査会総合部会に、脱原子力と自然エネルギー推進を唱えるNGO関係者（飯田哲也）も初めて委員に加えられ、原発の増設目標の縮小や二酸化炭素排出削減のための施策も議論されることになった[5]。しかしその間にも2000年8月に中国電力島根原発3号機、10月に北電泊原発3号機の増設計画が電調審で承認され、同じ10月には山口県上関町への中国電力の原発立地計

画について，通産省が第1次公開ヒアリングを強行した。通産省はプルサーマル計画の推進でも従来通りの姿勢を変えなかった。しかし，原子力政策の見直しを棚上げにする姿勢は，再び地方の反乱を招くことになる。

　今度の反乱の元は，福島県であった。1998年11月，同県知事の佐藤栄佐久と原発立地町村は，福島第1原発3号機でのプルサーマル実施に同意していた。しかし，1999年のMOX燃料検査データ捏造事件の発覚を機に，ベルギーのベルゴニュークリア社が製造した東電用のMOX燃料にもデータ捏造を疑う声が上がった。しかし通産省は2000年8月10日，「安全性を確認した」と主張してベルゴ社製燃料に合格証を交付した。これに対し，福島県内の反原発市民グループは，東京のグリーンピース・ジャパンや原子力資料情報室と協力して福島原発でのMOX燃料使用差し止めを求める仮処分申請を8月9日，福島地裁に申し立てた。「東電MOX差止裁判の会」は事務局をグリーンピース・ジャパン内に置き，ベルギーの新聞への意見広告やMOX工場立地点の市長を訪問するなど，国際NGOのネットワークを利用したキャンペーンを行った。また原告は全国的に募集され，最終的には双葉郡住民48人を含む福島県民930人，県外者985人の合計1915人に膨れ上がった。福島県知事への働きかけも重点的に行われた。その結果，福島県知事は2001年2月26日，東電が4月から実施する予定だった福島第1原発3号機でのプルサーマル実施を当面受け入れない考えを県議会で表明し，3月には国の原子力政策全般を県の立場から批判的に検討するための委員会を設置し，脱原子力派の学者やNGO関係者も招聘して活発な問題提起をするようになった[6]。前後する2001年3月23日，福島地裁はMOX燃料の検査データに「不正はなかった」として使用差し止めの仮処分申請を却下する一方で，「東電が検査データを公開するよう努めた形跡がない」ことを批判した。続いて3月28日，福島県知事は，「県民の大半が反対している」として，少なくとも2002年夏まではプルサーマルを認めない方針を明らかにした[7]。

　福島と並行して，プルサーマル計画の先行実施が予定されていた他の2地点，福井県高浜町と，新潟県柏崎市及び刈羽村では住民投票条例運動が活発化した。1999年12月，プルサーマル実施の是非を住民投票で決める条例の

制定を求める高浜町の住民グループが，有権者の1/5に当たる1987人分の有効署名を集め，直接請求を行った。しかし高浜町議会は2000年1月，住民投票条例案を反対13，賛成4の圧倒的多数で否決した。

　また新潟県柏崎市と刈羽村の議会もすでに1999年3月，プルサーマルをめぐる住民投票条例案を否決していた。しかし刈羽村議会では条例案が翌年に再び提出され，2000年12月26日，村議会は賛成9，反対8で可決した。条例案可決の背景には，1999年3月の時点で1人にすぎなかった条例賛成派議員が9人に増え，うち6人は，その間の村議会選挙や村議補選での初当選者だったことがある。また2000年11月の村長選挙では東電の意向をくんだ品田候補が当選したものの，プルサーマル反対論や慎重論の複数候補が合計で6割の支持を得ていた(『反原発新聞Ⅳ』，137頁)。その間，2000年10月には生涯学習センター「ラピカ」をめぐるピンはね疑惑が発覚した。これは通産省の外郭団体である(財)「日本立地センター」から1990年に独立した「電源地域振興センター」が基本構想を手がけ，大手ゼネコンが工事に関わり，総工費64億円余のうち56億円余が電源立地促進対策交付金から支出されて建設された。しかし1枚12万8000円で見積られた畳に実際には九千数百円の普及品が使われているなど，200箇所も不正工事が行われ，畳の差額だけで二百数十万円が行方不明となっていることが発覚した。

　条例案可決に対し，刈羽村村長は拒否権を発動，議会の2/3の賛成を必要とする再議に付したため，条例案は賛成9，反対9で廃案になった。しかし住民グループは2001年3月2日，有権者の37％，1600人の署名を集めて直接請求を行った。条例案は4月18日，再び提出され，村議会は賛成9，反対6，欠席と退席各1で可決した。再度の可決を受け村長は4月25日，再議を断念し，5月27日の住民投票実施を発表した。2001年5月27日，住民投票は実施され，投票率は88.14％の高率に達した。「保留」という曖昧な選択肢が設けられたにもかかわらず，保留は3.63％にとどまり，プルサーマル賛成42.52％に対し，反対が53.40％で多数となった。有権者に占める割合でも反対は47.07％に達し，賛成37.48％を引き離した。

　こうしてプルサーマル問題をめぐり，原子力をめぐる社会的対立の構図は

流動化し，住民投票を求める住民，それを支援する都市の市民運動やNGO，及び国策を批判する県知事が，電力業界や通産省と対立する形となった。

2　対案形成と法制化をめぐる攻防

エネルギー政策をめぐる対立軸は，世界的にも流動化してきた。地球温暖化防止をめぐるEUや日本，米国などの戦略の相違が鮮明になるにつれ，これからのエネルギー戦略を原子力重視で行くのか(日本)，化石燃料中心で行くのか(米国)，それとも天然ガスへの転換とともに自然エネルギーの推進に賭けるのか(ドイツ・スウェーデン)，各国の政府や産業界は選択を迫られるようになった。各国がともに期待を寄せる燃料電池の実用化についても，燃料となる水素を石油から取り出すのか(米国・日本)，それともバイオマスや天然ガスから取り出すのか(ドイツ・スウェーデン)，といった選択の問題が浮上してきている。

日本国内でも，自然エネルギーをめぐって社会的対立軸が大幅に再編されつつある。自然エネルギーの効率改善が飛躍的に進み，都市部では太陽光発電，地方では風力を中心に，自治体や市民による導入が急速に拡大してきた。そうした動きはこれまで外国での風力発電所建設に関わってきたトーメンなどの商社や，電力市場自由化(差し当たり2000年の電気事業法改正に基づく，大企業による自家発電の余剰分の大口小売り自由化)をにらんで発電部門への進出を図るガス会社など，産業界の一部からの後押しも受けるようになった。

こうした中，自然エネルギーによる発電の拡大にとって障害と目されてきたのが，電力会社による任意の買い取り枠の設定である。風力発電の設置が最も伸びている北海道では，設備容量が1999年の52基，3万8000 kWから，2001年春の92基，7万 kWへと急増し，さらに55万 kW分の計画があった。しかしこうした電力の大半を買う立場にある北電は1999年，2001年度までの3年間で買い取り枠を15万 kWまでとする方針を決めた。この枠はすぐに埋まったため，洋上に風車9基を建設して北電に売電し，養殖施設用の電気もまかなう日本初の「洋上ウインドファーム」構想を打ち出して

いた瀬棚町の町長は2000年12月の町議会で構想の先送りを表明し，また稚内市の宗谷岬での風力発電所建設計画も中断した[8]。

　これに対し，ドイツやデンマーク，スペインなど1990年代に風力発電が爆発的に普及した国では，自然エネルギーで発電した電力の優遇価格での買い取りを電力会社に義務づける法律の制定が起爆剤になっていた。そこで日本でも同様の法律の制定を目指すため，1999年5月，20を超える数の全国の環境NGOによって，「自然エネルギー促進法」推進ネットワーク(Green Energy Law Network, GEN)が結成された。代表には日本総合研究所主任研究員の飯田哲也が就き，副代表や顧問には原子力資料情報室や北海道グリーンファンド(後述)，気候ネットワーク，R-DAN運動の関係者や学者，弁護士が名を連ねた。またGENと連携した中央政治の動きとして，同じ1999年11月，社民，民主，公明，自由，自民にまたがる超党派で衆参両院200人以上の国会議員の参加を得て，自然エネルギー促進法議員連盟が発足し，愛知和男・元環境庁長官(自民党衆院議員，当時)が会長，加藤修一(公明党参院議員)が事務局長に就任した。

　自然エネルギー促進法制定を求める動きはまた，自然エネルギーの開発利用を通じた町づくりを進める自治体や地方住民の期待も集めた。最も関心の高かった北海道では，2000年9月の芦別市議会を皮切りに，札幌や旭川，函館，帯広，釧路，稚内など29市のほか，大規模風力発電所のある苫前町など21町も含め，合計で道内全自治体の1/4に当たる50議会が同法案の早期成立を求める決議や意見書を採択した。

　GENや議員連盟の活動，地方議会の決議採択と並行して，市民レベルでは新しい自助型の試みが行われている。なかでも生活クラブ生協北海道を母体に1999年7月に設立された北海道グリーンファンドによる「グリーン電気料金」の試みが，全国的な注目を集めている。これは，同ファンドの会員が電気料金の最大5%を上乗せした額を同ファンドに支払い，同ファンドは北電への電気料金支払いを代行するとともに，5%の余剰分は将来の風力発電所建設のために留保するという仕組みである。5%の寄付の額は，電力消費量の削減によって減らすことが可能なので，会員に電気の節約を促す経済

的誘因になる。同ファンドの会員数は，2003年度末までに，「グリーン電気料金」制度に参加登録している個人会員が1054人，団体・法人会員が4事業所，年間1口5000円を寄付する定額個人会員が185人，年間1口1万円を拠出する団体・法人会員45団体となっている（北海道グリーンファンド 2004）。

ただ，1基で約2億円はかかる大型風力発電所の建設には会費収入だけでは不十分であり，またNPO法人となったグリーンファンドは営利事業を制限され，法律上の出資制限や金融機関による融資対象からの除外が適用されるため，市民から別途出資を募って「(株)北海道市民風力発電」が2001年2月に設立された。出資金は1口50万円という比較的高額に設定したにもかかわらず，最終的に総額1億6500万円の出資金が集まり，建設費用の80％以上を自己資金でまかなうことができた。「市民風車」第1号機は同年9月には運転を開始した。こうした活動は全国的にも注目を集め，2001年5月には朝日新聞が先進的な環境事業に対して授与する「明日への環境賞」を受賞した。2003年には，北海道グリーンファンドは青森と秋田の市民グループと協力して，市民出資の風車を建設した。全国の他の地域でも同様の試みが始まっている。

こうした市民の試みが注目を集めるにつれ，電力買い取り義務化に反対する電力会社も自然エネルギー促進に消極的であるという批判に応えなければならなくなった。そこで9電力会社は2000年秋から，市民の動きを模倣したグリーン電気料金制度を導入し始めた。例えば北電は2000年9月，「北海道グリーン電力基金」の設立方針を発表した。その仕組みは，参加者から毎月，電気料金と同時に銀行口座から定額の「協力金」1口500円を引き落とし，集めた「協力金」は北電からの同額の拠出金を加えた上で既存の北電傘下の財団法人・北海道地域総合振興機構（通称・はまなす財団）が管理し，毎年度末に太陽光や風力発電の設置費用に対して助成するというものであった[9]。北電の「グリーン電力基金」は2000年11月の設立から2001年3月末までに430口，21万5000円の加入があり，これに北電からの拠出金を合わせて計51万5000円とし，初回の助成は2001年11月に稼動予定の遠別町（留萌管内）の風力発電事業となった[10]。しかし北電による同基金の半分以

上は北電が拠出し，また基金制度の参加者は北電社員が主体となっていると考えられ，総額も「市民風車」への1人分の出資額程度でしかない。使命感を持った市民からの熱意に支えられない電力会社の「グリーン電力基金」制度が一般市民の間でどの程度受け入れられるかは今後の課題であろう。

このように自然エネルギー促進を求める動きは従来の原発反対・推進の図式を越えて，中央の政党，都市のNGO・NPO，地方自治体にまたがる形で広がりを見せるようになった。しかし2000年4月までにまとめられた「促進法案」の国会上程は，自民党内の抵抗により挫折する。2000年夏の衆院選では議員連盟会長の愛知和男が落選し，会長を引き継いだ橋本龍太郎元首相は自然エネルギー促進法案実現に消極的な姿勢を見せた。むしろ原発推進派の方が，電力業界や公共事業に権力基盤を置く自民党議員の主導で，原発推進路線の固定化を狙った法案を相次いで成立させてきている。

まず2000年5月末，「特定放射性廃棄物の最終処分に関する法律」が参院本会議で可決成立した。同法成立を受け，電力業界は10月，「原子力発電環境整備機構」の設立を申請し，通産省から認可を受けた。これは今後25年ほどの間に高レベル核廃棄物の最終処分地を選定した上で，処分場を建設し，処分を実施する事業主体である。最終処分のために電力会社から徴収した拠出金を管理運営する主体としては，2000年11月，財団法人「原子力環境整備センター」を改組した「原子力環境整備促進・資金管理センター」が通産省によって指定された。電力会社からの拠出金は電気料金に転嫁されるので，最終的には消費者が最終処分費用を負担することになる。ここでもまた，商業用原発事業を存続させるための莫大な費用を消費者に負担させるという，官民間の第2の利害調整様式に沿った仕組みが導入されたことになる。

また2000年12月には，電源特会だけでは飽き足らず，原発の周辺地域への振興策を一般会計からの国庫補助によって強化する「原子力発電施設等立地地域の振興に関する特別措置法」（原発特措法）が国会で可決成立した。この法律では，原子力防災を名目として緊急に整備が必要と考えられる事業を盛り込んだ振興計画を，立地地域の知事が作成し，それが首相を議長として閣僚8人で構成する「原子力立地会議」の承認を受けると，計画に盛り込ま

れた事業に対する国の補助率が通常の50％から55％へと引き上げられる。その際，防災に必要な事業の名目で，道路建設や学校の新築・増築のほか，交通や通信施設，産業振興，生活環境の整備，福祉の増進，科学技術振興など，あらゆる公共事業を盛り込むことができる。しかも計画の実現のため，国が財政支援や税制優遇措置をとる努力義務があることも条文に明記された。さらに原子力施設の立地自治体だけでなく，広く周辺地域も補助金受給の対象にされた。この法案は元々，2000年3月，新潟県選出の桜井新代議士を中心とする自民党の「電源立地等推進に関する調査会」が作成し，4月下旬に自民党総務会の了承を受けた。同時に，同法案を作成した自民党内原子力推進派は，自然エネルギー促進法案を自民党総務会が了承することに反対を唱えた。ただ，公明党が原発推進法案に慎重姿勢をとったため，両法案はしばらく国会に提出されなかったのだが，その後，公明党が折れたため，年末に東電出身の加納時男参院議員を中心とする自民党商工族によって原発推進法案のみが提出され，可決成立したのである[11]。

さらに2001年4月には住民投票運動や知事の拒否宣言を封じ込めるため，自民党の政務調査会エネルギー総合政策委員会(甘利明委員長)が，「エネルギー基本法案」をまとめた。これは原子力の優遇を念頭に置き，エネルギー政策を決定する際に環境適合性や電力市場自由化よりも安定供給を上位の原則として考慮すべきことを謳い，また国策としてのエネルギー政策推進に自治体も協力する旨を規定している。同法案は2002年6月，参議院で可決成立した[12]。

同じ2002年6月，自然エネルギー促進法案に対する経済産業省の対案として，「新エネルギー等の利用に関する特別措置法案」(新エネルギー特措法)が可決された。これは6種類が指定された「新エネルギー」で発電した電力の一定量の購入を，国が電力会社に義務づけたが，「新エネルギー」の定義には風力や太陽光だけでなく，現状では明らかにコストの安い廃棄物発電も含まれていた。また義務量自体が少なく，電力会社による一方的な買取価格の決定権を認めており，自然エネルギーの導入をむしろ抑制し，温室効果ガスである二酸化炭素の排出増加をかえって助長するとの批判を受けている。

この法案は，政府が地球温暖化防止を目的とした京都議定書に批准するための国内立法措置として打ち出したものでもあったのだが。

このように支配的連合が巻き返しに転じた背景には，政治情勢を見ることができる。自民党は1998年夏，橋本政権末期から単独政権に復帰したが，参議院では過半数割れを克服できていない。日本の政治システムでは，予算案などを除き，通常の法案の審議では参議院が衆議院と実質的に同等の権限を持つため，与党は両院での多数派確保に腐心せねばならない。そこで自民党は，1999年1月からの小渕第1次改造内閣では自由党との2党連立を，また同年10月からの小渕第2次改造内閣からは公明党も加えた3党連立政権を形成し，さらに小渕恵三の急死を受けて2000年4月に発足した森政権では，自由党の政権離脱を機に分裂した政権残留組が結成した保守党（2002年12月には民主党離党者を吸収して保守新党と改名）と公明党との3党連立政権を組んだ。森喜朗首相の不人気で自民党は一時深刻な危機に陥ったが，2001年4月の自民党総裁選では森派の小泉純一郎が旧来の自民党の権力構造を壊すと宣言して人気を博し，勝利を収めた。2001年7月の参院選では自民党が勝ち，3党連立政権を維持した。公明党には熱心な自然エネルギー推進派の議員もいたが，党全体としては連立の枠組みを重視する傾向を強め，一連の原子力推進法案に対する抵抗力を見せなかった。

一連の法案審議などの過程では，民主党の迷走も浮き彫りとなった。民主党は当初，特別措置法案に反対の立場をとっていたが，参院民主党は2000年11月29日，電力総連出身の足立良平参院議員を窓口に，与党側との法案修正協議に応じた。しかし民主党の「ネクスト・キャビネット（影の内閣）」の北橋健治「消費者産業担当相」と岡田克也政調会長らは，原子力批判派ではないが，これに反対し，最終的に参院民主党は参院本会議で同法案に反対の立場をとった[13]。また2001年の参院選では，桜井新を始めとする電力業界系の自民党議員候補に加え，電力総連[14]系の民主党議員候補も次々と当選した。民主党は自民党離党者や松下政経塾出身の新保守系，旧民社党・同盟系，旧社会党系などの寄り合い所帯であり，党内で基本政策に関する合意が形成できないため，エネルギー政策に対する方針も定まらない。加えて，

経済産業委員会など関連委員会における民主党の理事が鳩山由紀夫党首や，後に離党する熊谷国会対策委員長の「責任野党」原則に呼応して，政府提出法案の審議開始にたやすく応じてしまい，野党としての抵抗力を見せなくなった。既成政党の中では社民党と共産党が一連のエネルギー関連法案に一貫して批判的だったが，現在の政治情勢の中では周辺的な存在になっている。

このように脱原子力の政治的連合は崩壊状態にあり，むしろ地域住民の運動の方が活発である。ただ，原子力推進派の方も地方への攻勢を強めている。芦浜に近い三重県海山町では，中部電力による立地計画の表明がない段階で，地元の推進派が住民投票という手法を使って原発誘致に乗り出した。2001年9月に制定された条例に基づく住民投票は11月18日に実施されたが，直前に中部電力の浜岡原発で配管破断事故が起きたことが影響して，反対派優位の結果となった。また，住民投票でプルサーマル実施に反対が多数の結果となった刈羽村では村長が，経済産業省や東電の後押しを受け，住民との「対話集会」を2002年7月から頻繁に開催し，合意形成の仕切り直しを試みた。

ところが2002年8月下旬，柏崎刈羽原発の炉心を覆うシュラウドという部分に多数の亀裂が発見される。続いて8月29日，経済産業省の原子力安全・保安院は，東電の福島や新潟・柏崎刈羽の原発で1980年代から1990年代にかけ，水漏れ事故やひび割れなどの事実が報告されず，また隠蔽工作も行われてきたことを発表した。これに呼応して東電は，福島や柏崎刈羽の原発で実施する予定だったプルサーマル計画の延期を表明した。

その後，2002年10月までに報道を通じて明るみに出た事実によれば，米国ジェネラル・エレクトリック(GE)社の子会社で東電の原発の点検を担当してきたジェネラル・エレクトリック・インターナショナル(General Electric International Inc., GEII)社の日系米国人社員が2年前に，東電が原発のトラブルの隠蔽工作を指示していることを保安院に内部告発していたが，保安院は独自に調査せずに，内部告発者の身元を東電に伝え，告発者は解雇されていた。東北電力や中部電力，四国電力，日本原電など，他の電力会社の原発でも同様のトラブル隠しが次々と発覚し，東電と中電では原発の全号

機が再点検のため停止を余儀なくされた。不正の発覚に対し，新潟県や福島県はプルサーマル計画受け入れの事前了解を白紙撤回した。

　ただ，こうした事態を逆手にとり，経済産業省・保安院と電力業界は，従来の検査基準が厳しすぎて守ることができなかったという論理を展開する。検査基準の緩和は，2002年12月に国会で可決成立した電気事業法と原子炉等規制法の改正案，及び独立行政法人原子力安全基盤機構の設置法案で，実現した。前者の法改正は，電力会社が任意で行ってきた自主点検を法令で義務づけ，法的根拠を与えること，また多少の傷やひび割れが見つかっても，「科学的」に安全上問題がないとされれば原子炉の運転継続を容認する「健全性評価基準」（維持基準。省令で制定）の導入を主たる目的としている。また後者の設置法案は，自主検査の実施体制（組織，検査方法など）が適切かどうかを「第三者的な立場で」審査するための独立行政法人，原子力安全基盤機構を設置する法案である。しかし，これを構成することになる原子力発電技術協会などの3公益法人は，従来から国の定期検査の事業委託や電気事業者の自主検査の審査事業を行ってきたが，一連の不正を発見できていなかった。いずれにせよ，検査基準の緩和によって，原発の一層のコストダウンが可能になったのである。

　こうした動きに抗議するため，原子力資料情報室を中心とした市民グループは，全国から3180人の告発人を募り，原発の定期検査の虚偽報告を理由に2002年12月，東電への告発を新潟地方検察庁に申し立てた。ただ，この告発は受理されはしたものの，2003年10月に却下され，市民グループは12月に検察審査会に不服を申し立てた。

　しかし上記の法案成立にもかかわらず，長期的に商業用原発事業が採算を保障されたと言うには程遠い。電力需要が伸び悩み，電力自由化に伴うコスト削減を迫られる中で，関西，中部，北陸の3電力は2003年11月，石川県珠洲市に原発を共同で建設する計画の断念を決めた。この原発計画は，構想浮上から28年間も経過したが，なお賛否が対立し，建設の目途が立っていなかった。また新潟県巻町の原発建設計画をめぐり，笹口孝明町長が建設予定地内の町有地を反対派住民らに売却したことの適否が問われた訴訟（1

審・新潟地裁，2審・東京高裁）では，2003年12月18日に最高裁が上告を棄却し，建設推進派住民5人の敗訴が確定した。判決を受け，東北電力の幕田圭一社長は同日夜，「対象となった土地は炉心部分に非常に近い。用地を変更するとしても周辺には反対派住民の土地があり動けない。土地の強制収用も，この時代では難しい」と述べ，建設断念を示唆した[15]。新潟県の平山征夫知事も同日，「建設は事実上不可能になった。県は推進してきたが，撤回せざるをえない」と述べた。東北電力は2004年2月，巻原発の原子炉設置許可申請を取り下げ，3月末には同社の2004年度の電力供給計画から削除した。これを受け，国は要対策重要電源の指定解除の手続を進め，総合エネルギー対策推進閣僚会議が解除を了承した時点で，計画は完全に消えることになる。

　これで新設地点への原発立地は一層困難になっていることが浮き彫りとなった。政府は2001年に策定した「長期エネルギー需給見通し」の中で，2010年度までに10〜13基の原発を新たに建設する目標を定めていたが，2004年10月に改定した「見通し」では，2010年度の目標を4基程度に下げた。その背景には，電力需要の伸び悩みや，電力自由化に伴う新規参入事業者との競争，及び地域住民の反対運動が指摘されている[16]。

　さらに2004年8月9日，関電美浜原発3号機で，高温高圧の熱水が通っていた配管が破断し，噴出した蒸気を浴びた作業員11人のうち，5人が死亡するという大事故が起きた。破断部位は運転開始から27年以上，一度も点検されていなかった。またコストダウンのため，関電は検査を施工業者の三菱重工から，その子会社に切り替え，さらに検査期間を短縮するため，運転したままで数百人の作業員を原発に入れていたことが，大事故につながったとも言われている。一連の事故や不祥事は東電や関電の商業炉という原子力事業の中核で起きたため，原発の立地にも影響を与えるかもしれない。

　また核燃料サイクル政策に関連しては，2003年1月27日，名古屋高裁金沢支部はFBR「もんじゅ」に関して，設置許可を日本の原発訴訟史上初めて取り消す判決を下した。しかし最高裁は2004年12月，国側の上告を受理し，2005年3月に住民側と国側の双方から意見を聞く弁論を開く予定であ

ることを発表したので，高裁判決は覆される可能性もある。

　電力業界が大半を出資する日本原燃も2003年9月，同月に着手するはずだった六ヶ所村の再処理工場におけるウラン試験を次年度に延期した。これは再処理工場内に使用済核燃料を冷却保管するプールに291箇所もの不良溶接が見つかったことを根拠にしている。続いて2003年11月，電事連は，使用済核燃料の再処理・プルトニウム利用という現行の選択肢をとった場合，再処理やMOX燃料製造，高・低レベル核廃棄物の輸送・処分，使用済核燃料の中間貯蔵などの「後処理」（バックエンド）に19兆円もの膨大な額がかかるという試算を発表した（秋元2004）。再処理工場の建設延期と，後処理費用への税金投入を政府に求めていくための地ならしであろう。2004年6月から国の長計の見直し作業を進めていた原子力委員会の新計画策定会議は，10月，使用済核燃料を全量再処理する場合の費用（43兆円）よりも，地中に直接埋設する場合の費用（30～39兆円）の方が安いという試算を公表した。しかし，そう認めながらも，原子力委員会は11月12日，再処理路線の継続を決めた。エネルギー安全保障や環境適合性の観点から再処理路線が優れており，またほぼ完成してしまった再処理工場を廃止するとなれば，政策変更に伴う費用もかかるという理由であった。原子力委員会の決定を受け，日本原燃と青森県，及び六ヶ所村は11月22日，再処理工場のウラン試験に関する安全協定「周辺地域の安全確保及び環境保全に関する協定」を締結した。ウラン試験用の劣化ウランは12月20日から六ヶ所村に搬入された。

　中断していたプルサーマル計画についても，余剰プルトニウムを削減する必要があるため，電力業界は再開に向けて動き出している。2003年12月，電事連は，2010年度までに原発16～18基でプルサーマルの導入を目指す方針を再確認した。また経済産業省は2004年2月，プルサーマル計画を受け入れる自治体に，電源三法交付金を通常より手厚く配分する制度を2004年度から導入する方針を決めた[17]。2004年8月の美浜原発事故により，関電でのプルサーマル実施は当面困難となり，福島県での実施も同様だが，四電や九電などでの実施に向けた動きは続いていくことだろう。

ま と め

　1992年から政界再編が本格化する中，原発問題への関心は低下し，政権参加した社会党の政策転換は，反原発運動の旧来の基盤を弱体化させた。他方で，非自民連立内閣や自社さ連立の村山及び橋本政権下では，原子力政策に関する情報公開が進められ，政府・原子力推進派と反対派の対話も奨励された。また電調審による新規原発計画の承認も，実質的な凍結状態がしばらく続いた。しかし政党政治でのエネルギー政策論議は低調だった。

　状況を一変させたのは1995年12月に発生したFBR「もんじゅ」のナトリウム漏れ・火災事故と，事業者の動燃による不適切な対応であった。事故から間もない1996年1月，原発の集中する福島・新潟・福井3県の知事は連名で政府に対し，原子力政策の再検討と，国民各界各層の幅広い議論・対話を通じた合意形成を提言した。相前後して新潟県巻町では，条例に基づく住民投票が日本で初めて実施され，原発の立地に反対の意見が多数を占めた。

　これに対し，橋本政権は，円卓会議の設置や情報公開の拡大，環境アセスメント法制化などの対応を打ち出した。しかし政策決定過程に原子力批判が反映されるようになったわけではなく，その後は自民党の復調を追い風に，従来通りの原子力政策を維持しようとする動きが強まっていった。1996年10月の衆院選では，新たに結成された民主党が選挙前の勢力を維持したにとどまり，社民党は弱小勢力へと転落した。羽田内閣期の旧連立与党が中心となって結成した新進党も1997年末に解党した。1996年11月に発足した第2次橋本内閣では社民党とさきがけが閣外協力に転じ，自民党は1997年9月に衆議院での単独過半数を回復する。

　その間，1997年3月に動燃の東海再処理工場で火災が発生し，動燃は再び不適切な対応を示したため，原子力推進者は動燃を核燃料サイクル開発機構に再編して危機を収拾しようとした。また橋本政権が決定した省庁再編では，省に昇格する環境庁に放射能の監視・測定の権限が与えられはしたものの，文部科学省に統合される科技庁の許認可権限の大半は，通産省を強力に

した「経済産業省」に移管されただけで，原子力行政における「推進」と「安全規制」を担う組織は分離されないままとなった。

しかし1999年9月，高浜原発向けMOX燃料の検査データ捏造事件が発覚し，また同月末には核燃料加工会社，JCOの東海村の再転換工場において，違法な燃料加工作業から臨界事故が発生する。原子力政策に対する国民の不信感は再び高まり，これまで原子力産業に依存してきた自治体でも原子力批判が公然化するようになる。なかでも2000年2月，三重県の北川知事は芦浜原発計画の白紙撤回を中部電力に求め，また福島県の佐藤知事は2001年2月，福島第1原発でのプルサーマル実施を当面受け入れない考えを表明した。さらに刈羽村では2001年5月，プルサーマル実施受け入れの是非を問う住民投票が行われ，反対意見が多数を占めた。プルサーマル反対運動には東京や関西のNGOや市民グループも積極的に関わった。

その間，自治体や市民による再生可能自然エネルギーの導入が急速に拡大し，産業界の一部からの後押しも受けるようになった。こうした中，ドイツなどで風力発電の急速な普及をもたらした「自然エネルギー促進法」の制定を求めて，市民団体や超党派の議員連盟が発足し，また自然エネルギーの利用を通じた町づくりを進めるため，同促進法案の早期成立を求める地方議会も多数現れた。さらに自助型運動として，生活クラブ生協北海道を母体に設立された市民団体による「グリーン電気料金」の試みも現れた。

このように自然エネルギー促進を求める動きは従来の原発反対・推進の図式を越えた広がりを見せるようになった。しかし「促進法案」は結局，自民党内の抵抗により国会提出に至らず，むしろ電力業界や公共事業に権力基盤を置く自民党の議員を中心にした原発推進派の方が，原発推進法案を次々に国会で成立させた。そこには，高コストの商業用原発事業の継続に伴う経済的・社会的費用を消費者に負担させる，官民間の第2の利害調整様式も確認できる。

このように支配的連合が盛り返してきた背景には，政治情勢を見ることができる。自民党は参議院も含めた多数派確保に腐心し，特に公明党と連立政権を組むようになった。森首相の不人気で一時低迷したものの，自民党は

2001年4月の小泉政権誕生で復活し，また公明党は連立の枠組みを重視する傾向を強めた。さらに民主党は旧民社系や保守系の議員の主導で政府提出法案の審議開始にたやすく応じるようになった。一連のエネルギー関連法案に一貫して批判的だった社民党と共産党が，現在の政治情勢の中で周辺的な存在に追いやられている。

　こうして脱原子力の政治勢力が衰退する中，原子力政策の実施段階における唯一有力な歯止めとなっているのは，依然収まらない事故や不祥事の発生である。2002年8月からは，東電などの原発で水漏れやひび割れなどの事実が報告されず，隠蔽工作も行われてきたことが明るみに出た。こうした事態を逆手にとり，経済産業省と電力業界は商業用原発の「厳しすぎる」検査基準を緩和する法改正を実現させた。しかし2004年8月には関電美浜原発で作業員が死亡する事故が起き，プルサーマルの実施は当面困難となった。また電力業界は六ヶ所村の再処理工場の運転開始に対する消極姿勢を強めており，原子力委員会も再処理路線が使用済核燃料の直接処分より高コストであることを認めたが，当面は再処理路線が継続される見通しである。

1）　1993年頃に情報公開が一定の進展を見せた背景として，野村(1999, 956頁)は4つの要因を指摘している。第1に，「あかつき丸」によるフランスから日本へのプルトニウム海上輸送に際して，日本政府が見せた秘密主義が，国内外から強い批判を集めたことである。第2に，冷戦終結に伴う国家の威信低下を背景に，自治体による政府決定への不服従が顕在化したことである。第3に，情報公開法制定を目的の一つとした行政改革委員会設置法が1994年11月に成立するなど，情報公開が本格的に国政の課題となったことである。第4に，1997年の「特定非営利活動促進法」(NPO法)制定に至る，市民セクターの活動の高まりがある。
2）　対照的に公正取引委員会は国家行政組織法3条に基づく行政機関として強い権限を持つ。
3）　「原子力安全行政の組織改編　『不信』払しょくへ根本見直しが必要　規制部局の中立図り『安全主流』をめざせ」○○4一五七七1。
4）　「データねつ造でプルサーマル危機」○○3六三四1。
5）　2000年7月には議論の主導権を取り戻すため，通産省は総合エネルギー調査会需給部会から原子力批判派と電力業界代表の両委員をともに一時締め出している。
6）　知事の決断の背景には，東電が2月上旬，過剰な設備投資への懸念から各地での発電所計画の削減を打ち出し，福島県内では火発の建設計画を凍結したため，電源三

法交付金が落ちなくなることに知事が反発したからだ，という見方もある。またプルサーマルの実施は原子力施設の建設と異なり，交付金給付の対象ではなかったことも一要因ではあるだろう。しかし，その後の知事による政策見直しへの力の入れ方を見れば，そうした見方はいささか皮相と言えよう。

7)「福島第一原発プルサーマル　知事，来夏まで認めず　核燃サイクル放棄勧告も」〇一三一六〇七。

8)「自然エネルギー発電促進法　早期成立を　50自治体が決議・意見書」朝日（北海道版）2000年4月12日, 26面。

9)「自然エネルギー普及へ電力基金」道新〇〇9一三四九1。

10)「グリーン電力基金の助成　遠別の風力発電に」道新〇一4五〇四5。

11)「原発措置法，スピード成立」〇〇12二九九7。「それでも原子力が欲しい？　臨界事故で，逆風のエネルギー政策　柏崎刈羽　振興策の拡充を求める」朝日（北海道版）2000年6月11日, 4面。「エネルギー政策　自民ぎくしゃく　自然エネ法案に原発派難色」日経〇〇5四六七3。桜井新は2000年8月の衆院選で落選したが，2001年7月の参院選で当選している。

12)「原発の利用　拡大後押し　自民小委原案　エネルギー基本法」〇〇11一五八五10。

13)「原発特措法　修正案で合意のはずが翌日『反対』　民主，また『朝令暮改』」〇〇12四2。

14) 電力総連（全国電力関連産業労働組合総連合）は，1993年に電力労連と関連産業の労組との統合によって発足した。

15)「巻原発建設断念へ　用地訴訟　推進派敗訴で」〇三12一〇一三1。

16)「原発新・増設半減へ　政府計画　10年度まで4〜6基に　電力需要伸びず」〇四2月一一〇五1。

17)「プルサーマル　受け入れ自治体優遇　来年度から電源交付金を加算」〇四2五六一2。この制度によると，電力会社がプルサーマル計画の受け入れを地元に申し入れた翌年から5年間，県と立地市町村への交付金を年間2000万円ずつ積み増す。また地元が同計画の受け入れを決め，電力会社がMOX燃料を使用して実際に発電した場合は，交付金単価を3倍にして交付額を増やす。さらに，使用済核燃料を原発敷地内に貯蔵する際，1t当たり40万円が立地市町村に交付されてきたが，これにMOX燃料分の1t当たり40万円を上乗せして支給する。高浜原発の4基全てでプルサーマルを実施するなら，合計で年間2億円程度の増額となるという。

第8章　政治過程の力学

第1節　支配的連合の利害調整と問題構造

　本章では各章の記述のまとめを踏まえ，第1章で述べた5つの仮説を検討したい。第1の仮説は，支配的連合の利害調整様式が，主に核燃料サイクル連鎖の論理と利潤確保への応答として形成され，原子力政策を規定し続けてきたというものである。これが正しければ，原子力事業の大幅な縮小のような根本的な政策転換が支配的連合から内発的に打ち出される可能性は将来的にも低いだろう。このことを原子力政治過程の概観によって確認してみたい。

　日本の電力業界は早くから原子力事業に積極的であったが，これは政府の原子力政策が早くから，基礎研究に伴う技術的不確実性や追加費用を迂回して，外国技術の導入路線を選択したことから説明できる。原子力発電業界には棲み分けに基づいた発展が保障され，各原子力産業グループは特定の電力会社との間に安定した受注関係を形成するようになった。外国技術の導入路線は，日本初の商業用原子炉(東海原発)の建設で決定的となり，事業主体としては論争の末，通産省系の準国営電力会社・電発が2割，電力業界を中心とした民間企業が8割を出資する日本原電が設立される。この事例を通じて，比較的短期間に利潤が期待される事業分野では，民間企業が優越し，国は利潤を保障するための諸制度の整備や財政的補助を行うという，官民間の第1の利害調整様式が確立した。

　やがて1960年代以降，電力業界と通産省の関係は，電気事業再編をめぐ

る両者の懸案解消や，公害や原発に反対する運動の活発化，石油危機による経営環境の悪化を契機に密接となり，「護送船団方式」の性格を強める。特に「レートベース方式」による事業報酬算定に基づく電気料金制度の確立を通じて，膨大な設備投資を伴う原発事業が優遇されるようになった。こうして，原発事業の投資リスクを電気料金への転嫁を通じて社会化し，企業に利潤を保障するという，官民間の第2の利害調整様式が形成された。

電力会社が安価な海外ウランの開発や輸入に乗り出すと，ウラン鉱開発を主任務として設立された原燃公社は廃止され，また原研は共産党系の労働組合に対する規制を機に，研究開発権限が縮小された。その代わりに1967年，高速増殖炉(FBR)と「新型転換炉」(ATR)の並行開発や，核燃料や核廃棄物に関係する研究開発を担当する半官半民の特殊法人として，動燃が設立された。これに伴い，実用化が遠いか社会的費用が絡み，投資のリスクが高い事業分野では，国家が事業責任と財政負担の大部分を担い，その限りで国産技術の開発が産業界によって黙認されるという，官民間の第3の利害調整様式が確立した。

こうして形成された利害調整の3様式は，いわば政策遺産となり，その後も原子力事業を取り巻く情勢の変化に応じた，支配的連合内部での利害調整を規定し続けている。例えば原発反対住民運動の登場と，第1次石油危機勃発という新たな情勢に対応して制定された電源三法は，原発立地対策に伴う電力会社の費用を消費者に負担させる仕組みであり，第2の利害調整様式を踏襲していた。

またカーター政権の下で強化された米国の核不拡散政策や第2次石油危機という新たな国際環境に対応して，通産省は原子力分野での対米自立化政策を追求したが，例えばカナダ重水炉導入の試みのように，そこに経済的メリットを見出さない電力業界の消極姿勢の前に挫折する。ここでも，実用化に程遠い技術開発事業は国費でまかなう限りで民間に黙認されるという第3の利害調整様式が確認できる。同じことは，ATRの商業化を電力業界が拒否した事例にも見られる。

第2次石油危機後の原子力政策はむしろ，経済成長の低迷や財政上の限界

を背景に，主に電源三法の拡充という手段で追求された。特に科技庁は，FBR開発など，巨額の原子力開発費に充当するための「電源多様化勘定」を獲得した。これもまた，原発事業に伴う費用負担を社会化する第2の利害調整様式に沿っている。

この時期に計画の具体化が本格化した民営再処理工場建設の事例も，利潤の期待される事業分野は民間に委ねるという第1の利害調整様式と，表面的には合致する。しかし大蔵省は再処理工場が商業炉の付随施設であるという見解を出していたものの，再処理事業は不採算部門でしかなかった。にもかかわらず，電力業界が国内再処理工場建設の費用負担を求める国からの圧力に抗し切れなかった理由は，核燃料サイクル連鎖の論理から説明できる。使用済核燃料は再処理しなければ，そのまま高レベル核廃棄物になるので，その中間貯蔵か最終処分のための施設を建設しなくてはならない。しかしそうした施設を建設する目途が立たない以上，再処理に回して問題が先送りされてきた。ところが再処理は国内実施の原則があり，また原発設置許可申請書の中でも原発事業の継続に十分な国内での再処理能力を証明する必要があった。このため国内での大型の再処理工場建設が必要となったが，石油危機後の財政難の時代，巨額の建設費用を国家のみでまかなうことは困難であった。電源多様化勘定による費用負担の社会化にも限界があり，原発事業の受益者としての電力業界による費用負担は避けがたくなった。ただ，それと引き換えに，電力業界は，より安価な海外再処理委託の本格化を許された。

1995年にFBR「もんじゅ」の事故が起き，プルトニウムの使い道に目途が立たなくなると，特に再処理の必要性が疑問符をつけられるようになる。ただ，電力業界は再処理工場建設を名目に，それに付随する施設として使用済核燃料の保管プールや低レベル核廃棄物の施設の建設を青森県と六ヶ所村から確保していた。このため電力業界は，莫大な費用のかかる民間再処理工場の運転開始には消極的でも，再処理の停止をにわかには打ち出すことができない。従って電力業界と政府との新たな利害調整が決着するまでは，英仏への再処理委託は続行され，FBR開発の旗も下ろせない。しかしそれでは核兵器材料となるプルトニウムを余分に保有することになる。そこで政府と

電力業界は，軽水炉でプルトニウム燃料を消費するプルサーマル計画の実施を選択したのである。それでも電力業界は，電力自由化という世界的な市場経済化の潮流に対応して，再処理工場建設のような不採算部門からの撤退を打ち出す機会をうかがっている。

　再処理工場の運命とは別に，いずれにせよ不可避となる核廃棄物の最終処分に関しては，2000年に，費用負担を社会化する法律が成立した。また原発立地促進策を電源開発特別会計以上に拡大し，一般会計からの国庫補助を可能にする「原発特措法」も，同じ年に可決成立した。これらは第2の利害調整様式に対応している。さらに2002年8月末からの東電に始まる一連の不正検査発覚を逆手にとり，経産省は従来の検査基準が厳しすぎるという論拠で，機器に多少の損傷があっても原発の運転継続を許して稼働率の向上とコストダウンを図るための電気事業法改正案をつくり，これは同年12月に国会で成立した。これも商業用軽水炉事業からの利潤を保障するために国家が介入するという，第1の利害調整様式に沿っている。

　以上の経過が示すように，原子力政策領域における重要な制度整備のたびに，支配的連合内部の利害調整は3種のパターンに沿って行われてきた。これに対し，原子力立地に伴う環境及び安全上のリスクが地方に，便益が電力大消費地の都市や工業地帯にと空間的に不平等に分布している問題構造は何ら本質的に解決されてこなかった。ただ，使用済核燃料ないし核廃棄物の処理処分問題の検討を迫られるようになった1970年代末以降になると，利害調整は核燃料サイクル連鎖の論理の制約を受けるようになった。しかし，その枠内で，なおも商業用原発事業の継続を可能にするための制度整備が，依然として行われている。今後も根本的な政策転換が支配的連合から内発的に打ち出される可能性は低いと言わざるをえない。

　例えば莫大なコストから電力業界の消極姿勢が強まっている，六ヶ所村で建設中の再処理工場の運転開始についても，いずれは支配的連合内で新たな妥協がなされることだろう。もし再処理から完全に撤退すると，再処理工場の建設資金として電気料金から無課税で積み立ててきた再処理引当金2兆円への課税，6000億円の負担が電力業界にのしかかってくる。そこで電力業

界(日本原燃)はできるだけ再処理工場の運転開始時期を延期するだろう。場合によっては，プルトニウム路線を推進してきた国の顔を立てて形だけ運転開始に持っていくが，プールや配管の水漏れ事故や技術的問題を理由に，ほとんど稼動させないかもしれない。日本原燃は再三にわたって六ヶ所再処理工場のプールの水漏れとその原因の不解明を発表し，ウラン試験実施を先延ばししてきたからである。他方で再処理工場の建設を放棄すれば，玉突き的に使用済核燃料の行き場がなくなるので，青森県むつ市や，原発立地県に中間貯蔵施設の建設を打診している。その交換条件として，電力業界は2003年3月，原発敷地内での20〜30年間の保管に地元自治体が新規課税として「使用済核燃料税」を導入することを容認した。また政府は，再処理計画の縮小を打ち出すだろう。

　その一方で，余剰プルトニウムを消費するため，政府と電力会社は，プルサーマル計画は実施しようとするだろう。また，核廃棄物の処分費用を削減するため，放射線が一定のレベルより低い廃棄物は通常の産業廃棄物として処分してよい，という方針を，経済産業省は2004年5月に決めている。これは核廃棄物の「クリアランス・レベル」の設定，俗に「すそ切り」と呼ばれている。原子力推進者のみに政策決定を委ねている限り，このように市民の健康に重大な影響を及ぼしかねない決定も，人知れず行われてしまう。

　しかしながら，こうした内部的利害調整が長期的にどこまで維持可能かはわからない。これまでの原子力政治過程でも，外部から様々な形の警告や異議が発せられてきた。そうした外部要因が支配的連合の対処能力を越えた危機をもたらすなら，政策転換の前提条件を生み出す可能性があるだろう。

第2節　抗議運動と促進的事件の効果

　本稿の第2の仮説は，原子力事故・不祥事やエネルギー・経済情勢，世論の変化，及び全国政治情勢という4種の促進的事件で，原発計画の執行抑制が説明可能だというものであった。また，第3の仮説は，署名・請願のような穏健な活動でも，多数の参加者を動員し，動員の質的拡大へと発展できれ

ば，やはり原発計画の遅延をもたらす効果を持つというものであった。これらの仮説を検証するため，表8-1に，原子力政治過程の構成要素をまとめた。その際，第1章で「批判勢力と受益勢力の分化形成期」とした時期を原水爆禁止運動の分化期(第1期，1954-67年。表8-1では割愛)と反原発運動形成期(第2期，1966-74年前半)に分けたほかは，第1章の区分に従い，運動確立期(第3期，1974年後半-78年)，対決期(第4期1979-85年)，ニュー・ウェーブの時代(第5期，1986-91年)，政界再編期(第6期，1992-98年前半)，及び社会対立再編期(第7期，1998年後半-2004年)に分けた。

まず促進的事件に関する仮説を検討したい。以下では各時期について，4種の促進的事件を指摘し(**事故・経済・世論・政治**と表記)，その政治的効果は表8-1に○△×の記号で評価している。これを電調審による原発計画の承認数と比較してみる。

第1期に発生した「第五福龍丸」被爆事件(**事故**)は，原水爆禁止運動の台頭をもたらしたが，原子力の民生利用に反対する勢力を直接生み出したわけではなかった。分裂していた保守勢力は自民党に合流して安定した保守政権をつくり(**政治**)，高度経済成長を追求していく頃であった(**経済**)。保革両勢力はいずれも原子力を推進し，国民の間にも核の軍事利用に対する拒絶姿勢とは対照的に，原子力の民生利用に反対する意見はほとんどなかった(**世論**)。

しかし**第2期**に入ると，東西対立や中ソ対立を背景に原水爆禁止運動が3党派系列に分裂した中で，「いかなる国」の核実験・保有にも反対する原水禁が，原子力にも反対するようになった。その契機は，米軍の原子力軍艦による日本の港湾の基地化や放射能汚染の問題であり(**事故**)，そこに原水禁は，公害反対運動と平和運動を結ぶ大衆運動の可能性を見出した。原水禁を先兵として，やがて社会党・総評ブロック全体が反原発の陣営の有力な構成要素となった。同じ頃，原発立地に反対する住民運動も，全国的な公害反対運動の高揚と米国の軽水炉安全性論争に触発された批判的科学者の支援を受けるようになった。しかし世論全般においては，石炭火力の方を公害発生源と見なす傾向の方が強く，原子力批判世論は絶対的少数派(総理府世論調査で5％)にとどまっていた(**世論**)。第1次石油危機の発生は，インフレと不況の

中で原発建設への設備投資を鈍化させはしたが，輸入石油への経済的依存に対する危機意識も高め，原子力推進論の説得力を強めた(**経済**)。ただ 1970 年代には高度経済成長の限界が環境や生活の質，及び財政の面で明白となり，自民党の支持率は低下した。中央では与野党伯仲の傾向が強まり，自治体政治では革新自治体が台頭した(**政治**)。しかし全体的に第 2 期は，石油危機の衝撃が大きく，原子力推進に有利に働いたと言えるだろう。これは電調審による大量の原発計画の承認と符合する。

　これに対し，**第 3 期**には，1974 年夏の原子力船むつ「漂流」事件(**事故**)が，派手に報道されて世論に強く印象づけられた。この事件と，石油危機を理由に電気料金値上げに踏み切った電力業界に対する批判から(**経済**)，反原発の立場に立つ消費者運動も登場し，原水禁や公害反対市民運動，批判的科学者とともに大都市での反原発市民運動を形成するようになった。むつ事件の効果はまた，自民党政治の危機の本格化によって増幅されたと考えられる(**政治**)。1974 年 7 月の参院選で自民党は敗北し，参議院でも「保革伯仲」状況が発生する。また秋には田中首相の「金脈問題」が世論の強い批判にさらされ，田中内閣は退陣に追い込まれる。さらに三木内閣下ではロッキード事件で田中角栄が逮捕され，自民党を離党した議員が新自由クラブを結成した。ただ，「むつ」の事件は科技庁の管轄下で，かつ原子力開発にとって周辺的な事業で起きたため，原子力の推進に反対する意見の増加は限られていた(総理府調査で 15%)。またカーター政権下での米国核不拡散政策の強化も，一般市民の関心を引かず，日本の原子力政策の方向性を変えたわけではない(**世論**)。全体として第 3 期は原発承認数の減速に寄与する事件の優勢で幕を開けたが，その否定的効果は原子力行政体制の手直しで克服され，景気回復とともに第 3 期末には原発の大量発注の再開に帰着する。

　しかし**第 4 期**になると，1979 年 3 月の米国スリーマイル島(TMI)原発事故の発生と(**事故**)，1980 年からの公開ヒアリングの実施が，反原発運動を勢いづかせる。しかし第 2 次石油危機後で経済は再び低成長が基調となり(**経済**)，緊縮財政や公務員削減，労使間関係の再編を基調とする新自由主義が台頭する。政治状況は 1979 年の統一地方選挙で決定的となった革新自治

表 8-1　日本の原子力政治過程

時代区分	第 2 期		第 3 期		第 4 期	
	1966 年-74 年前半		1974 年後半-78 年		1979 年-85 年	
時代の特徴	運動形成期		運動確立期		対決期	
1．促進的事件	（× 逆効果 ； △ 弱い効果 ； ○ 強い効果）					
(1)原子力事故など	米国原子力軍艦寄港	△	むつ漂流(74 年) (米核不拡散政策)	○	TMI 原発事故(79 年)	○
(2)エネルギー・経済情勢	好況・公害・石油危機	×	不況→景気回復	△	石油危機(79-82 年)	×
(3)反原発世論	5 ％	×	15 ％	×	20-35 ％	△
(4)全国政治情勢(＊) 衆院自民議席率 参院自民議席率	佐藤・田中政権 62 ％(69 年)， 58 ％(72 年) 54～55 ％(68，71 年)	×	三木・福田政権 51 ％(76 年) 50 ％(74，77 年)	△	大平・鈴木・中曽根政権 51 ％(79，83 年) 56 ％(80 年) 55 ％(80，83 年)	×
2．運動戦術						
(1)代表的なキャンペーン	芦浜原発 伊方訴訟 福島公聴会阻止		むつ 柏崎 (訴訟・阻止行動)		ヒアリング阻止闘争 太平洋核廃投棄 反対署名	
(2)急進性／動員力	在来・対決／小		在来・対決／中	△	対決・署名／中	△
3．脱原子力の主体	（― ほとんどなし ； △ 弱い連携 ； ○ 有効な連携）					
(1)社会的(地方) (2)社会的(全国) (3)政治的(地方) (4)政治的(全国)	住民・漁協 ― 社・共 社会党	△ △ △	― 市民運動 ― 社会党	 △ △	― 総評 ― 社会党	 ○ ― △
4．紛争管理	電源三法 情報公開・安全協定 公聴会開催		原子力安全委設置 ヒアリング導入 アセス法制化阻止		ヒアリング形骸化 警備強化 特別交付金創設	
5．政策帰結						
(1)電調審の原発承認	多数承認 21/8.5＝年 2.5 基		減速→多数承認再開 12/4.5＝年 2.7 基		多数承認 13/7＝年 1.9 基	
(2)核燃料サイクル	東海再処理工場建設		東海再処理工場建設		核燃基地計画着手	

＊　自民議席率は選挙後の若干の異動も含めた数字で，石川 2004 に基づく．少数点以下は四捨五入．

第 5 期		第 6 期		第 7 期	
1986 年-91 年		1992 年-98 年前半		1998 年後半-2004 年	
ニューウェーブ期		政界再編期		社会対立の再編期	
輸入食品汚染(87年) (チェルノブイリ86年)	○	ロシア海軍の日本海核廃不法投棄(93年) 仏核実験(95年) もんじゅ事故(95年) 東海再処理事故(97年)	○	MOX捏造発覚(99年) JCO臨界事故(99年) 浜岡原発事故(01年) 東電不正発覚(02年)	○
バブル経済・湾岸危機	△	不況	△	不況・対イラク戦争	△
41-53 %	○	44 %	△	42-48 %	○
竹下〜海部政権 59%(86年), 56%(90年) 58%(86年), 44%(89年)	△	細川〜村山・橋本政権 45%(93年), 48%(96年) 43%(92年), 44%(95年)	○	小渕・森・小泉政権 49%(00年, 03年) 41%(98年), 48%(04年)	×
伊方出力試験反対 泊道民投票条例 脱原発法 六ヶ所核燃基地 R-DAN		あかつき丸 住民投票(巻)		住民投票(刈羽) プルサーマル 自然エネルギー促進法 北海道グリーンファンド	
署名・示威／大	○	在来・署名／中	△	在来・署名／中	△
農協 生協・都市・労組 社・共 社会党	△ ○ △ △	住民 NGO 県知事 —	○ △ △ —	住民 NGO・住民運動 県知事 自然エネ促進法議連	○ ○ ○ △
大規模広報活動		情報公開 円卓会議 動燃改組・省庁再編		原発推進諸法案 グリーン電力基金 原発検査簡略化	
5．政策帰結					
承認減速→ゼロ 5/6＝年 0.8 基		少数承認 4/6.5＝年 0.6 基		少数承認 5/6.5＝年 0.8 基	
核燃基地建設		核燃基地建設		プルサーマル延期	

体の凋落や，1980 年衆参同日選挙での自民党大勝など，保守回帰を特徴とするようになった(**政治**)。また TMI 原発事故は，日本でも事故が起きうることへの認識は高めたが，事故の被害は日本には及ばず，第 2 次石油危機の発生も，原子力推進論の説得性を再び高めた。このため反原発世論の若干の増加も一時的にとどまった(**世論**)。全体として第 4 期は，原発事故の短期的効果を除くと，原子力推進に有利な促進的事件が優勢であった。これに符合するように，電調審による原発計画の承認は 1979 年から一時的に滞ったものの，1981 年からは大量発注が再開された。

ただ，第 4 期を通じて反原発世論は着実に増加し続ける(20 から 35％へ)。その背景には，脱物質主義的な価値観が，2 度の石油危機の克服と景気回復，さらにバブル経済に向かう中で，右肩上がりの経済成長や科学技術の無制限の発展に対する懐疑・反省として，大衆レベルに浸透してきたことが指摘できる(**経済**)。こうした価値変動を背景にして**第 5 期**に起きたチェルノブイリ原発事故は，輸入食品汚染の形ではあるが，放射能の影響を日本国内に及ぼした(**事故**)。食品の放射能汚染の問題は，原水爆禁止運動の台頭以来，強い動員潜在力を持っており，子供を持つ主婦層の不安をかきたて，原子力問題の当事者性を実感させた。台頭してきた高学歴の主婦層は，時間的余裕を活用して生協活動や市民運動に積極的に参加するようになり，新しい反原発運動の中心的な担い手となった。1980 年代前半を通して，原発の一層の推進に反対の世論が次第に増加し，女性の間では早くも 1984 年末に，男性の間では 1988 年に多数派に転じた(**世論**)。こうした中で，1988 年春，四電による伊方原発の出力調整試験を契機に，新しい動員の波が劇的に表面化する。加えて，社会党は 1986 年夏に誕生した新しい女性党首の下，女性票や，生協運動などからの女性候補者の発掘に努め，労働運動の外に支持層を広げ，思いがけない復活を享受した。また基本政策の現実路線化にもブレーキをかけたため，反原発運動に追い風となった。さらに自民党政権は，1986 年夏の選挙では大勝したが，その後，消費税導入問題で世論の激しい抵抗に遭い，1988 年から 1990 年にかけての時期にはリクルート事件など不祥事続きで再び大きな危機に陥った(**政治**)。こうして第 5 期には脱原子力の運動に有利な

促進的事件が重なったため，電調審による原発計画着手の承認が長期にわたって停滞したと考えられる。第5期の終わりには湾岸危機が起こったが，1990年秋の反原発世論は過去最高の水準(53%)となった。

続く**第6期**では，バブル経済の崩壊や(**経済**)，自民党の野党転落(**政治**)が，原子力推進に不利に働いたものの，運動の動員は顕著に低下した。プルトニウム輸送船の大がかりな追跡や，日本海へのロシア海軍による核廃棄物不法投棄の暴露，南太平洋におけるフランス核実験反対運動など，国際環境NGOグリーンピースによる一連の活動も，原発問題への社会的関心を高めるには至らなかった。しかし，1995年末のFBRもんじゅの事故や，1997年春の東海再処理工場の事故で，反原発の世論は再び増加した(**事故・世論**)。

第7期には，経済状況は一層悪化し，電力需要の低迷や電力市場の部分開放は原子力にとって逆風となっている(**経済**)。また原子力事故や不祥事が，原子力事業の中枢部分で続発し，動燃など事業者による不適切な事故対応も政治的効果を大きくした。1999年9月にJCO臨界事故，2001年秋に中電の浜岡原発事故があり，2002年には東電を皮切りに，電力各社の原発で次々と不正検査が発覚し(**事故**)，反原発世論(40%台)の優位は固定化した(**世論**)。にもかかわらず，電調審による原発計画承認はスローペースだが再開された。その要因は，自民党の復調に求められよう(**政治**)。非自民連立政権から保革連立政権，保革の閣外協力を受けた自民党政権，自民党と公明・保守党の右派連立政権へと，自民党は徐々に復活してきた。ただ，新規計画地点では，芦浜や巻，珠洲の原発計画は撤回され，大間や上関のように電調審の承認は得ても，土地買収を完了できずに立往生するものも出てきている。政府の原発建設目標も2001年までに20基の規模から，2004年10月現在，約4基へと縮小された。また，2004年8月の美浜原発事故は，老朽原発の運転継続に黄信号をともしたが，今後の原発建設計画にも影響を及ぼす可能性もある。核燃料サイクル政策に目を転ずると，電力会社もプルサーマル計画実施を延期し，再処理工場の運転開始も躊躇している。こうした政策の後退は，経済事情に加え，国内の中核的な施設や企業での発生という，原子力事故・不祥事の性格変化で説明がつくだろう。

次に，運動の動員力に関する仮説を検討したい。運動の動員力は表8-1では大中小（○△−）で示し，運動戦術の支配的な傾向も付記してある。動員力が小さかった第2期に原発計画の大量承認があったことは符号する。第5期にはデモなどの穏健な非在来型行動への参加者が多く，史上最大の反原発デモも1988年に行われたが（表8-2），それ以上に署名運動が爆発的な動員力を示し（1988年に約257万人，1990年に約284万人），原発発注は長期停滞に陥っている。これに対し，第3，第4期は署名運動の動員力が1981年に約45万人で中規模にとどまったが，非在来型行動は第5期（1988年の約4万6000人）と同程度の動員力を示し（1981年に3万9000人），うち対決型の抗議行動が5300人で比較的高い比率を占めた（205頁図6-2）。しかし第3，第4期には電調審による原発の大量発注に帰着している。

　ただ，年間4万人程度の非在来型行動への動員規模は，絶対数としてはさほど大きいとも言えない。個別のデモについても，表8-2を見ると，日本の反原発運動における大規模デモの10位までのうち，3件は原子力船むつ佐世保闘争（第3期），4件は公開ヒアリング闘争（第4期）の一環として行われているものの，その絶対規模は5000人から1万人で，ドイツの1/5，フランスの半分程度でしかなかった。従って，やや急進的だが動員力が中規模の第3，第4期に原発が大量に発注され，デモへの動員も高揚したが署名運動が爆発的動員力を示した第5期に原発発注が長期にわたる停滞に陥ったことは，矛盾してはいない。

　また，効果が低いと見なされがちな署名運動も，大規模動員の効果は否定できない。もちろん運動は戦術の有効性についての学習過程を経ていくので，時代的文脈を度外視して大規模のデモや署名運動へ回帰すれば効果が大きいとは言えないだろう。また，より急進的な抗議行動が大規模な動員を実現できれば，一層大きな効果をもたらす可能性はあるが，日本の過去30年の政治文化を見る限り，現実的ではない。ただ，動員の爆発的な量的拡大は，動員基盤の質的拡大を伴いうる。第3期や第4期における運動の動員力の弱さは，労組や住民運動の外に動員基盤が広がらなかったという質的限界に読み替えることもできる（第3節参照）。

表 8-2　最大規模のデモ上位 10 位の比較

	フランス		西ドイツ		日本(キャンペーン)		
1	1977 年 7 月	60,000	1979 年 10 月	150,000	1988 年 4 月	20,000	原発止めよう一万人行動
2	1980 年 5 月	40,000	1979 年 3 月	100,000	1989 年 4 月	10,900	六ヶ所村核燃基地反対
3	1975 年 4 月	25,000	1981 年 2 月	100,000	1975 年 10 月	10,000	むつ佐世保闘争
4	1976 年 7 月	20,000	1977 年 2 月	60,000	1978 年 10 月	10,000	むつ佐世保闘争
5	1979 年 5 月	20,000	1977 年 9 月	50,000	1982 年 7 月	10,000	もんじゅヒアリング闘争
6	1971 年 7 月	15,000	1986 年 5 月	50,000	1981 年 12 月	7,900	泊 1, 2 号ヒアリング闘争
7	1979 年 6 月	15,000	1986 年 6 月	50,000	1981 年 8 月	7,500	巻ヒアリング闘争
8	1991 年 1 月	15,000	1986 年 10 月	50,000	1977 年 2 月	5,000	むつ佐世保闘争
9	1987 年 5 月	10,000	1986 年 6 月	40,000	1990 年 4 月	4,600	泊 2 号核燃料搬入阻止闘争
10	1972 年 5 月	10,000	1985 年 10 月	40,000	1982 年 7 月	4,500	玄海 3, 4 号ヒアリング闘争

独仏(Rucht 1994 p.459)のデータは 1970-92 年，日本は 1966-91 年。

　第 6 期及び第 7 期については，抗議行動のデータを作っていないので，推定以上のことは言えないが，抗議運動の動員力自体は明らかに低下しており，原発計画の停滞は，むしろ促進的事件で説明がつくと言えよう。そこで，促進的事件の効果と抗議運動の動員力を併せて考察してみると，前者の観点で反原発に不利な情勢が支配的だった第 2 期に動員力が小さく，有利な事件もあったが不利な情勢の方が優勢だった第 3，第 4 期に動員力が中規模，反原発に追い風となる情勢が優勢となる第 5 期に動員力が大きかったことは符合すると言える。従って，促進的事件が動員の拡大を促し，それが政策帰結に影響を及ぼすという政治過程の流れが想定できる。

　また第 6，第 7 期には，運動の量的な動員力は低下したものの，質的拡大はあったので，そのことが原発計画の停滞に影響を及ぼしていると考えることもできる(次節参照)。

　こうして電調審による原発計画の承認数の推移は，4 種の促進的事件と運動の動員力の相乗効果でおおよそ合理的に説明が可能である。国や電力会社が，原発推進路線の維持を前提の上で，政治的な逆風時は原発発注を控え，順風時に発注を再開してきたためであろう。

　しかしこうした執行抑制以外にも，様々な紛争管理が駆使され，対抗主体の台頭を牽制してきた。そこで今度は，支配的連合からの譲歩の度合いを示

表 8-3　脱原子力の主体と紛争管理の関係

中心的主体	時期	政権の性格	主な紛争管理の型と方向性
漁協・住民運動	2期	自民(穏健派)	物質的(譲歩)
労組・住民運動	3期	自民(穏健派)	手続的(譲歩)
労組・住民運動	3期	自民(穏健派)	機構再編
労組	4期	自民(右派)	手続的(閉鎖)・抑圧的
生協・都市民・社共	5期	自民(穏健派)	説得型(一方的)
自治体・NGO・住民	6期	非自民／自社さ連立(穏健派)	手続的(譲歩)・機構再編・説得型(対話志向)
自治体・NGO・住民	7期	自民・公明連立(右派)	物質的(譲歩)・手続的(集権化)

す尺度としての紛争管理の変遷を，対抗主体の性格や戦術，政権の性格と関連づけて論じてみたい。この点について原子力政治過程の時期ごとにまとめたのが，表8-3である。以下の分析はこれと表8-1に沿って行われる。関連して，第1章では次のような仮説を立てた。すなわち，旧来の革新陣営を中心とする対抗連合よりも，受益勢力にもまたがって形成された連合の方が，より寛大な紛争管理を受けること，また政権の性格が穏健派か強硬派かによって，紛争管理が異なってくることである。

第3節　対抗主体の性格と紛争管理

漁民の抗議運動に対する物質的対応(第2期)：1966年，芦浜原発建設計画に反対する漁民が国会議員の視察船を実力で阻止しようとして，数十名の逮捕者を出した。この「長島事件」の結果，政府は地域闘争への国の直接介入が逆効果となりうることを認識し，当時の反原発地域闘争の主力だった漁協に対しては，抑圧的対応を控え，物質的譲歩に重点を置くようになった。その背景には，漁業者が保守一党優位体制を支える受益勢力の一角を成していたことがある。

　このような物質的対応を制度化したのが，1974年に制定された電源三法である。その政治的な意図は，補償の受給者としての意識を地元住民の間で高め，外部の支援運動との持続的な提携の発展を阻止し，保守支配の安定化

を図ることにあった。また補償を公共事業の形で提供することは，地元の土建業者と，それと関係の深い地元有力者の支持を動員し，公共事業への経済的依存を強める地元自治体に原発増設受け入れを促す効果があった。電源三法はまた，その由来からして，田中角栄内閣の利益誘導型政治やパターナリズム（恩情主義）と密接な関係があった。こうした物質的対応はかなりの程度成功し，漁協の抗議運動と，革新系の支援運動との間には持続的な共闘関係が成立しなかった。このように第2期では，漁協を中心とする住民運動の台頭に直面して，物質的対応が制度化され，激しい実力阻止闘争に対しても，抑圧的対応は抑制された。従って，対抗主体の戦術いかんに関わらず，その性格が，政権の性格とともに，支配的連合の紛争管理を規定したと見ることができる。

革新団体と住民・市民運動の連合への対応のぶれ（第2，3，4期）：1970年代半ばから反対闘争の中心的担い手となったのは，社会党や県評・地区労の支援を受けた住民運動であり，その中心的な戦術は訴訟と，攪乱的な直接行動であった。しかし柏崎刈羽原発をめぐる紛争に見られるように，保守的な裁判所は運動に有効な機会を提供せず，直接行動も容易に排除された。紛争は保守（成長連合・受益勢力）対革新（反資本）の構図にはまり，批判勢力の動員基盤も広がらなかった。

ただ，革新団体による支援が運動基盤の一定の拡大に果たした役割は否定できない。特に原水禁は，原子力資料情報室の設立を支援し，また革新系の弁護士を中心とした裁判闘争や，日弁連の公害対策委員会による原発問題への取り組みは，反原発運動の主張に一定の正統性を与えた。さらに共産党系の日本科学者会議は，日本の原子力開発のあり方を批判し，住民運動への支援も行った。

革新団体の支援を受けた運動はまた，一定の手続的対応も引き出した。第2期において，電力会社は原発立地県と安全協定を結び，また国は福島原発に関する公聴会を開き，原発訴訟を機に情報公開の範囲も広げた。さらに第3期には，原子力安全委員会設置のような機構改革や，公開ヒアリング制度導入という手続的譲歩が打ち出された。しかし，これらはいずれも象徴的な

譲歩を越えるものではなく、また電力業界の意向を受けた通産省は、環境庁による環境アセスメント法案を再三阻止し、手続的閉鎖性を維持した。結局、第3期末に制度再編が完了すると、原発大量発注は再開された。

また第4期には、公開ヒアリングの実施に対して、総評の組織的支援を受けた阻止闘争が高揚した。しかしこの闘争は、反原発運動の全国連携を強めはしたが、運動の基盤は労組の外に広がらなかった。漁民に対する対応とは異なり、左翼労働運動による阻止闘争に対しては国も強い対決姿勢を示し、手続的集権化と、部分的には抑圧的対応も見せた。

このように、革新勢力の支援を受けた運動は、第2から4期までを通して、実力阻止行動と裁判闘争を中心に闘ったが、これに対する支配的連合の対応は、第2、3期には主に手続的譲歩及び機構再編、第4期には手続的閉鎖化と抑圧的対応を示した。この違いは、政権の性格(与野党伯仲期の田中・三木政権と、保守復調期の右派政権)の違いに求めることができるだろう。

市民層と社会党との連携に対する説得型の対応(第5期)：しかしチェルノブイリ原発事故後、原発批判派が世論の多数派に転じる中、反原発運動は生協運動などで活動する高学歴の主婦層を中心にした、都市部の市民層へと動員基盤を拡大し、最盛期を迎える。1988年春の「高松行動」には、無党派の市民数千人が域外から参加し、象徴的な抗議行動を繰り広げた。市民による放射能の監視や自主避難訓練を行う自助型の運動も登場し、立地点の運動と都市部の市民運動、労働運動、批判的科学者を結びつけた。

しかし、動員基盤の飛躍的拡大にもかかわらず、反原発運動の主流は依然として社会党との連携に期待を寄せた。これは社会党が1986年夏に誕生した新しい女性党首の下、生協運動などからの女性候補者の発掘に努めて女性有権者の支持を広げ、復活を遂げていたからである。社会党は1989年参院選で参議院の与野党逆転をもたらした。

だが、政界での原発反対・賛成派の構図は、あまり変化しなかった。1979年のTMI原発事故後から原子力批判を強めていた共産党に加え、チェルノブイリ原発事故後には公明党も原子力への慎重姿勢を強めていたが、同盟系労組に依存する民社党や、自民党政権の原子力推進姿勢は揺るがず、野党間

の緊張関係も解消しなかった。このため，脱原発法制定を求める国会請願や，泊原発運転開始に関する道民投票条例の制定を求めた直接請求は，いずれも却下・否決された。同時に，社会党への懐疑から独立の脱原発ミニ政党をつくる動きも，原子力批判派が既成政党の支持層に分散していたため，1989年参院選で挫折した。

また，対立軸の流動化は原発立地点周辺には十分に波及しなかった。こうした都市民中心だが政治的実効性を欠く対抗主体の性格は，一方的な広報活動に重点を置いた支配的連合の紛争管理と符合する。しかし，強硬な対応が新たに打ち出されなかったことは，恩情主義的だが不祥事続きだった竹下政権の性格とも無縁ではないだろう。

非自民・保革連立政権下での地方からの異議申し立てと手続的開放化（第6期）：しかし非自民・非共産の連立内閣期（1993年7月～1994年6月）から，科技庁長官が情報公開への積極姿勢を示し，反原発NGOの専門家との対話姿勢を打ち出すなど，手続的及び説得型の譲歩が見られるようになる。こうした譲歩は元々，情報公開を求める市民や自治体の動き，産業界の試みに対応したものだったが，自民党が社会党と新党さきがけの協力を得て政権に復帰したばかりだった村山（1994年7月～1996年1月）及び橋本政権期（1996年1月～1998年7月）にも続けられた。ただ社会党は自民党との連立政権に入ると反原発政策を転換した。

しかし1995年末のFBRもんじゅの事故と，事業者・動燃による不適切な対応を受け，原子力政策の見直しを求める社会的圧力が強まる。この社会的圧力は，定着した反原発世論に加え，2方向から来た。第1に，原発の集中立地する福島・新潟・福井の3県知事は1996年1月，原子力政策の再検討と，国民各界各層との対話を通じた合意形成を政府に提言した。第2に，新潟県巻町では保守対革新の構図に沿った旧来の原発反対・賛成の図式からは距離をとり，住民投票の実施に要求を絞った運動が，中間層住民の主導で開始された。こうして1996年8月，条例に基づく住民投票が実施され，原発反対票が有権者総数の過半数を上回り，原発計画は実質的に頓挫した。

こうした事態の進展に対し，橋本政権は，様々な対応を行った。まず説得

型の対応として，原子力批判論者も入れた円卓会議を開催した。また手続的対応として，原子力行政における各種審議会の情報公開を進め，長年の懸案だった環境アセスメントの法制化も実現させた。さらに機構改革では，2001年から実施される省庁再編の一環として，環境庁は環境省に昇格させて放射線の監視権限を与え，科技庁は文部省と統合して文部科学省に再編，その原子力行政上の権限の大半は通産省を強化した経済産業省へ移管することにした。このように以前より踏み込んだ譲歩がなされた背景には，原子力批判が従来は受益勢力と見なされてきた社会集団から行われたこと，また政権が自民党と社会党及び新党さきがけの連立ないし閣外協力に基づく保革融和の性格を持っていたことが，要因として指摘できるだろう。

しかし，こうした対応は政策決定過程に原子力批判が反映されることを制度的に保障するものではなく，むつ事件を契機とした1970年代の原子力行政改革との連続性も高い。円卓会議での議論は政策決定過程からは切り離され，情報公開は限定的であり，発電所の環境アセスメントの手続では電気事業法に基づく通産省の関与が温存された。環境庁は原発問題への介入に依然消極的であり，通産省は一層強力な経済産業省となって原子力を推進し，その下に安全規制を担当する原子力安全・保安院が設置されることになった。その後，自民党の復調を背景に，従来通りの原子力政策を維持しようとする官庁の動きが活発化した。1997年春には，東海再処理工場で火災爆発事故が起き，再び不適切な対応をした動燃への世論の批判が高まったが，国の対応は動燃の機構再編にとどまった。

この時期においても，対抗主体の性格と政権の性格が，紛争管理を規定したと言うことができる。

県知事・中間層住民による拒否権発動と，右派連立政権による手続的集権化(第7期)：自民党が，自由党やそこから分裂した保守党，及び公明党を引き込んで右派連立政権を構成する時代に入った1999年には，英国核燃料会社による日本向けプルサーマル用燃料の検査データ捏造の発覚や，核燃料加工会社JCOの臨界事故の発生が相次ぐ。原子力政策に対する国民の不信感は再び高まり，原子力産業に依存してきた自治体でも，住民の間で原子力批

判が表面化した。2000年2月には三重県北川知事が芦浜原発計画の白紙撤回を宣言する。批判の高まりに対し、通産省は2000年4月から総合エネルギー調査会に自然エネルギー推進論者の参加を認めるようになったが(手続的譲歩)、原子力政策全般の見直しは棚上げにした。

しかしプルサーマル問題は、東京や大阪に拠点を置く運動と、福井や福島、新潟・柏崎刈羽の住民運動とが連携したキャンペーンを進展させた。またこうした動きに触発され、福島県の佐藤知事は2001年春、福島第1原発でのプルサーマル実施を当面受け入れない方針を表明した。続いて刈羽村では2001年5月に住民投票が行われ、受け入れ反対が多数を占めた。さらに2002年8月、東電の原発での定期点検における虚偽報告が発覚した。福島県のほか、新潟県の知事や、地元自治体の議会もプルサーマル受け入れの撤回を表明した。また福島県の佐藤知事は、かつては立地県に対する物質的譲歩の手段だった核燃料税の増税(2002年)によって東電を牽制した。今や物質的対応は、国家財政の実質的破綻を待つまでもなく、その受け入れ先から拒否され、政治的な限界に達した。

プルサーマル問題と並んで、自然エネルギーの推進もまた、従来の原発反対・賛成の境界線を越えて脱原子力の主体の基盤拡大をもたらした。1999年には「自然エネルギー促進法」推進ネットワークが全国の環境NGOによって結成され、自民党や公明党、民主党、社民党、自由党までを含む超党派の自然エネルギー促進法議員連盟も発足した。さらに市民から寄付金や出資金を募り、風力発電所建設を目指す自助型運動が全国に広がった。こうした動きは、産業界の一部や、風力発電の開発利用を通じた町おこしを進める自治体からの支持も受けている。

このように事故・不祥事に触発され、新たな争点や、住民投票と法案の推進、自助型運動という戦術を通じて、従来の対立軸を越える脱原子力の連合が地方と全国で横断的に形成され始めたことに対し、支配的連合はどのような対応を示しているのか。自助型運動に対しては、9電力会社は同様の「グリーン電力基金」制度を始めた。また三重県海山町では、地元の推進派が今や住民投票という手法を使って原発誘致を試みたが、浜岡原発事故が影響し

て挫折している。地方からの抵抗を抑え込むのに難儀する中，支配的連合は自民党・公明党・保守党の堅固な多数派を背景に，電力業界や公共事業に権力基盤を置く自民党議員の主導で，中央での原子力推進の法制化という手続的集権化の手法に頼るようになっている。原発立地を受け入れる自治体への利益誘導を強化するための「原発特措法」や，国策としての原子力政策推進に自治体も協力する旨を規定した「エネルギー基本法」がこの流れにある。

こうした支配的連合の巻き返しの背景には，政権の右傾化とともに，中央政治における原子力批判勢力の弱体化がある。公明党には自然エネルギー推進派の議員もいたが，党全体としては連立の枠組みを重視する傾向を強めた。また民主党は多様な潮流の寄り合い所帯であり，特に電力総連出身議員は一連の法案審議に積極姿勢を見せた。社民党と共産党のみが一連の関連法案に一貫して批判的であるが，これは同時に，政治的な脱原子力連合の「左翼」への再縮小と周辺化を意味する。

まとめとして，従来の革新勢力との連携に限定される主体の連合が急進的な戦術に訴えた場合，特に右派政権の下では抑圧的対応や手続的閉鎖化を招きやすかった。これに対し，受益勢力を中心とする運動に対しては，激しい抗議行動があっても物質的な懐柔策が支配的であった。また手続的や説得型の譲歩，及び機構再編は，対抗主体の構成いかんにかかわらず，政権が弱体化し，あるいは穏健な政治的傾向を持つ場合に見られた。都市民まで動員基盤が拡大した「ニュー・ウェーブ」に対しては，一方的な説得型対応が示された。1990年代以降は，受益勢力に属していた県知事や中間層住民が都市のNGOの支援を受けながら対抗主体の核に浮上し，政権による物質的対応を拒否し始めた。これに対し，右派連立政権は手続的集権化で地方の反乱に対処しようとしていると言えるだろう。

このように脱原子力の連合の性格，政権構成，及び紛争管理の間には相関関係が認められる。しかし，横断的な連合の形成は，対抗主体が置かれた歴史的及び地方政治的条件にも規定される。北海道のように旧社会党系勢力の強い政治的条件の下では，旧革新勢力と生協運動など，「ニュー・ウェーブ」以来の連携でかなりの政治力を持ちうる。ただ，それでもやはり，泊原発3

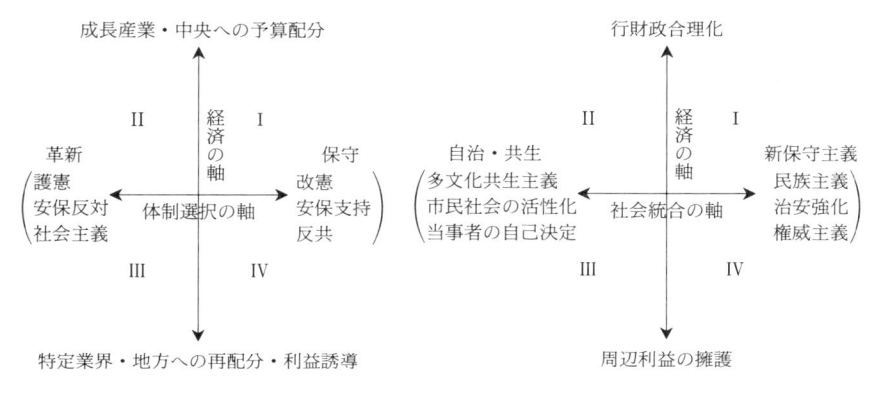

```
        成長産業・中央への予算配分                    行財政合理化
                  ↑                                ↑
                  │経                              │経
            II    │済   I                    II    │済   I
        革新      │の      保守          自治・共生  │の      新保守主義
        護憲      │軸      改憲          多文化共生主義│軸      民族主義
    ←───安保反対──┼──安保支持───→    ←──市民社会の活性化──┼──社会統合の軸──→
        社会主義  │体制選択の軸 反共        当事者の自己決定│                治安強化
                  │                                │                権威主義
            III   │     IV                    III  │    IV
                  │                                │
                  ↓                                ↓
   特定業界・地方への再配分・利益誘導            周辺利益の擁護
```

図 8-1　55 年体制下(左)とグローバル化(右)の下での政治的対立軸

号機の増設や，幌延の新地層研究センターの着工を防ぐほどの力はなく，成果は自然エネルギーの推進運動に限られている。

　また，1990 年代に入り，原発立地県の住民や首長といった，受益勢力の中から脱原子力の対抗主体が現れてきたのは，55 年体制を規定してきた対立の構図自体の流動化と関係がある。そこで最後に，政治的対立軸の変動の中に，原子力政治過程を位置づけ，将来を展望してみたい。

　1980 年代末までの日本政治の対立軸は，体制選択をめぐる主軸と，中央対地方・特殊利益の対立を表す第 2 軸とで構成できる(図 8-1 の左の座標軸)。主軸は占領改革と冷戦構造を踏まえて形成された保革対立で，右側には日米安保体制を支持し，米軍占領期の民主化に否定的で反共産主義の自民党が，左側には日米安保に反対し，社会主義諸国との友好関係と憲法擁護を唱える社会党及び共産党が位置していた。しかし高度経済成長が達成されると，生み出された富の再配分をめぐり，中央の大資本や都市の利益に対して，低開発地方や特定業界，特定社会層の利益擁護に重点を置く政治勢力が分化していく。与党・自民党の側は，特に田中派が利益誘導を通じてこの状況変化に対応しようとした。利益誘導の成功により，野党の側では，自民党政権の継続を前提にした分化が進んだと見ることができる。すなわち，同盟を代表する民社党や，創価学会を代表する公明党が定着し，また社会党や共産党も，

次第に特定の職業団体や社会層を代表する性格を強めていった。結果的に自民党は，派閥連合体として，「経済の軸」の両側をカバーできたので，長期政権を維持できたとも言えよう。

　この座標軸の中に，第1章の表1-1(33頁)で整理した，原子力をめぐる政治主体を位置づけてみると，成長連合と受益勢力は，それぞれ右上と右下の部分に位置づけることができる。原子力の推進を通じて成長連合は産業界の発展を目指し，受益勢力は国策や会社への協力を通じて個別利益の享受を求め，利害が一致した。この両者の連合は，自民党の幅広い支持層と重なっていたので，座標軸の左側の革新勢力や市民運動が抵抗しても，原子力の推進政策は揺るがなかったと言える。

　これに対し，1990年代以降，冷戦構造は弱まり，政権からの共産党の排除という形でのみ，名残をとどめる。政権交代が体制転換につながるリスクがなくなると，腐敗にもかかわらず自民党政権を支える必要はなくなったという認識も広がり，社会党を含めた連立政権も可能になった。同時に，バブル経済崩壊後の長期不況で，成長経済が終焉を迎え，また公共事業の乱発による国家や地方の財政の実質的な破綻に直面して，「経済の軸」が行財政の合理化とその負担をめぐる対立軸へと変質し，政治対立の中心に浮上してきた。この軸の一方には，実質的に破綻した国家財政と，経済の縮小を前提に，上からの合理化と市場原理の活用を説く勢力が位置する。このうち，財界や中央政府，高所得層の利益の確保に重点を置くのが小泉「構造改革」路線と考えることができ，民主党保守派もこれに近い。これに対し，市場原理の活用は否定しないが，公共事業の削減に加えて，地方分権や地域福祉，環境調和性を求める「改革派知事」や，民主党の一部も，この経済の軸では合理化路線の側にある。軸の反対側には，特定業界や団体，地方への利益誘導を続けようとする自民党橋本派(旧田中派・竹下派)や公明党が位置する。自民・公明の連立政権は，この変容した「経済の軸」の両側に支持層がまたがっている。

　この軸に沿って原子力をめぐる利害の分化を位置づけてみると，不採算部門(例えば再処理事業やFBR)の合理化を求める金融機関や，商業用原発事

業や原子力産業の生き残りを国に保障してほしい電力業界や重電機業界，及び業界保護と引き換えに国策（例えばプルサーマル）への協力を求める経済産業省などのアクターを，一つのグループとして括ることができる。このグループをとりあえず「財政合理化＋業界保護」派と呼んでおこう。

これに対し，原発立地を通じた利益誘導を続けたい自民党商工族や建設業界，地方の公明党，電力総連出身の民主党議員は，従来通り，「受益勢力」に分類できる。「財政合理化＋業界保護」派と受益勢力は，次第に利害がずれてきてはいるが，両者の妥協から，不採算部門の合理化は貫徹されていない。具体的には，青森県や六ヶ所村のような立地自治体への配慮に加え，核燃料サイクル政策全体の転換を迫られる政府や，それに伴う費用負担の発生を恐れる電力業界の思惑が絡んでいるのであろう。

しかし，近年の原子力をめぐる政治過程において目立つのは，かつて受益勢力に属していた原発立地県の保守系の知事や住民が拒否権を発動し，都市の市民運動・NGOとも連携し始めたことである。受益勢力の流動化は，中央政府による利益誘導が財政的に困難になり，政治的な効果も失い始めた状況や，地方分権の進展を反映していると考えられる。これにより，原子力への批判勢力も変容した。そこに共通するのは自治や環境の重視である。ここでは仮に「戦後民主主義派」とでも名づけておこう。これには，旧社会党・旧さきがけ出身の民主党左派や，市民運動への傾斜を強めている社民党や共産党も属している。以上のアクターの分化を踏まえた上で，政界再編後の原子力をめぐるアクターの配置を整理してみると，表8-4のような三層構造となる。

では脱原子力を求めるアクターの変容は，政治空間全体における対立軸のいかなる変容を反映しているのだろうか。実際のところ，政治全体において，「社会統合の軸」とも言うべき第2の軸が伏線として姿を現しつつある（図8-1の右の座標軸）。軸の一方には，社会のあらゆる領域に市場競争の原理を導入し，それに助長されて加速する社会的連帯の解体を，民族主義的なシンボルや強制力の行使によって抑えていこうとする新保守主義の政治路線がある。その対極には，異質な他者（性的少数者や外国人，異なる文化や体制の国，

表 8-4　政界再編後の原子力をめぐるアクターの配置

一致・共通点	主なアクター	原子力の是非
財政合理化＋業界保護派	自民党, 電事連, 金融機関, 民主党保守派 経済産業省, 重電機・原子力産業, 核燃機構	推進 (一部縮小)
戦後民主主義派 (自治・環境)	民主党左派, 共産党, 社民党, 弁護士, 労組の一部 市民運動・NGO, 住民投票運動, 県知事	反対・慎重
受益勢力 (特殊利益)	電力総連・民主党族議員, 建設業界, 自民党族議員 自治体, 公明党	推進

自然環境)との共生や，個人生活や地域社会における自己決定を重視し，社会的連帯の解体を，市民社会の活性化や「セイフティーネット」の保障によって乗り越えていこうとする，「自治・共生」の様々な試みが存在する。

　この対立軸はまた，かつての冷戦構造に似て，世界的な構造変動にも規定されている。一方で，米国の軍事的一極支配やグローバルな金融資本の台頭，2001年9月11日のニューヨーク・世界貿易センタービルなどへのテロ攻撃を契機とした，米国による一方的な世界秩序形成の動きがある。他方で米国の単独行動主義や米国流の市場原理主義に伴う弊害(国内や世界規模の貧富の拡大，市民的自由の制限，環境政策の後退，文化の画一化など)に抗議する運動が，インターネットの普及に助けられ，世界に広がってきている。

　仮にこの「社会統合の軸」の左側に位置する勢力が力をつけてくれば，日本政治の構図は，より明確に2次元の構成になるだろう。そうすれば，この対立構造の枠内で，エネルギー政策を環境調和型，すなわち脱原子力の方向に転換していく展望も開けてくるかもしれない。

　経済合理性の一面的な追求は，安全性の犠牲につながる。日本の電力業界は政府の保護に頼る傾向が強いので，国民負担を増やす政策決定もありえる。日本のエネルギー政策の転換に向けては，経済性に加えて，地方の自立や市民社会の活性化，環境・安全や国民負担への配慮といった価値が，現実政治の構造や力学の中で，どのように集約されていくのかが，重要となるだろう。

文　献

秋元建治　2004「原子力産業と原子力バックエンド問題」(pdf 原稿，全 13 頁)。
阿木幸男　2000『非暴力トレーニングの思想―共生社会へ向けての手法―』論創社。
『朝日新聞』縮刷版及び北海道版。
『朝日ジャーナル』1977「わが党の"エネルギー綱領"ようやく積極化した政党の姿勢」『朝日ジャーナル』(臨時増刊「エネルギー―未来への道標―みんなのガイドブック」)，158-164 頁。
飯塚繁太郎・宇治敏彦・羽原清隆　1985『結党 40 年・日本社会党』行政問題研究所。
五十嵐仁　1982「再検証―総合安保戦略における経済と軍事―総合安保戦略とは『軍事大国化』のカモフラージュか―1―」『労働法律旬報』1039 号，52-62 頁。
五十嵐仁　1998『政党政治と労働組合運動』御茶の水書房。
池山重朗　1978『原爆・原発』現代の理論社。
石川真澄　2004『戦後政治史(新版)』岩波書店，岩波新書。
石田徹　1992『自由民主主義体制分析―多元主義・コーポラティズム・デュアリズム―』法律文化社。
井上啓　1970「原子力発電の進展とその危険性―恐るべき放射能公害について―」『月刊社会党』162 号，1970 年 8 月号，107-117 頁。
井上啓　1971 「原子力発電所と再処理工場の危険性―高まる放射能汚染への不安―」『月刊社会党』174 号，1971 年 8 月号，54-63 頁。
伊藤謙一　1975「電源開発調整審議会」『時の法令』880・881 合併号，94-99 頁。
伊原辰郎　1984『原子力王国の黄昏』日本評論社。
今井一　2000『住民投票―観客民主主義を超えて―』岩波書店，岩波新書。
岩垂弘　1982『核兵器廃絶のうねり―ドキュメント原水禁運動―』連合出版。
上住充弘　1992『日本社会党興亡史』自由社。
内橋克人　1986『原発への警鐘』講談社，講談社文庫。
内山融　1998『現代日本の国家と市場―石油危機以降の市場の脱〈公的領域〉化―』東京大学出版会。
大嶋薫　1988「泊原発と横道道政――つの中間報告―」『世界』12 月号，79-82 頁。
大友詔雄・常盤野和男　1990 『原子力技術論』全国大学生活共同組合連合会。
大山耕輔　2002『エネルギー・ガバナンスの行政学』慶応義塾大学出版会。
岡本拓司　1995「電力供給体制の確立」後藤邦夫・吉岡斉編『通史日本の科学技術　第 2 巻　自立期 1952-1959』学陽書房，295-317 頁。
奥村宏　1987『三菱―日本を動かす企業集団―』社会思想社，現代教養文庫。

奥村宏 1994『日本の六大企業集団』朝日新聞社,朝日文庫。
小田桐誠 1992『ドキュメント生協』社会思想社,現代教養文庫。
小野耕二 1998『日本政治の転換点』(新版),青木書店。
垣花秀武・川上幸一編 1986『原子力と国際政治—核不拡散政策論—』白桃書房。
梶田孝道 1988『テクノクラシーと社会運動』東京大学出版会。
加藤秀治郎・楠精一郎 1992『ドイツと日本の連合政治』芦書房。
鎌田慧 1996『新版 日本の原発地帯』岩波書店,岩波同時代ライブラリー。
『環境破壊』。
『環境と公害』1997「特集 環境アセスメント制度」『環境と公害』27巻1号。
グリーン・アクション,美浜・大飯・高浜原発に反対する大阪の会 2000『核燃料スキャンダル』風媒社。
『警察白書』。
月刊社会党編集部 1985「人物風土記 社会主義者の群像 新潟 小作争議から反原発闘争へ 新潟を揺り動かす不屈の精神」『月刊社会党』355号,114-120頁。
原産 2002『原産 半世紀のカレンダー 平和利用の理想像を求めて—活動・組織の総覧と31の秘話—』日本原子力産業会議編・発行(東京)。
原子力安全委員会『原子力安全白書』(各年度版)。
原子力委員会 1956「原子力の研究,開発及び利用に関する長期計画 原子力開発利用長期計画」。
原子力委員会 1961「原子力の研究,開発及び利用に関する長期計画 第二回 昭和36年」。
原子力委員会 1967「原子力の研究,開発及び利用に関する長期計画 昭和42年4月13日」。
原子力委員会 1972「原子力の研究,開発及び利用に関する長期計画 昭和47年」。
原子力委員会 1978「原子力の研究,開発及び利用に関する長期計画 第5回 昭和53年」。
原子力委員会 1982「原子力の研究,開発及び利用に関する長期計画 昭和57年6月30日」。
原子力委員会 1987「原子力の研究,開発及び利用に関する長期計画 昭和62年6月22日」。
原子力委員会 1994「原子力の研究,開発及び利用に関する長期計画 平成6年6月24日」。
原子力委員会 2000「原子力の研究,開発及び利用に関する長期計画 平成12年11月24日」。
原子力開発三十年史編集委員会編 1986『原子力開発三十年史』日本原子力文化振興財団。
『原子力市民年鑑』(各年版)原子力資料情報室編,七つ森書館。
原子力資料情報室編・発行 1995『脱原発の20年 原子力資料情報室と日本 世界の歩み』

原子力資料情報室編・発行 2001『原子力キーワードガイド』。
『原子力年鑑』。
『原子力ポケットブック』各年版。
原水禁(原水爆禁止日本国民会議)・21世紀の原水禁運動を考える会編 2002 『開かれた「パンドラの箱」と核廃絶へのたたかい』七つ森書館。
『原子力資料情報室通信』原子力資料情報室編。
『原発闘争情報』原子力資料情報室編。
『国民政治年鑑』各年版(1962-1995)国民政治年鑑編集委員会。日本社会党機関紙局。
小宮山宏 1995『地球温暖化に答える』東京大学出版会，UP選書。
笹生仁 2000『エネルギー・自然・地域社会―戦後エネルギー地域政策の一史的考察―』ERC出版。
笹本征男 1995「ビキニ事件と放射能調査」後藤邦夫・吉岡斉編『通史日本の科学技術 第5-II巻 国際期1980-1995』学陽書房，94-107頁。
笹本征男 1999「チェルノブイリ原発事故と日本への影響」後藤邦夫・吉岡斉編『通史日本の科学技術 第5-I巻 国際期1980-1995』学陽書房，279-291頁。
『産業立地』各年度版。
『資源エネルギー年鑑』資源エネルギー庁監修・通産資料調査会刊行。
篠原一 2004『市民の政治学』岩波書店，岩波新書。
柴田鐡治・友清裕昭 1999『原発国民世論―世論調査にみる原子力意識の変遷―』ERC出版。
清水英介 1982「電力労働者の反原発闘争 電産中国から」西尾漠編『反原発マップ』五月社，178-186頁。
清水修二 1991a「電源開発促進財政制度の成立―原子力開発と財政の展開(1)―」『商学論集』(福島大学経済学会)59巻4号，139-160頁。
清水修二 1991b「電源開発促進対策特別会計の展開―原子力開発と財政の展開(2)―」『商学論集』(福島大学経済学会)59巻6号，153-170頁。
新川敏光 1997「歌を忘れたカナリア？ 社会党『現実』政党化路線のワナ」山口二郎・生活経済政策研究所編『連立政治 同時代の検証』朝日新聞社，95-133頁。
新川敏光 1999『戦後日本政治と社会民主主義―社会党・総評ブロックの興亡―』法律文化社。
菅井益郎 1985「社会党内の原発推進論を斬る」エネルギー問題市民会議編『'85市民のエネルギー白書(市民の原発白書) 経済評論増刊号』経済評論社，148-156頁。
砂田一郎 1978「市民運動のトランズナショナルな連携の構造―各国反原発運動間のコミュニケーションの発展を中心に―」『国際政治』59巻「非国家的行為体と国際関係」，81-107頁。
諏訪雄三 1997『日本は環境に優しいのか 環境ビジョンなき国家の悲劇』新評論。
瀬木耿太郎 1988『石油を支配する者』岩波書店，岩波新書。
『総評四十年史II』1993「総評四十年史」編纂委員会編『総評四十年史 第二巻』第一書

林。
高木仁三郎 1999『市民科学者として生きる』岩波書店，岩波新書。
高木仁三郎 2000『原子力神話からの解放』光文社，カッパブックス。
高木仁三郎・渡辺美紀子 1990『食卓にあがった死の灰』講談社，現代新書。
高木正幸 1990『新左翼三十年史』土曜美術社。
高田昭彦 1990「反原発ニュー・ウェーブの研究」『成蹊大学文学部紀要』26号，131-188頁。
田窪祐子 2001「住民自治と環境運動―日本の反原発運動を事例として―」長谷川公一編『講座 環境社会学第4巻 環境運動と政策のダイナミズム』有斐閣，65-90頁。
田島恵美 1999「エコロジー運動とジェンダー的視点」後藤邦夫・吉岡斉編『通史日本の科学技術 第5-II巻 国際期1980-1995』学陽書房，963-975頁。
田中優 2000『日本の電気料金はなぜ高い 揚水発電がいらない理由』北斗出版。
田中滋 2000「政治的争点と社会的勢力の展開 市場の失敗，政府の失敗，イデオロギー，そして公共性」間場寿一編『講座社会学9 政治』東京大学出版会，127-161頁。
田中康夫 1999「原子力発電と住民投票請求運動」前田壽一編『メディアと公共政策』芦書房，178-197頁。
谷聖美 1986a「社会党の政策決定過程」中野実編『日本型政策決定の変容』東洋経済新報社，181-209頁。
谷聖美 1986b「社会党における政策変更―石橋体制下の対韓政策をめぐって―」『岡山大学法学会雑誌』36巻2号，189-216頁。
『地域開発』1977 特集「地域開発と社会的緊張」『地域開発』155号。
都筑健 1988「放射能災害警報ネットワークづくり」『賃金と社会保障』994号，1988年9月下旬号，75-81頁。
『電源開発の概要』通商産業省資源エネルギー庁公益事業局。
ドーア，ロナルド 1994『日本との対話―不服の諸相―』岩波書店。
富岡馨 1975「総合エネルギー調査会」『時の法令』903号，16-22頁。
中北浩爾 1993「戦後日本における社会民主主義政党の分裂と政策距離の拡大―日本社会党（一九五五―一九六四年）を中心として―」『国家学会雑誌』106巻11・12号，65-118（通巻967-1020）頁。
長崎正幸 1998『核問題入門 歴史から本質を探る』勁草書房。
中野実 1992『現代日本の政策過程』東京大学出版会。
鳴海治一郎 1977「共和・泊原発」『月刊自治研』19巻2号，42-44頁。
西尾漠 1988『原発の現代史』技術と人間。
西尾漠 1989「脱原発法の射程」『法学セミナー』417，1989年9月，26-29頁。
西尾漠 1993「責任ある未来選択を 社会党『原子力政策』への提言」『月刊社会党』461号，88-95頁。
日本エネルギー経済研究所編 1986『戦後エネルギー産業史』東洋経済新報社。
『日本経済新聞』。

日本史広辞典編集委員会 2000『日本史要覧』山川出版社.
日本社会党史編纂委員会 1996『日本社会党史』社会民主党全国連合.
日本社会党政策審議会 1990『日本社会党政策資料集成』日本社会党中央本部機関紙局.
日弁連 1994 (日本弁護士連合会 公害対策・環境保全委員会)『孤立する日本の原子力政策』実教出版.
日弁連 1999 (日本弁護士連合会)『孤立する日本のエネルギー政策』七つ森書館.
野村元成 1999「原子力と情報公開・非公開」後藤邦夫・吉岡斉編『通史日本の科学技術 第 5-II 巻 国際期 1980-1995』学陽書房, 944-962 頁.
畠山弘文・新川敏光 1984「環境行政にみる現代日本政治」大嶽秀夫編『日本政治の争点』三一書房, 233-280 頁.
長谷川公一 1990「『現代型訴訟』の社会運動論的考察—資源動員過程としての裁判過程—」『法律時報』61 巻 12 号, 65-71 頁.
長谷川公一 1991「反原子力運動における女性の位置—ポスト・チェルノブイリの『新しい社会運動』—」『レヴァイアサン』8 号, 41-58 頁.
長谷川公一 1996『脱原子力社会の選択』新曜社.
長谷川公一 1997「原子力発電所の立地と環境アセスメント制度」『環境と公害』27 巻 1 号, 39-44 頁.
長谷川公一 1999「原子力発電をめぐる日本の政治・経済・社会」坂本義和編『核と人間 I 核と対決する 20 世紀』岩波書店, 282-337 頁.
長谷川公一 2000「巻町住民投票の社会運動論的分析」『環境と公害』29 巻 3 号, 64-67 頁.
初谷勇 2001『NPO 政策の理論と展開』大阪大学出版会.
早野透 1995『田中角栄と「戦後」の精神』朝日新聞社, 朝日文庫.
原彬久 2000『戦後史のなかの日本社会党 その理想主義とは何であったのか』中央公論社, 中公新書.
反原発事典編集委員会編 1978『反原発事典 I [反] 原子力発電・篇』現代書館.
『反原発新聞』反原発運動全国連絡会編 (1978-).
『反原発新聞 I』1986 反原発運動全国連絡会編『反原発新聞縮刷版 (0 号〜100 号)』野草社.
『反原発新聞 II』1992 反原発運動全国連絡会編『反原発新聞縮刷版第 II 集 (101 号〜160 号)』野草社.
『反原発新聞 III』1994 反原発運動全国連絡会編『反原発新聞縮刷版第 III 集 (161 号〜240 号)』七つ森書館.
『反原発新聞 IV』2003 反原発運動全国連絡会編『反原発新聞縮刷版第 III 集 (241 号〜300 号)』七つ森書館.
船田正 1990『イタリア緑の運動』技術と人間.
福永文夫 1996「日本社会党の派閥」西川知一・河田潤一編『政党派閥』ミネルヴァ書房, 241-290 頁.
広瀬隆・藤田祐幸 2000『原子力発電で本当に私たちが知りたい 120 の基礎知識』東京書

籍。

『平和辞典』1985 広島平和文化センター編，勁草書房．

北海道グリーンファンド 2004，『2004年度通常総会議案書』特定非営利活動法人北海道グリーンファンド，2004年2月．

『北海道新聞』(道新)．

北海道労働部編・発行 1979 『資料北海道労働運動史 昭和43～47年』．

『補償研究』1969「相次ぐ"原子力安全協定"地域開発の中での位置づけが課題」6月号，42-44頁．

本田宏 2002「ドイツ原子力政治過程の軌跡と力学」『環境社会学研究』8号，105-119頁．

前田幸男 1995「連合政権構想と知事選挙―革新自治体から総与党化へ―」『国家学会雑誌』108巻11・12号，121-182(通巻1329-1390)頁．

真柄秀子 1998『体制移行の政治学―イタリアと日本の政治経済変容―』早稲田大学出版部．

正村公宏 1990『戦後史(上)』筑摩書房，ちくま文庫，533-535頁．

松下竜一 1989「脱原発に向けて国民的論議の先導を」『経済評論増刊 社会党大研究』日本評論社，116-117頁．

真渕勝 1981「再配分の政治過程」高坂正堯編『高度産業国家の利益政治過程と政策―日本―』(京都)トヨタ財団学術奨励金報告書，84-132頁．

宮本憲一 1989『昭和の歴史⑩ 経済大国』小学館．

室田武 1991「電気事業法と原子力発電」『自由と正義』「特集 原子力発電をめぐる諸問題」42巻9号，11-22頁．

森裕城 2001『日本社会党の研究―路線転換の政治過程―』木鐸社．

村松岐夫 1981『戦後日本の官僚制』東洋経済新報社．

山川充夫 1986「原発立地推進と地域政策の展開(一)」『商学論集』(福島大学経済学会)，55巻2号，1-23頁．

山川充夫 1987「原発立地推進と地域政策の展開(二)」『商学論集』，55巻3号，132-162頁．

山口二郎 1997『日本政治の課題―新・政治改革論―』岩波書店，岩波新書．

山口俊明 1988「原発PR大作戦」『世界』1988年9月号，229-232頁．

吉岡一郎 1982「信頼性を欠くエネルギー長期計画」エネルギー問題市民会議編『市民のエネルギー白書 経済評論増刊号』日本評論社，4-10頁．

吉岡斉 1995a「原子力行政機構の再編」後藤邦夫・吉岡斉編『通史日本の科学技術 第4巻 転形期 1970-1979』学陽書房，143-156頁．

吉岡斉 1995b「原子力立地紛争の激化」後藤邦夫・吉岡斉編『通史日本の科学技術 第4巻 転形期 1970-1979』学陽書房，157-174頁．

吉岡斉 1995c「核燃料サイクル事業の展開」後藤邦夫・吉岡斉編『通史日本の科学技術 第4巻 転形期 1970-1979』学陽書房，175-92頁．

吉岡斉 1999『原子力の社会史 その日本的展開』朝日新聞社，朝日選書．

横田清 1997『住民投票 I なぜ，それが必要なのか』公人社。
『読売新聞』（縮刷版）。
Bachrach, Peter, and Morton S. Baratz, 1962 : "The Two Faces of Power", *American Political Science Review* 56, pp. 942-952.
Broadbent, Jeffrey, 1998 : *Environmental Politics in Japan. Networks of Power and Protest*. Cambridge : Cambridge University Press.
Calder, Kent E., 1988 : *Crisis and Compensation. Public Policy and Political Stability in Japan, 1949-1986*. Princeton, N.J. : Princeton University Press. = 1989，淑子カルダー訳『自民党長期政権の研究』文藝春秋。
Cohen, Linda, Mathew D. McCubbins, and Frances McCall Rosenbluth, 1995 : "The Politics of Nuclear Power in Japan and the United States", in Peter F. Cowhey and M. McCubbins eds., *Structures and Policy in Japan and the United States*, Cambridge : Cambridge University Press, pp. 177-202.
Dauvergne, Peter, 1993 : "Nuclear Power Development in Japan. 'Outside Forces' and the Politics of Reciprocal Consent", *Asian Survey* 33, pp. 576-591.
Dube, Norbert, 1988 : "Die öffentliche Meinung zur Kernenergie in der Bundesrepublik Deutschland, 1955-1986", *WZB Papers FS II*, Berlin : Wissenschaftszentrum Berlin zur Sozialforschung, pp. 88-303.
Duyvendak, Jan Willem, 1992 : "The Power of Politics. France : New Social Movements in an Old Polity". Ph. D Thesis, University of Amsterdam.
Duyvendak, Jan Willem, Hein-Anton van der Heijden, Ruud Koopmans, and Luuk Wijmans, 1992 : *Tussen verbeelding en macht. 25 jaar nieuwe sociale bewegingen in Nederland*. Amsterdam : SUA.
Duyvendak, Jan Willem, 1995 : *The Power of Politics. New Social Movements in France*. Boulder, Colo. : Westview.
Emnid-Institut, 1986 : *Information*. Vol. 38, No. 5-6.
Emnid-Institut, 1988 : *Information*. Vol. 40, No. 2-3.
Flam, Helena, ed., 1994 : *States and Anti-Nuclear Movements*. Edinburgh : Edinburgh University Press.
Inglehart, Ronald, 1977 : *The Silent Revolution : Changing Values and Political Styles among Western Publics*. Princeton : Princeton University Press. = 1978，三宅一郎ほか訳『静かなる革命』東洋経済新報社。
Heijden, Hein-Anton van der, Ruud Koopmans, and Marco Giugni, 1992 : "The West European Environmental Movement", in Matthias Finger ed., *The Green Movement World Wide*. Greenwich, Connecticut : JAI Press, pp. 1-40.
Kitschelt, Herbert P., 1986 : "Political Opportunity Structures and Political Protest. Anti-Nuclear Movements in Four Democracies", *British Journal of Political Science* 16, pp. 57-85.

Klandermans, Bert, 1988 : "The Formation and Mobilization of Consensus", in Bert Klandermans, Hanspeter Kriesi, and Sidney Tarrow eds., *From Structure to Action : Comparing Movement Participation across Cultures. International Social Movement Research*, Vol. 1, Greenwich, Conn. : JAI Press, pp. 173-197.

Kohno, Masaru, 1997 : "Electoral Origins of Japanese Socialists' Stagnation", *Comparative Political Studies* 30, pp. 55-77.

Koopmans, Ruud, 1992 : "Democracy from Below. New Social Movements and the Political System in West Germany". Ph. D Thesis, University of Amsterdam.

Koopmans, Ruud, 1995 : *Democracy from Below. New Social Movements and the Political System in West Germany*. Boulder, Colo. : Westview.

Koopmans, Ruud, 1998 : "The Use of Protest Event Data in Comparative Research : Cross-National Comparability, Sampling Methods and Robustness", in Dieter Rucht, Ruud Koopmans, and Friedhelm Neidhardt ed., *Acts of Dissent. New Developments in the Study of Protest*. Berlin : edition sigma, pp. 90-110.

Kriesi, Hanspeter, and Maya Jegen 2001 : "The Swiss energy policy elite : The actor constellation of a policy domain in transition", *European Journal of Political Research* 39, pp. 251-287.

Kriesi, Hanspeter, Ruud Koopmans, Jan Willem Duyvendak, and Marco G. Giugni, 1995 : *New Social Movements in Western Europe. A Comparative Analysis*. London : UCL Press.

Lesbirel, S. Hayden, 1998 : *NIMBY politics in Japan : energy siting and the management of environmental conflict*. Ithaca, N.Y. : Cornell University Press.

McAdam, Doug, John D. McCarthy, and Mayer N. Zald, eds., 1996 : *Comparative Perspectives on Social Movements. Political Opportunities, Mobilizing Structures, and Cultural Framings*. Cambridge : Cambridge University Press.

Nelkin, Drothy, and Michael Pollak, 1981 : *The Atom Besieged. Extraparliamentary Dissent in France and Germany*. Cambridge, Massachusetts : MIT Press.

O'Connor, James, 1973 : *The Fiscal Crisis of the State*, St. Martin Press.=1981, 池上惇・横尾邦夫訳『現代国家の財政危機』御茶の水書房。

Richardson, Dick, and Chris Rootes, 1995 : *The Green Challenge. The Development of Green Parties in Europe*. London and New York : Routledge.

Rieder, Stefan, 1998 : *Regieren und Reagieren in der Energiepolitik. Die Strategien Dänemarks, Schleswig-Holsteins und der Schweiz im Vergleich*. Bern : Haupt.

Rucht, Dieter, 1988 : "Wyhl : Der Aufbruch der Anti-Atomkraftbewegung", in Ulrich Linse, Reinhard Falter, Dieter Rucht, and Winfried Kretschmer, eds.,

Von der Bittschrift zur Platzbesetzung. Konflikte um technische Großprojekte. Bonn: J. H. W. Dietz, pp. 128-64.

Rucht, Dieter, 1994: *Modernisierung und neue soziale Bewegungen. Deutschland, Frankreich und USA im Vergleich.* Frankfurt am Main and New York: Campus Verlag.

Rucht, Dieter, 1998: "Komplexe Phänomene-komplexe Erklärungen. Die politischen Gelegenheitsstrukturen der neuen sozialen Bewegungen in der Bundesrepublik", in Kai-Uwe Hellmann, and Ruud Koopmans eds., *Paradigmen der Bewegungsforschung. Entstehung und Entwicklung von Neuen sozialen Bewegungen und Rechtextremismus.* Oplanden/Wiesbaden: Westdeutscher Verlang, pp. 109-127.

Rucht, Dieter, and Friedhelm Neidhardt, 1998: "Methodological Issues in Collecting Protest Event Data: Units of Analysis, Sources and Sampling, Coding Problems", in Dieter Rucht, Ruud Koopmans, and Friedhelm Neidhardt eds., *Acts of Dissent. New Developments in the Study of Protest,* Berlin: edition sigma, pp. 64-89.

Rüdig, Wolfgang, 1990: *Anti-Nuclear Movements. A World Survey of Opposition to Nuclear Energy.* Harlow, Essex: Longman.

Sabatier, Paul, and Hank C. Jenkins-Smith, 1993: *Policy Change and Learning. An Advocacy Coalition Approach.* Boulder: Westview Press.

Sabatier, Paul A., 1998: "The advocacy coalition framework: revisions and relevance for Europe", *Journal of European Public Policy* 5, pp. 98-130.

Samuels, Richard J., 1987: *The Business of the Japanese State. Energy Markets in Comparative and Historical Perspective.* Ithaca and London: Cornell University Press.

Smelser 1962: *Theory of Collective Behavior.* New York: Free Press.

Snow, David A., E. Burke Rochford Jr., Steven K. Worden, and Robert D. Benford, 1986: "Frame Alignment Processes, Micromobilization, and Movement Participation", *American Sociological Review* 51, pp. 464-481.

Tabusa, Keiko, 1992: "Nuclear Politics: Exploring the Nexus between Citizens' Movements and Public Policy in Japan". Ph. D. Thesis, Columbia University.

Tanaka, Yuki, 1988: "Nuclear Power and the Labour Movement", in Gavan McCormack, and Yoshio Sugimoto, eds., *The Japanese Trajectory: Modernization and beyond.* Cambridge: Cambridge University Press, pp. 129-146.

Tarrow, Sidney, 1994: *Power in Movement: Social Movements, Collective Action and Mass Politics.* New York and London: Cambridge University Press.

Vandamme, Ralf, 2000: *Basisdemokratie als zivile Intervention. Der Partizipationsanspruch der Neuen Sozialen Bewegungen.* Oplanden: Leske+Budrich.

あ と が き

　本書は，原子力の推進という日本政府のエネルギー政策における既定路線に抗して，脱原子力という新たな選択肢を求めてきた反原発運動の生成と展開の過程を，政治学の観点から実証的に分析したものである。本書はまた，2002年3月に北海道大学大学院法学研究科から学位認定を受けた論文「反原発運動の政治過程―日本とドイツの比較分析―」の該当部分に加筆したものである。

　反原発運動の政治学的研究というテーマにたどり着くまでには，紆余曲折があった。元々大学院を目指した動機は，必ずしも純粋に学問的ではなかった。子ども時代から長らく，皮膚炎や喘息に苦しみ，小中高校ではだいたい1年の1/3ぐらいは休んでいた。バブル経済真っ盛りの時代にありながら，大学時代の不安定な健康状態では民間企業でまともに働いていける展望はなく，さりとて公務員の家庭への反発もあった。また，中学校の頃に学校が教師の暴力や生徒の破壊行為，授業の崩壊で荒れており，その中で生き残るために苦労した経験から，社会システム全体への疑問もふくらんでいた。さらに，欠陥のあった実家の建て替え工事をめぐる業者とのトラブルなどが重なり，すぐに就職を考えられる状況にもなかった。いわば消去法で大学院を目指した面も強かった。

　ただ，保守的な裁判所の判例を前提とした法学に限界を感じていた一方で，大学2年の頃から政治学，特にヨーロッパ政治には強い関心を持つようになっていた。また外国語の勉強も楽しく，大学3年の頃には大学の交換留学制度を利用して，アメリカ・マサチューセッツ大学アムハースト校で10カ月ほど勉強することができた。帰国後，研究者を目指す腹を決めたとき，環境問題を政治学の観点から研究することをテーマに選んだ。自分が患ってきた

アレルギー性の病気は，農薬や抗生物質の使用などによる食品の汚染や，強い薬物を与えるだけの近代医療のあり方に原因の一端があると考えており，環境問題には早くから関心を持っていたからである。

　研究テーマの決定には，大学時代に最初に経験した大きな政治問題が，チェルノブイリ原発事故後の原発問題だったことも関係している。今では想像もつかないが，広瀬隆の講演会には札幌市民会館の大ホールを埋め尽くすほどの観客が来ていた。個人的な問題を抱え，学生運動とのつながりも持たず，時期が留学と前後したこともあって，自らが積極的に当時の反原発運動に関わることはなかったが，広瀬隆の『東京に原発を』が回し読みされ，「朝まで生テレビ」で原発大論争が展開され，泊原発の道民投票条例を求める署名が百万人分も集まった「反原発ニューウェーブ」の活気は，強い印象となって心に刻み込まれた。

　大学院に入り，差し当たり修士課程では，ドイツの緑の党や廃棄物政策について研究した。当時はまだ，「環境政治学」というフレーズを日本で聞くことはなく，新しい学問分野に挑戦する意気込みだけは大きかったが，研究の方法は全くの試行錯誤の連続であった。緑の党に関する研究は，予想外に難航し，しばらく棚上げになってしまった。

　しかし，修士課程に在学中の1993年，グリーンピース・ジャパンの会員になった。鯨問題との関連で，それまでは必ずしも好印象を持っていなかったのだが，「フロンを使わない冷蔵庫」を日本のメーカーにも作ってもらおうというキャンペーンをグリーンピースが始めたばかりで，新鮮味を覚えたのである。当時，日本の家電メーカーは，冷蔵庫の冷媒や発泡剤の材料として，オゾン層を破壊する「特定フロン」から，オゾン層は破壊しないが強力な温室効果を持つ「代替フロン」へと，切り替え始めていた。しかし，ドイツの家電メーカーはグリーンピースの提案を受け，フロン類の代わりに炭化水素系のガスを用いる「ノンフロン冷蔵庫」を開発し，普及させていた。あれから十年，日本の家電メーカーも「ノンフロン冷蔵庫」を販売するようになった。グリーンピースは十年で大きな成果を残したわけである。

　こうしたこともあり，グリーンピースの国際本部の所在地（アムステルダ

ム)があるオランダは気になる国でもあったが，直接には指導教授の田口晃先生から勧められて，1995年夏からアムステルダム大学で環境政治学と社会運動論を学ぶことになった。オランダは安楽死やソフトドラッグ，売春といった人間の生の欲求から生じてくる社会問題を，合法化して明確な基準の下に管理するという大胆な政策で知られており，また伝統的に宗教的，人種的，あるいは性的な少数者に対して寛容な政治文化を育んできた。とりわけ首都アムステルダムは，遊休ビルの占拠運動に代表されるように，1960年代末から1970年代にかけてのカウンターカルチャーの余韻を，ヨーロッパの大都市の中でも特に強く残しており，社会運動論の研究も盛んであった。

特に，スイスの政治学者，ハンスペーター・クリージは，アムステルダム大学の客員教授であった頃に，政治的機会構造という概念を応用した社会運動研究のチームをつくり，成果を出しつつあった。本文の中でも説明したように，政治的機会構造論の基本的な考え方は，政治体制の特徴が運動の発展や特徴を規定するというものである。ダイフェンダックやコープマンスといった研究者とともに，このチームに属していたのが，オランダの環境運動を専門に研究していたハイン゠アントン・ファンデア・ヘイデン(Hein-Anton van der Heijden)先生であった。ファンデア・ヘイデン先生に勧められて取り組むことになったのが，反原発運動を日本とヨーロッパの比較の観点から研究するというテーマであった。日本では反原発運動といってもいささかマイナーなテーマと受け取られるが，ヨーロッパでは1970年代半ばから1980年代にかけて台頭した「新しい社会運動」の典型として，社会的にも学問的にも大きな注目を集めていた。

こうしてオランダでの留学は，社会運動の政治学的研究という線で自分の研究の方向性を強く決定づける経験となった。同時に，事実関係や歴史，外国との比較を踏まえた上で，社会運動に実践的に関わり，研究にフィードバックしていくという研究手法もここで身につけた。アムステルダムでは，グリーンピースの国際本部を通じて日本支部のスタッフとも親しくなり，その関係でフランスやベルギー，英国の核燃料再処理工場の視察に行き，また日本に帰国後の1997年12月には，地球温暖化京都会議で太陽光発電の宣伝活

動に参加したこともある。

　しかし，楽しかったオランダ留学も2年目からは，困難の連続であった。住宅事情が悪く，3度も引越ししなくてはならなかったこともあり，持病の皮膚炎が悪化し，最終的には研究を続けられなくなったのである。3度目の引越しのときは，公共住宅の違法なまた貸し物件に入っていて，摘発を恐れた大家からある日突然，追い出されたのである。幸い，今はフリージャーナリストとして活躍しているS君の入っていた部屋の隣に移ることができたが，怪しげな店が立ち並ぶアムステルダム中央駅界隈の古い建物の一室で，薬の禁断症状から来る痛みに耐え，寒さに震えた。

　持病が原因で何度も経験してきた挫折を再び味わったショックは大きかった。研究活動は停滞し，健康もなかなか回復しなかった。しかし，やがて既成の近代医療と断絶し，民間療法によって健康を回復できたことで，既成の科学や秩序を改めて問い直すようになった。加えて，「あのどん底を乗り切れた以上，どんな困難も乗り切れないはずはない」という妙な確信を持つようにもなった。幸い，現在の職場で教員として勤めることになり，大学の仕事のかたわら，徐々に研究活動を再開できるようになった。こうして博士論文にまとめることができた研究成果が，本書の土台となっている。

　論文の完成の遅れは，病気のせいだけではなく，分析視角や記述が次第に包括的になっていったせいでもある。差し当たり，日本の反原発運動の抗議行動について，新聞記事に基づいて客観的に比較可能なデータを作成することから着手し，ヨーロッパ各国の反原発運動の事例を踏まえた上で，日本の運動の政治過程を二次文献に基づいて記述する，という道筋を考えた。しかし研究を進めるにつれ，政治的機会構造の概念は，使いようによっては表面的な比較にしかならず，「閉鎖的な政治システムの日本では運動も発展しない」という陳腐な結論しか出てこないことが予想されてきた。そこで紛争管理の側面にも注意を払うとともに，日本との比較のポイントを明確にするため，ドイツの事例に絞って，原子力をめぐる政治過程を包括的に調べ直した。最終的には，ドイツでの政治過程を書いた上で，日本の政治過程も同様に包括的に書くことになった。博士論文のドイツに関する部分は，完成度がまだ

低い段階で，以下に発表している。

「原子力をめぐるドイツの紛争的政治過程(1)―反原発運動前史(1954-74)―」『北海学園大学法学研究』36巻2号，2000年11月，39-89頁。

「原子力をめぐるドイツの紛争的政治過程(2)―反原発運動の全国化(1975-77)―」『北海学園大学法学研究』36巻3号，2001年3月，43-107頁。

「原子力をめぐるドイツの紛争的政治過程(3)―核燃料サイクル政策をめぐる紛争と論争(1977-82)―」『北海学園大学法学研究』37巻1号，2001年7月，79-141頁。

「ドイツ原子力政治過程の軌跡と力学」『環境社会学研究』8号，2002年10月，105-119頁。

　並行して日本の反原発運動に関する調査も進めていくにつれ，紛争管理の面では与党による物質的対応が高度に制度化されてきたことが，日本の特徴として浮かび上がってきた。また，野党ブロック間の反目や，社会党の動向が，反原発運動の行動余地を強く規定してきたことも，やはり日本の特徴であることがわかってきた。結果的に研究対象は，原子力体制の形成から原水爆禁止運動，日本社会党や労働団体の再編，田中角栄から総合安全保障論にまで広がった。新聞記事の調査も，抗議行動の件数や参加者などのデータにとどまらず，こうした面にかかわる記事も読む必要が出てきたので，最終的には50年間にわたる膨大な量の新聞記事を読むはめになった。分析視角や記述が包括的になったことで，論文は，運動に特化した分析というよりは，運動の視角から見た戦後日本政治史のような様相になった。

　こうして執筆した日本の運動に関する部分が，本書の基になっている。これは『北大法学論集』54巻1～5号(2003年4月～12月)に，「日本の原子力政治過程―連合形成と紛争管理―」と題し，5回にわたって連載した。その原稿を校正していた最中に，アメリカのイラクに対する攻撃が始まり，北海道での反戦平和運動の現場に深く足を踏み入れることになった。運動への参加は，正統性のかけらもない攻撃をなんとか止めたいという思いからだった

が，大学で担当する「政治過程論」の講義概要に「傍観者ではなく，自ら市民として政治にどうかかわることができるのかを考える」ことを狙いに掲げたこととも関係している。しかし，この現場で得た，ハイリスクだが貴重な経験は，『北大法学論集』の原稿をさらに修正して本書を執筆していく過程で，問題関心を明確化することにも役立った。

　平和運動に関わるようになって痛感したのは，日本のいわゆる革新勢力や市民運動は，少数派としての意思表示を大事にする一方で，多数派を形成していこうとする志向はきわめて弱いということである。その際の「多数派形成」とは，必ずしも中央政治のレベルでの野合を指すのではなく，世論や地域社会での「多数派形成」も含む。また，現実政治の中で実現する道筋を度外視した原則主義が正論として主張されがちである。しかし，議論が右と左に両極化すればするほど，中間的な立場の人は強い右側に引き寄せられる傾向が日本では強い。政府の政策を変え，あるいは与党による悪法の成立を止めるためには，態度を決めかねている多数の人々をいかに振り向かせるかも課題となろう。もちろん，「コアを固めてウイングを広げる」のが政治行動の王道だとすれば，ウイングを広げすぎてコアを失うリスクも無視はできないが。ただ，否定的な権力観のみが強いのは，保守一党優勢制が長く続いたことの負の遺産であろうか。

　他方で，日本の運動の現場ではブロック間の反目が，形を変えながらも，いまだ根強いことも実感した。そうした現実を目の当たりして，保革の断絶やブロック間の反目を越えた枠組みをつくり，社会変革の力にしていくのは，なかなか困難ではあるが，依然重要であることには変わりない。同時に，中央の政治ほど硬直性が強いが，地方の政治や社会，世論のレベルでは変化の芽があちこちにあることも認識するようになった。

　こうしたことから，本書では，利害が完全には一致しないアクターが，部分的に一致できる共通利害（例：住民投票の実施，自然エネルギーの推進）を見つけて連合していくことで，政府の政策を変えうる力となる点に注目する「アドヴォカシー連合」論を，分析視角の中心に据えた。これにより，政治的機会構造論に比べて，包括的な政治過程の分析が可能になった。すなわち，

政府・与党や野党，利益団体など，既成のアクターの動きや，原発事故やエネルギー危機に伴う情勢や世論の変化もたどりながら，政策転換の契機を分析できるようになったのである。もっとも，アドヴォカシー連合論自体も，クリージらの近年の論文に教えられたのであり，また異なる階級間の連合が大きな政治力となるという考え方は，すでにコープマンスによるヴュール原発闘争の分析が示唆していることでもあった。ただ，本書の独自性は，アドヴォカシー連合論を社会運動論に明示的に応用した点にある。

このアドヴォカシー連合論の視点から見てみると，日本でも原子力政策の転換に向けた動きは活発化しているのが明らかとなる。原子力事故や不祥事に伴う世論の変化や，原発立地県からの異議申し立てに続いて，最近では，19兆円もの追加的な国民負担をしてでも使用済核燃料の再処理路線を維持するのか，それともコストがより安い直接処分を選択するのかという議論が，政府や電力業界の間で公然と行われるようになっている。

にもかかわらず，核燃料サイクル政策の既定路線は，現状維持が最近も再確認されている。この間の政策決定に関連して，作家の猪瀬直樹は『週刊文春』2004年9月16日号に，次のように書いている。

　　新エネルギーへの研究開発投資は必要だ。典型は燃料電池で各国が競争している。だが高速増殖炉はうまくいかない。六ヶ所村の再処理施設は稼動しないほうがいい，とじつは学者も電力業界も，役人ですら常識になっている。日本というコンセンサス社会は，誰かが責任を取ると明言しないと"集団自殺"へ向かう。
　　十九兆円のコストは，当然だがプルサーマルでは見合うものではない。そのプルサーマルでさえ実施できるのかわからないのだ。八月九日に五名の死者を出した福井県の美浜原発の事故で，福井県知事が「プルサーマルは保留」と述べた。
　　小泉さん，ここは総理が決断すべきです。おかしな話，そうすれば関係者はむしろホッとするのです。

保守系の雑誌にすら，こういう記事が載る時代にはなった。それでも原子力政策の転換にまで至らないのは，対案を推進するアクターが，中央の政治や行政，産業界のレベルで十分な力を持っていないからということになろう。

　博士論文の執筆にあたっては，平成9-10年度の日本学術振興会特別研究員（DC2）として「環境保護運動の比較政治学的研究」を行うことに対し，文部省科学研究費補助金を受けた。また加筆に際しては，共同研究「社会変革型NPO・NGOの可能性」（平成13年度北海学園大学学術助成）と共同研究「NPO・NGO・ボランティア学の教育カリキュラム開発及び教科書編纂」（平成14・15年度科学研究費補助金・基盤研究B，研究代表者・田口晃北大法学研究科教授）におけるエネルギー政策関係NPOの調査，及び共同研究「地球市民社会の政治学」（平成14〜17年度科学研究費補助金・基盤研究A，研究代表者・中村研一北大法学研究科教授）における環境保護団体に関する調査の成果も取り入れた。出版に当たっては，独立行政法人日本学術振興会平成16年度科学研究費補助金（研究成果公開促進費）の交付を受けた。助成に感謝したい。

　論文の執筆や加筆修正の過程では，非常に多くの方々に助けられてきた。ここでは特に以下の方々にお礼を申し上げたい。指導教授の田口晃先生は，私のような乱暴者を弟子に抱えて大変だったと想像しているが，先生からは常に知的刺激と励ましを受け，市民的使命感についても学んだつもりでいる。また論文審査を担当していただいた山口二郎先生（北大法学研究科）と新川敏光先生（京都大学）からは，日本政治の見方や社会党の分析に多くの示唆を受けた。吉田文和先生（北大経済学研究科）には，環境政治学を志した当初から，お世話になり続けていて，本書の出版にも尽力していただいた。また山本佐門先生（北海学園大学）には，現在の職場で常に励ましていただいている。中村研一先生には，いろいろとお世話になっているが，平和運動にかかわる中での助言もいただいた。

　反原発運動の比較研究というテーマを提案してくださったアムステルダム大学のファンデア・ヘイデン先生には，いつか英語論文の形で恩を返したい。日本の反原発運動研究に関する長谷川公一先生（東北大学）や，原子力政策に

関する吉岡斉先生の先駆的業績は，私にとっては大きな壁であり，多くを学ばせていただいた。博士論文のコメントをくださった法政大学大学院の吉田暁子さんにも感謝したい。また，反原発運動や自然エネルギーの推進運動について，ご教示いただいた西尾漠さん（反原発運動全国連絡会），原子力資料情報室の澤井正子さん，及び鈴木亨さん（北海道グリーンファンド）にもお礼を申し上げる。グリーンピース・ジャパンの鈴木かずえさんと，現在は平和政策塾を運営されている竹村英明さんには，大変お世話になった。さらに，文体が硬く内容もわかりづらかった本書の刊行を引き受けてくださった北海道大学図書刊行会の前田次郎さん，及び編集を担当していただいた今中智佳子さんに，厚くお礼を申し上げる。

　加えて，本書の問題意識を運動の現場で研ぎ澄ましていく機会を与えてくれた，平和運動の仲間たちにも感謝したい。特に，「ほっかいどうピースネット」や「No!!小型核兵器(DU)サッポロ・プロジェクト」の仲間たち，及びイラクで拘束された日本人の救援活動をともにした多数の弁護士やNGO関係者，報道関係者の方々に深く感謝する。自分がたいして役に立ったわけではないとはいえ，2004年4月の北海道東京事務所で神経を磨り減らした日々は，あまりにも強烈な経験であった。自衛隊撤退を求めたために，政府の虎の尾を踏んでしまったのか，倒錯した自己責任バッシングの発生には驚かされたが，他方で全国の様々な運動や組織，個人が救援というキャンペーンに結集できたことに，大きな感動を覚えた。また，政府が問題の解決に十分役立たなかったこともあり，あの事件は，日本の市民社会が中東の市民社会に直接働きかけ，被拘束者の解放という成功を勝ち取った歴史上稀有な出来事として記録されるべきだろう。個人的には，「あれを乗り切ったのだから，これからどんな困難も乗り切れないはずはない」という記憶は，あの事件ですっかり更新された。

　最後に，困難の多かった人生を支えてくれた父，母，姉に心から感謝したい。

2005年1月

本　田　　宏

索 引

あ 行

愛知和男　264, 266
あかつき丸　191, 247
芦浜　79, 114, 253, 260, 290
飛鳥田一雄　129, 178
新しい社会運動　12, 29, 37, 226
アップストリーム　18
アドヴォカシー連合(論)　14, 42
有沢広巳　49, 67, 139
アリーナ　13, 14, 20, 24, 42
R-DAN 運動(放射線監視ネット)　41, 220
伊方原発(訴訟)　99, 116, 216
ECCS →緊急炉心冷却装置
石橋政嗣　85, 179
イタリア　111, 223
1次エネルギー　4, 10, 60
一党優位制　7, 27
一般電気事業者　59
岩垂寿喜男　147
岩内　83, 95
イングルハート　12
インド　137
ヴァッカースドルフ　209
ウェスティング・ハウス(WH)　51, 57, 151
ヴュール　121, 115, 208, 214, 218
ウラン試験　189, 272
ウラン濃縮(工場)　4, 16, 57, 65, 185
上住充弘　85
英国核燃料会社(BNFL)　191, 259
英国原子力公社(UKAEA)　191
英国原子力施設検査局(NII)　259
ATR →新型転換炉
SPD →ドイツ社会民主党
江田五月　246
江田三郎　84, 110, 127, 128
NGO(非政府組織)　215, 247, 261, 264
エネルギー基本法案　267
FBR →高速増殖炉

エンカウンター　35
円卓会議　248, 250
大飯原発　151, 204
大蔵省　49, 65, 188, 279
大平正芳(内閣)　176, 177, 184
大間　59, 185
大宮市　98
小木曽美和子　157, 162, 198
オコナー　18, 20
小沢一郎　243
オーストリア　223
女川　142, 148, 246
小渕恵三　268
オランダ　210
卸電気事業者　53, 59

か 行

加圧水型軽水炉(PWR)　57, 68, 77, 109, 151
カイザーアウグスト　214
改進党　47, 57, 67
開発国家　31
海部俊樹　232
海洋投棄　167, 192
改良型軽水炉　120, 185
科学技術庁(科技庁)　26, 48, 62, 113, 115, 139, 147, 152, 190, 198, 235, 252
化学試験　189
核禁会議(核兵器禁止平和建設国民会議)　73, 77, 136, 138, 168
核実験　71, 75, 133, 169, 247, 287
学術シンポジウム　153
革新自治体　92, 94, 150, 172, 176, 283
革新勢力　32, 298
核燃機構(核燃料サイクル開発機構)　193, 251, 260
核燃料サイクル　18
核燃料サイクル連鎖の論理　17, 194, 279
核燃料税　142, 295
核廃棄物　17, 65, 167, 192

核不拡散政策　16, 22, 185, 189, 278, 283
柏崎　81, 83, 89, 110, 262
柏崎刈羽原発　116, 118, 152, 155, 165, 216, 253, 269, 291
カーター政権　185, 189, 278
過度経済力集中排除法（集排法）　58
金丸　信　234, 243
加納時男　267
ガバナンス　8
株主運動　117, 241
上関町　260
火力発電所（火発）　16, 17, 55, 60, 96, 103, 110, 219
刈羽村　110, 121, 262
カルカー　210
環境アセスメント　27, 140, 147, 177, 249, 252
環境庁　27, 141, 250, 252
官公労（日本官公庁労働組合協議会）　30, 108, 127, 128, 146, 171, 183
韓国　111
関西電力（関電）　174, 259, 271
企業集団　49
企業主義　31, 172
機構改革　20, 33, 138, 291, 294
記者クラブ　42, 236
北川正恭　260
キッチェルト　12
CANDU炉　185, 198
キャンペーン　14, 33, 36, 41
共産党　27, 30, 32, 63, 73, 74, 76, 77, 81, 90, 95, 108, 115, 118, 129, 130, 133, 134, 154, 174, 176, 227
共同投資会社　49
協力金　100, 142, 236
漁協（漁業協同組合）　24, 79, 113, 290
漁業補償　21, 80, 114, 118, 142, 254
極左　23, 165
許認可権限　24, 62, 139, 190
亀裂構造　29
緊急炉心冷却装置（ECCS）　78, 122, 151
近代化　12
草野信男　135
串間　253
窪川　156, 159, 253
クランダマンス　213

クリージ　13, 14, 36
グリーンピース　215, 247, 261, 287
軍民不可分性　16, 19, 33, 78, 87, 109
経済計画関連閣僚委員会（CIPE）　111
経済産業省　27, 62, 252, 267, 269, 270
警察　23, 44, 165, 197
軽水炉　2, 10, 17, 50, 58, 78, 79, 98, 122, 186, 206, 259
経団連（経済団体連合会）　49, 50, 141
玄海　89, 110
原型炉　64
原研（日本原子力研究所）　48, 51, 63, 64, 83, 278
原産（日本原子力産業会議）　50, 64, 100, 139, 152, 235, 246
原子力安全委員会　24, 139, 151, 152, 160, 161, 202, 249, 252
原子力安全協定　88, 96
原子力安全・保安院　252, 269
原子力委員会　48, 62, 64, 97, 99, 100, 152, 188, 249
原子力基本法　48, 62, 98
原子力行政懇談会　131, 138
原子力空母　77
原子力3原則　48
原子力資料情報室　88, 109, 124, 203, 222, 246, 257, 261, 270
原子力船むつ　78, 89, 113, 123, 131, 252, 283
原子力の日　51, 109
原子力発電施設等周辺地域交付金　186
原水協（原水爆禁止日本協議会）　72, 77, 81, 87, 109, 133, 167
原水禁（原水爆禁止日本国民会議）　76, 77, 81, 83, 87, 109, 124, 125, 137, 168, 169, 291
原水爆禁止世界大会　72, 136
建設業界　53, 158
建設中資産　55
原潜（原子力潜水艦）　64, 77, 108
原燃公社（原子燃料公社）　48, 63, 65, 79, 188, 278
原爆　47, 71, 75, 107
原発対策全国連絡協議会（原対協）　178, 181-183
『原発闘争情報』　124
原発特措法　266

索　　引　323

原発反対福井県民会議　　117, 157, 160, 162, 198
県評　　81, 170, 291
ゴアレーベン　　218
小泉純一郎　　268
公害　　17, 22, 56, 78, 80, 94, 109, 121, 282
公開ヒアリング　　24, 59, 120, 139, 152, 160, 165, 205, 283, 288, 292
公害防止協定　　96
抗議サイクル　　13, 226
抗議事件分析　　36
公共事業　　32, 104, 291
厚生省　　203
構造改革派(構革派)　　74, 84, 127
高速増殖炉(FBR)　　1, 16, 18, 64, 186, 189, 210, 250, 251, 258, 279
公聴会　　88, 89, 97, 140, 152
硬直電源　　16
高度経済成長　　32, 282, 297
河野一郎　　52
広報活動　　235
公明党　　32, 93-95, 115, 118, 127, 130, 158, 176, 223, 227, 230, 232, 257, 264, 267, 268
高レベル核廃棄物　　193, 194, 266
公労協(公共企業体等労働組合協議会)　　128, 146
国際原子力機関　　16
国民投票　　222
国連軍縮特別総会　　135, 136
国労　　150, 173
5氏アピール　　135
護送船団方式　　31, 56, 57, 278
後藤茂　　181-183
コープマンス　　42
コールダーホール型　　51, 97, 109

さ　行

財界　　30, 31, 48, 49, 141
再議　　256, 262
再処理　　1, 6, 56, 65, 84, 258
再処理工場　　4, 18, 79, 83, 87, 109, 188, 189, 194, 198, 251, 272, 279, 280
再処理引当金　　280
財閥　　49, 58
裁判所　　29, 116, 219, 291

在来型　　36, 43
佐川急便事件　　234, 243
桜井　新　　267, 268
笹口孝明　　255, 257, 270
佐世保　　115, 137
佐藤栄佐久　　261
サバティエ　　14, 21
サミュエルズ　　4, 19
参院選　　93-95, 129, 177, 179, 224, 231, 234, 268
参議院　　27, 268
産別会議(全日本産業別労働組合会議)　　90
GE →ジェネラル・エレクトリック
JCO　　68, 258, 259, 287
自衛隊　　130, 180, 232, 246
GHQ　　49, 58, 90
ジェネラル・エレクトリック(GE)　　51, 57, 64, 269
志賀　　253
資源エネルギー庁　　62, 161
資源動員論　　12
自公民路線　　173
自主講座実行委員会　　123
市場原理主義　　19, 22, 300
自助型運動　　219, 264, 295
自然エネルギー　　22, 263
自然エネルギー促進法案　　224, 266, 267
自然エネルギー促進法議員連盟　　264, 295
「自然エネルギー促進法」推進ネットワーク(GEN)　　264, 295
下請け　　132, 174
自治体　　73, 96, 104, 110, 139, 145, 160, 267, 294
自治労(全日本自治団体労働組合)　　127, 132, 171, 173, 174, 231
実験炉　　64, 65
執行抑制　　20, 34
死の灰(核分裂生成物)　　72, 73, 201, 208
支配的連合　　14, 19, 268
シーブルック　　214
司法消極主義　　29
島国　　16
島根原発　　132, 155, 260
島根県評　　155, 161
市民エネルギー研究所　　123

市民社会　20
自民党　22, 27, 31, 48, 57, 67, 73, 104, 113, 114, 126, 141, 245, 250, 268, 297
社会運動社会　9
社会市民連合　128
社会主義協会　76, 84, 85, 127, 129
社会的費用　17, 19, 33, 34
社会的連合　15
社会党　27, 29, 30, 32, 48, 73, 74, 76, 77, 80, 81, 83, 84, 87, 88, 93, 115, 118, 120, 129, 164, 176, 190, 198, 223, 227-232, 245, 246, 286, 291, 292
社公合意　176, 177, 198
社公民路線　94, 127, 130, 171, 176
社青同(日本社会主義青年同盟)　75
社民党(社会民主党)　250, 269
社民連(社会民主連合)　85, 128, 130, 183, 223, 246
衆院選　93, 94, 126, 130, 176, 233, 243, 250
衆議院　27
衆参同日選挙　177, 228
重電機業界　51, 53, 57, 64
自由党(旧)　47, 48, 67
自由党(新)　268
住民投票　118, 156, 159, 164, 178, 224, 253, 256, 261, 262, 269, 293, 295
受益圏と受苦圏　17, 103
受益勢力　15, 32, 107, 145, 290, 298
出力調整　16
出力調整試験　212, 216, 218, 286
商工会議所　158
商社　263
使用済核燃料　1, 18, 56, 190, 258, 281
使用済核燃料税　281
小選挙区(制)　27, 244
省庁再編　26, 251
消費者運動　122, 123, 343
消費税　286
情報連絡センター　88
常陽　65, 260
正力松太郎　49, 51, 52, 68
署名・請願(運動)　23, 205, 288
新エネルギー特措法　267
新型転換炉(ATR)　2, 57, 64, 65, 185, 198, 251, 278

新産別(全国産業別労働組合連合)　75, 76, 136, 174
新自由クラブ　126, 130
新進党　251, 257
新生党　243, 244, 250
「新宣言」　179, 228, 234, 245
新中間層　11
新党さきがけ　243-245, 247, 250, 251
新保守主義　299
水爆　71, 72
水力発電所　60, 102, 110, 199
スウェーデン　1, 4, 71, 223, 263
珠洲　270
鈴木善幸(内閣)　141, 184
すそ切り(クリアランス・レベル)　281
スト権スト　128
ストックホルム・アピール　71
スペイン　264
スリーマイル島(TMI)原発事故　1, 80, 132, 150, 152, 167, 168, 170, 198, 208, 240, 283
生協運動　226
政権構想研究会　183
政治的機会構造　12, 26, 27, 210
政治の連合　15
成長連合　31, 32, 298
正統化機能　20
石炭　16, 60, 69
石油　16, 60
石油危機　22, 62, 95, 102, 105, 131, 149, 184, 190, 207, 208, 282, 283
説得型の対応　20, 33, 293
ゼネコン　104
セラフィールド　98
全学連(全日本学生自治会総連合)　73, 108
全原協(全国原子力発電所所在市町村協議会)　160, 161
全原連(全国原子力科学技術者連合)　83, 88, 122
全造船機械労組　173, 220
川内原発　89, 110
全逓(全逓信労働組合)　233
全電通(全国電気通信労働組合)　128, 173, 230, 233
全電力(全日本電力労働組合協議会)　90, 92,

索　引

　　　132, 173, 230
全道労協(全北海道労働組合協議会)　92,
　　　160, 164
全民労協(全日本民間労働組合協議会)　173,
　　　183
全野党共闘路線　93, 127-129, 131, 171, 176
全労会議(全日本労働組合会議)　31, 73, 74
全労連(全国労働組合総連合)　174
創価学会　32, 230
総合安全保障論　149, 184
総合エネルギー対策推進閣僚会議　142, 271
総合エネルギー調査会　61, 62, 202, 248, 250,
　　　260
総合資源エネルギー調査会　62
総評(日本労働組合総評議会)　30, 73, 74, 77,
　　　78, 80, 83, 85, 88, 90, 108, 115, 127, 128, 134,
　　　136, 139, 170, 171, 174, 176, 233
族議員　32
促進的事件　16, 19, 21, 33, 34
ソ連　47, 73-76, 133, 201

た　行

第1の利害調整様式　54, 66, 194, 277, 279,
　　　280
第2の利害調整様式　56, 67, 103, 107, 194,
　　　266, 274, 278-280
第3の利害調整様式　65, 67, 194, 278
対決型　205, 288
対抗連合　14, 15, 19
第五福龍丸　71, 72, 78, 282
体制選択　297
高木仁三郎　124, 146, 246, 257
高浜　154, 259, 261
高松行動　218, 221, 230
脱原発法　222, 226, 229
脱物質主義　12, 22, 212, 213, 286
縦割り行政　8
田中角栄　94, 102, 110, 113, 120, 121, 126,
　　　283, 291
田辺　誠　179, 181, 233
WH→ウェスティング・ハウス
タロウ　13, 42
弾圧　41, 166
タンプリン　122
チェルノブイリ原発事故　1, 2, 72, 125, 133,

　　　184, 201, 240, 286
蓄積機能　18
地区労　81, 92, 118, 170, 215, 291
知事　21, 24, 69, 78, 248, 253, 261, 295
地婦連(全国地域婦人団体連絡協議会)　72,
　　　74, 136, 168
地方分権　298
中間層　11, 293
中間貯蔵施設　4, 18, 281
中期社会経済政策　180
中国　73, 75, 76, 133
中選挙区　27
中道政党　126, 127, 130, 172
中立労連(中立労働組合連絡会議)　75, 76,
　　　134, 136, 168, 174
長期エネルギー需給見通し　61, 63, 260
長計(原子力開発利用長期計画)　21, 61, 63,
　　　65, 80, 81, 143, 188, 190, 272
聴聞会　119, 156
直接最終処分(ワンススルー)　1, 6
直接請求　253, 256, 262
貯蔵工学センター　193
通産省　20, 24, 26, 51, 53, 54, 56, 59, 62, 139,
　　　141, 147, 152, 157, 164, 190, 235, 249, 252,
　　　259
槌田　敦　153, 220
敦賀原発　59, 68, 78, 83, 109, 221
敦賀原発事故　142, 156
低レベル核廃棄物　4, 192, 258
手続的対応　20, 33, 96, 107, 140, 291, 296
デモ　23, 288, 289
電気事業法　54, 59, 68, 249, 250, 270
電気料金　7, 18, 21, 54, 102, 122, 215, 240,
　　　264, 265, 278, 280, 283
電源開発基本計画　21, 59, 61, 62, 69, 254
電源開発促進税法　102, 186
電源開発促進対策特別会計法　102, 186
電源開発分科会　62
電源三法　21, 62, 68, 102, 121, 142, 186, 191,
　　　272, 278, 279, 290
電源多様化勘定　186, 191, 279
電源立地勘定　186
電源立地促進対策交付金　187, 262
電源立地特別交付金　187
電産(日本電気産業労働組合)　90

電産中国　90, 132, 162
電事連(電気事業連合会)　51, 59, 141, 192, 235, 236, 272
電調審(電源開発調整審議会)　20, 24, 42, 53, 59, 62, 81, 105, 118, 142, 143, 147, 150, 247, 254, 260, 289
電発(電源開発株式会社)　51, 53, 59, 60, 96, 185, 198
デンマーク　264
電力移出県等交付金　186, 187
電力業界　53, 54, 56, 58, 63, 64, 141, 147, 186, 189, 190, 194, 235, 258, 268, 270, 278, 280
電力自由化　22, 263, 267
電力総連(全国電力関連産業労働組合総連合)　268
電力中央研究所　50, 147
電力労連(全国電力労働組合連合会)　31, 90, 95, 131, 145, 146
土井たか子　210, 228, 232, 244
ドイツ　21, 23, 48-50, 57-59, 69, 75, 115, 116, 118, 121, 166, 208, 216, 218, 219, 225, 263, 264, 288
ドイツ社会民主党(SPD)　1, 208
統一地方選挙　193, 229, 233
東海原発　2, 54, 59, 68, 78, 109
東海第2原発　68, 89, 97
東海村　4, 68, 79, 81, 100
東京電力(東電)　269
当事者(性)　17, 97, 211, 218, 286
東芝アンペックス分会　220, 222
動燃(動力炉・核燃料開発事業団)　56, 65, 70, 185, 186, 188, 193, 198, 247, 251, 252, 278
東北電力　271
同盟(全日本労働総同盟)　31, 77, 90, 95, 128, 131, 136, 138, 139, 158, 168, 171, 174
特定投資　56
特定放射性廃棄物最終処分法　68, 266
土地買収　21, 24
泊　83, 160, 164, 207, 211, 222, 240, 260
富塚三夫　129, 134, 147, 170, 173

な　行

長島事件　79, 290
中曽根康弘　47, 64, 79, 150, 173
ナトリウム　10

新潟県評(新潟県労働組合評議会)　89, 118
新潟地方同盟　158
二元体制　26, 54, 69, 198
日農(日本農民組合)　121
日米安保条約　73, 84, 94, 130, 176, 179, 229, 232, 246
日米原子力協定　189
日弁連(日本弁護士連合会)　117
日消連(日本消費者連盟)　123
日青協(日本青年団協議会)　72, 74, 136, 168
日発(日本発送電株式会社)　53, 58, 90
日本科学者会議　81, 95, 98, 134
日本学術会議　48, 97, 108, 152, 153
日本型多元主義論　9
日本原子力文化振興財団　236
日本原電(日本原子力発電株式会社)　53, 56, 59, 63, 64, 68, 142, 157, 174, 277
日本原燃　56, 191, 281
日本原燃サービス　191
日本原燃産業　185, 191
日本山妙法寺　75, 134, 135
日本自由党　47, 67
日本新党　234, 251
「日本における社会主義への道」(通称「道」)　85, 128, 179
日本ニュクリア・フュエル(JNF)　68, 240
日本民主党　67
日本立地センター　187, 262
人形峠　185
ネーダー　125, 146
濃縮ウラン　16, 17, 51, 63, 185, 189

は　行

橋本龍太郎(内閣)　247, 248, 251, 266
羽田　孜　243, 244, 251
バックエンド　18, 272
発電用施設周辺地域整備法　102, 187
派閥　22, 298
ハーバーマス　12
バブル経済　22, 212, 286, 287, 298
浜岡　79, 96, 155
浜岡原発事故　269, 287
反原発運動全国連絡会　125
『反原発新聞』　125
反原発ニュー・ウェーブ　166, 217

PKO(国連平和維持活動)　234, 246
非決定権力　20
非在来型　36, 219
ピースボート　215
PWR →加圧水型軽水炉
被団協(日本原水爆被害者団体協議会)　134,
　　136
非暴力トレーニング　214
比例区　27, 179, 225, 244
広瀬　隆　203, 211, 217, 236, 240
ファンダム　213
風力発電　264
福島　89, 98, 109, 142, 152, 261
福田赳夫　113, 138, 142
ふげん　4, 57, 65, 185
負担の社会化　18
物質的対応　20, 33, 107, 142, 290, 295
沸騰水型軽水炉(BWR)　51, 57, 68
部分的核実験停止条約(部分核停条約)　75
フラム　13, 35
フランス　2, 4, 16, 57, 58, 75, 111, 116, 188,
　　209, 247, 288
フランス核燃料公社コジェマ(COGEMA)社
　　191
プルサーマル　4, 10, 21, 250, 258, 259, 261,
　　262, 269, 272, 280, 281
プルトニウム　1, 10, 16-18, 56, 84, 98, 109,
　　137, 189, 191, 198, 247
フレーミング論　15
ブロックドルフ　208, 216
紛争管理　23, 34, 79, 107
米国　47, 58, 71, 75-77, 115, 139, 140, 185,
　　189, 198, 263, 278
米国エネルギー省(DOE)　140
米国原子力委員会(AEC)　98, 122, 139
米国原子力規制委員会(NRC)　140, 151
平和委員会　81, 134, 136
平和経済計画会議　180, 181
平和勢力　73, 74
ベースロード　16, 216
ベルゴニュークリア　261
豊北　132, 148
保革融和　294
保守党　268
細川護熙　234, 243, 244

北海道　263, 296
北海道グリーンファンド　264
北海道電力(北電)　263-265
ホット試験　189
幌延　26, 193, 215

ま　行

巻町　24, 157, 224, 254, 270
松前達郎　181, 183
真渕　勝　30
丸木夫妻　240
三木武夫　113, 126, 138
緑の党　1, 12, 29, 225, 226
美浜原発　109
美浜原発事故　271, 287
宮沢喜一　243
海山　269
宮本顕治　133, 134
民社党　27, 31, 73, 74, 76, 77, 84, 93, 95, 118,
　　127, 130, 158, 177, 231, 251
民主党(旧)　48, 57
民主党(新)　268
村松岐夫　29
村山富市　245, 248
メルトダウン(炉心溶解)　98, 150
MOX(ウラン・プルトニウム混合酸化物)燃料
　　4, 189, 258-261
モラトリアム　170, 197
森瀧市郎　135, 137, 169
森　喜朗　268
もんじゅ　4, 57, 160, 247, 253, 256, 271, 287
文部科学省　26, 62, 252

や　行

矢野絢也　127, 230
山口鶴男　229, 230, 232
山花貞夫　245
友愛会議　174, 233
憂慮する科学者同盟(UCS)　122
輸入食品　203, 208, 211, 286
揚水型水力発電所　199, 219
要対策重要電源　142, 147, 271
抑圧的対応　20, 33, 290-292
横路孝弘　26, 164, 193, 234
吉岡　斉　4, 8, 26, 69

余剰電力　16, 199
与野党伯仲　22, 94, 126, 130
世論　22, 78, 113
世論調査　205, 207, 208, 211, 226, 239, 240
4大公害裁判　29, 116

ら・わ　行

利益誘導　32, 103, 104, 150, 297
利害調整　19, 31, 34, 63, 151, 184, 258
リクルート事件　286
リコール　156, 253, 256
利潤　18, 33, 54, 56
リスク　17, 68, 97
リーダー　22
リューディッヒ　20
臨時行政調査会　160, 184
ルフト　43, 115
冷戦　22, 30, 33, 47, 298
レーガン政権　185, 189
レートベース　21, 55, 56, 80, 278
連合政権　93, 126, 177, 231
連合(全日本民間労働組合連合会)　174, 184, 230
連合(日本労働組合総連合会)　174, 233
労使協調路線　31, 131
六ヶ所村　4, 115, 143, 185, 192, 195, 207, 211, 258, 272, 280
湾岸危機　207, 233

本 田　宏（ほんだ　ひろし）

- 1968年　北海道小樽市生まれ
- 1992年　北海道大学法学部卒業
- 1995-1997年　オランダ・アムステルダム大学で学ぶ（社会科学修士）
- 1999年　北海道大学大学院法学研究科・博士後期課程を単位取得退学
- 現　在　北海学園大学法学部政治学科・助教授（政治過程論），博士（法学）

脱原子力の運動と政治
──日本のエネルギー政策の転換は可能か

2005年2月28日　第1刷発行

　　　　著　者　本　田　　宏
　　　　発行者　佐　伯　　浩
　　発 行 所　北海道大学図書刊行会
　　札幌市北区北9条西8丁目北海道大学構内（〒060-0809）
　　tel.011(747)2308・fax.011(736)8605・http://www.hup.gr.jp/

岩橋印刷㈱／石田製本　　　　　　　　　Ⓒ 2005　本田　宏

ISBN4-8329-6501-8

書名	著者	体裁・定価
「市民」の時代 —法と政治からの接近—	今井弘道 編著	四六・320頁 定価2400円
北海道大学法学部ライブラリー4 市民的秩序のゆくえ	長谷川 晃 編	A5・322頁 定価4200円
投票行動の政治学 —保守化と革新政党—	荒木俊夫 著	A5・330頁 定価5400円
ドイツ社会民主党日常活動史	山本佐門 著	A5・384頁 定価6400円
北海道で平和を考える	深瀬忠一 森 臬 編 中村研一	四六・312頁 定価1600円
自然保護法講義[第2版]	畠山武道 著	A5・352頁 定価2800円
環境の価値と評価手法 —CVMによる経済評価—	栗山浩一 著	A5・288頁 定価4700円
サハリン大陸棚石油・ガス開発と環境保全	村上 隆 編著	B5・448頁 定価16000円

＜定価は消費税を含まず＞

――――北海道大学図書刊行会――――